Warum das Gehirn Geschichten liebt

Warum das Gehirn Geschichten liebt

Mit den Erkenntnissen der Neurowissenschaften
zu zielgruppenorientiertem Marketing

Dr. Werner T. Fuchs

2. Auflage

Haufe Gruppe
Freiburg · München

Bibliografische Information der Deutschen Nationalbibliothek
Die Deutsche Nationalbibliothek verzeichnet diese Publikation in der Deutschen
Nationalbibliografie; detaillierte bibliografische Daten sind im Internet über
http://dnb.dnb.de abrufbar.

Print: ISBN: 978-3-648-03788-1
EPUB: ISBN: 978-3-648-03789-8
EPDF: ISBN: 978-3-648-03790-4

Bestell-Nr. 00208-0002
Bestell-Nr. 00208-0101
Bestell-Nr. 00208-0151

Dr. Werner T. Fuchs
Warum das Gehirn Geschichten liebt
2. Auflage 2013
© 2013, Haufe-Lexware GmbH & Co. KG, Munzinger Straße 9, 79111 Freiburg

Redaktionsanschrift: Fraunhoferstraße 5, 82152 Planegg/München
Telefon: (089) 895 17-0
Telefax: (089) 895 17-290
Internet: www.haufe.de
E-Mail: online@haufe.de
Produktmanagement: Jutta Thyssen
Redaktion: Esther Gabler, Hans Dieter Köder
Grafiken: Emil Gut, Zürich

Lektorat: Lektoratsbüro Peter Böke, 10825 Berlin
Satz: kühn & weyh Software GmbH, 79110 Freiburg
Umschlag: RED GmbH, 82152 Krailling
Druck: fgb · freiburger graphische betriebe, 79108 Freiburg

Inhaltsverzeichnis

Inhaltsverzeichnis

Vorwort

Mitten im beschaulichen Seebach, einem Vorort der Schweizer Wirtschaftsmetropole Zürich, ging plötzlich ein Riss durch die Erde. Der asphaltierte Bürgersteig öffnete sich und das Dunkel verschluckte den Mann, der noch vor Kurzem auf einem Baugerüst stand und bereits das Wochenende plante. Hätte er nicht nach der Maurerkelle gegriffen und beim Verlieren des Gleichgewichts „Gopferdammi!" gerufen, wäre alles anders gewesen. Aber den Wunsch „Gott verdamm mich!" äußert niemand ungestraft.

Zugegeben, was uns der Religionslehrer vor einigen Jahrzehnten erzählte, beeindruckt kleine Kinder heute nicht mehr. Sogar im tiefsten Sizilien muss man sich heute eine neue Geschichte einfallen lassen, um die Information zu vermitteln, Gotteslästerung werde bestraft. Doch Faktum war, dass wir Knirpse damals mehrere Tage auf das Fluchen verzichteten. Erst als uns die Reformierten und wenigen Ungetauften als Mädchen bezeichneten und selbst nach den deftigsten Schimpfwörtern nicht im Boden versanken, ließ die Wirkung nach.

Falls Ihnen nun ebenfalls Geschichten in den Sinn kommen, die Ihr Verhalten in die eine oder andere Richtung beeinflussen sollten, sind wir schon mitten im Thema. Denn Marketing wird in diesem Buch als die Kunst, menschliche Verhaltensmuster zu beeinflussen, definiert. Wenn Ihnen nun der Duft der Manipulation in die Nase steigt, ist das durchaus normal. Sollte dies jedoch zu Magenschmerzen führen, denken Sie am besten an den Unterschied zwischen Hammer und Nagel. Denn Marketing ist nämlich der Hammer. Und was Sie damit einschlagen, überlässt er Ihnen.

Glaubten Ihre Eltern nur bedingt an die Wirksamkeit der Schwarzen Pädagogik, erzählten sie Ihnen vielleicht die Geschichte vom „Schäfchen zählen", wenn Sie als Kind nicht einschlafen konnten. Offensichtlich muss der Hammer nicht aus Metall sein, sondern kann auch als rosarotes, quietschendes Plastikspielzeug seinen Zweck erfüllen. Wichtig ist nur, dass er zur Beschaffenheit und Länge des Nagels ebenso gut passt wie zum Untergrund.

Wenn Sie dann endlich die Grenze zum Land der Träume überschreiten durften, ist das allerdings kaum den Schäfchen zuzuschreiben, denn — wie ein britisches Forschungsteam der Universität Oxford in einschläfernden Versuchen feststellte — monotones Zählen hält eher wach. Solange unser Gehirn dauernd an Verpflichtungen denken muss, lässt es uns keine Ruhe. Vor allem erwachsene Menschen sollten sich bei Einschlafschwierigkeiten lieber auf etwas Kompliziertes konzentrieren statt Schäfchen zu zählen. Müssen Sie zum Beispiel überlegen, was der genaue Unterschied zwischen Dolly und nicht geklonten Schafen ist, bleibt für lästige Gedanken an den vergangenen Tag kein Platz. Von Schafen wird im Folgenden nicht mehr die Rede sein, aber vom Gehirn umso mehr.

Nachdem der amerikanische Kongress 1989 die Neunzigerjahre als Jahrzehnt des Gehirns ausgerufen hatte, erhielt die Hirnforschung allein in den USA zusätzliche Zuwendungen von sechs Milliarden Dollar. Länder, in denen man den Anschluss nicht verlieren wollte, zogen nach. Außer den großen Investitionen sorgten aber vor allem neue Hightechgeräte dafür, dass unser Wissen über das Gehirn in den letzten beiden Jahrzehnten in einem unerwarteten Ausmaß zunahm. Die breite Bevölkerung blieb von dieser Aufbruchstimmung allerdings lange Zeit unberührt. Doch seit die Massenmedien das Thema aufgenommen haben und populärwissenschaftliche Zeitschriften wie „Gehirn und Geist" komplizierte Zusammenhänge veranschaulichen, sind wir im Jahrhundert des Gehirns angelangt. Und die Nachricht, dass das Human Brain Project der Eidgenössischen Technische Hochschule von Lausanne von der EU mit einer Milliarde Euro unterstützt wird, wurde von den Schweizer Medien frenetisch gefeiert. Eine gigantische Computerplattform soll das menschliche Gehirn nun entschlüsseln.

Wäre am frühen Morgen des 19. Januar 1989 meine Tochter nicht mit einer schweren Hirnschädigung zur Welt gekommen, hätten mich die Erkenntnisse der Neurologen ebenso wenig interessiert wie das muntere Treiben der Schönen, Reichen und Adligen. Wieso sollte es auch? Ich war weder Mediziner noch Pharmakologe oder Psychiater, und die Neurowissenschaftler überlegen sich auf ihrem Arbeitsweg nicht, wie sie den Marketingexperten den Job erleichtern können.

Das ist heute nicht anders, selbst wenn einige Institute ihre teuren Geräte besser amortisieren, indem sie manchmal eine Studie für externe Interessenten durchführen. Als ich mich vor über zwanzig Jahren in neurowissenschaftliche Studien stürzte, mein Englisch auffrischte und Experten aus aller Welt per E-Mail, Brief oder Telefon kontaktierte, geschah das aus akademischer Verzweiflung und in der Hoffnung, eine Lösung für das geschädigte Gehirn meiner Tochter zu finden.

Aber wenn eine Laune des Schicksals es will, dass sich ein Großhirn während der Schwangerschaft kaum ausbildet, nützt neurologisches Wissen wenig bis nichts. Trotzdem gehörten die fünfzehn Jahre, in denen Olivia mein Familienleben bestimmte, zu den wertvollsten, intensivsten und lehrreichsten. Sie veränderten sowohl mein Menschenbild als auch meine Auffassung, was die wesentlichen Aufgaben in meinem Beruf als Werber und Marketer sind.

Zu den Überlegungen, die mich beim Schreiben dieses Buches begleiteten, gehörte die Frage, in welcher Dosierung mein neurowissenschaftliches Fachwissen einfließen soll. Erwartet der Leser vom Untertitel, dass ich ihm einen detaillierten Einblick ins menschliche Gehirn biete? Möchte er, dass Hirnforscher jede These wissenschaftlich bestätigen? Oder genügen ihm gelegentliche Hinweise auf die wissenschaftliche Einbettung des Gesagten? Der Leser wird schließlich darüber befinden, ob ich mit der gewählten Dosierung richtig liege. Und wer ein Buch über Storytelling verfasst, muss letztlich ohnehin davon überzeugt sein, dass er den Nagel nur einschlagen kann, wenn er mehr auf Geschichten als auf Begriffe, Fakten und Zahlen setzt.

Vieles, was auf den ersten Blick neu und ungewohnt erscheinen mag, erweist sich bei genauerer Betrachtung als uralt. Diese Merkwürdigkeit ist zwingend, hat doch die Evolution nicht auf die erste Marketingpublikation gewartet, um Methoden zu entwickeln, die menschliche Verhaltensweisen beeinflussen. Wirklich neu ist nur, dass wir viele dieser Methoden mit naturwissenschaftlichen Experimenten und Begriffen beschreiben können und dass damit die Zusammensetzung der Jury verändert wird, die unsere Entscheidungen bestimmt. Denn nicht das Bewusste bildet die Mehrheit, sondern das Unbewusste.

Obwohl dieser Machtwechsel kaum mehr bestritten wird, können wir uns mit den Folgen nur schwer abfinden. Noch wiegt der Verlust alter Gewohnheiten schwerer als der Gewinn neuer Verhaltensmuster. Aber da uns die Hirnforscher auch mitteilen, dass unser Belohnungszentrum auf Leidensdruck reagiert, werden sich Unternehmen spätestens dann intensiv mit Storytelling befassen, wenn ihre Konkurrenten damit mehr Erfolg haben und ihnen den Rang ablaufen.

Wanken die Pfeiler, ist das eine Erfahrung, die mehr wiegt als der Glaube, es gehe alles weiter wie bisher. Wohin der Erfolg versprechende Weg führt, sollen Ihnen die Geschichten, Ausführungen und Praxisbeispiele in diesem Buch zeigen. Und selbstverständlich auch, welche Alternativen sich Ihnen bieten.

Im ersten Teil „Warum erfolgreiches Marketing eine gute Geschichte braucht" lernen Sie neben den erwarteten Begründungen auch die ersten Werkzeuge kennen, die Sie für Storytelling benötigen. In jedem Unterkapitel stoßen Sie auf die Rubrik „Ausflug". Falls Sie sich überwinden können, an diesen Stellen kurz innezuhalten und in Ihrem eigenen Geschichten- oder Erfahrungsschatz zu kramen, kann dies die bereits gewonnenen Erkenntnisse vertiefen.

Bei vielen Ausflügen winken als Belohnung für Ihre Teilnahme unerwartete Begegnungen mit Ihrer Kindheit. Damit soll der Erkenntnis Rechnung getragen werden, dass unser Gehirn besser auf schnelle Gewinne als auf Appelle reagiert. Dennoch ist das Konzept des Buches so angelegt, dass auch diejenigen alles mitbekommen, die nichts von verordneten Ausflügen halten. Was in den Kästchen steht, ist der heute übliche Service für Querleser. Und unter „Exkursion" wird das Vorangegangene nochmals aus neurologischem Blickwinkel betrachtet.

Der zweite Teil, überschrieben mit „Welche Navigationsinstrumente zu Ihrer Zielgruppe und zu passenden Geschichten führen", stellt Instrumente aus der konkreten Arbeit mit Storytelling ins Zentrum. Daher sind es keine Prototypen, die auf die ersten Tests warten, sondern erprobte Werkzeuge. Ob Sie ihnen bei Gebrauch andere Namen geben, ein bestimmtes Set erweitern oder Ihrem eigenen Werkzeugkasten mehr Gewicht geben, liegt ganz in Ihrem Ermessen. Was für Storytelling unverzichtbar ist, wird dementsprechend deklariert.

Was ist neu in der zweiten Auflage?

Besonders nützlich für die praktische Anwendung ist das dritte Kapitel von Teil 2 „Social Media und Verkauf — Einsatzorte für Storytelling", das für die zweite Auflage neu hinzugekommen ist. Dort gehe ich vertieft darauf ein, wie sich Storytelling im Social-Media-Bereich, im Verkauf und bei der Entwicklung von Leitbildern einsetzen lässt. Schön, wenn ein Modell durch die praktische Anwendung nicht in Frage gestellt wird, sondern zum Wunsch nach Fortsetzungsgeschichten vor neuen Kulissen und mit anderen Helden führt. Im dritten Teil kommt nochmals der gesunde Menschenverstand zu Wort, begleitet von Checklisten und Grafiken, die Ihnen die Umsetzung in die Praxis erleichtern sollen. Und dem gleichen Ziel dient eine neue Grafik, die ihren Praxistest als Analyse- und Kontrollinstrument für gute Geschichten erfolgreich bestanden hat. Ebenfalls neu hinzugekommen ist ein ausführliches Stichwortverzeichnis, das Sie am Ende des Buches finden.

Das Buch beginnt mit einer Geschichte meines Freundes Vittorio, der mich immer wieder erfahren ließ, dass Marketing keine Wissenschaft, sondern Lebenseinstellung und Kunsthandwerk ist. Mit seiner Gabe, für jede Zielgruppe die passende Geschichte zu finden, um das gewünschte Verhalten auszulösen, schaffte er es vom Jungen aus den Vororten Neapels zum geachteten Unternehmer in Bratislava. Ihm und allen begeisterten Geschichtenerzählern widme ich dieses Buch. Und Ihnen wünsche ich nun viel Spaß beim Finden und Erfinden passender Geschichten.

Dr. Werner T. Fuchs im März 2013

Teil 1:

Warum erfolgreiches Marketing eine gute Geschichte braucht

1 Der Vorspann – Warum Geschichten aus neurowissenschaftlicher Sicht so wichtig sind

1.1 Ein Neapolitaner in London – Warum Sie Storytelling bereits kennen

Kein Zweifel, diese leicht erotisch anmutende Aufwärtsbewegung einer nach außen gerichteten Handfläche hieß Stopp! Oder, da die Geschichte in Italien spielt, „Interruzione del viaggio". Das Zeichen des weiß behandschuhten Uniformierten war jedenfalls eindeutig. Um weiteres Ungemach zu vermeiden, blieb Vittorio nichts anderes übrig, als sich dem Verdikt der irdischen Ordnungsmacht zu fügen und seinen eierschalenbraunen Fiat Cinquecento zum Stillstand zu bringen. Dafür bewegte sich nun der neapolitanische Beamte sehr stolz und daher entsprechend langsam. Dadurch blieb meinem Freund genügend Zeit, sich eine passende Geschichte auszudenken. Besser gesagt, ein kleines Theater.

Denn Südländer setzen, wenn immer möglich, auf mehrere Sinneskanäle. Und weil klar war, wer im Publikum sitzt und wer auf der Bühne steht, musste ich plötzlich und ungewollt eine Nebenrolle einnehmen. Wohl wissend, dass ich keinen blassen Schimmer von meiner Rolle hatte, sagte mir Vittorio nur: „Du bist der Cousin des schweizerischen Polizeipräsidenten, falls du auf die Bühne musst!" Dann drückte er mit seinem Ellbogen scheinbar mühelos das Seitenfenster in den Türkasten, zeigte verschmitzt auf die abgebrochene Kurbel und setzte eine Unschuldsmiene auf. „Maresciallo, was verschafft uns die Ehre?", begrüßte er den blutjungen Carabiniere ohne Gradabzeichen an der wunderschönen Uniform, um dann gleich noch zu erwähnen, dass er in Eile sei und seinen Gesprächspartner ungern warten lasse. Aber Gesetz sei schließlich Gesetz.

Auch wenn dessen groß gewachsener Vertreter seine Botschaft bequemer durch das offene Dach hätte überbringen können, zog er das übliche Ritual vor, verzichtete auf gesunde Körperhaltung und schnaubte Vittorio durchs Fenster an, Verkehrsschilder würden für alle gelten. „Das ist richtig, Maresciallo", entgegnete mein Freund, „selbstverständlich muss auch ich die Regeln befolgen, obwohl ..."

Und ohne dass ihn der Mann aus dem Publikum unterbrochen hätte, überließ ihm Vittorio die Fortsetzung des Dialogs.

Bestimmt, aber keineswegs unanständig fiel er ihm jedoch ins Wort, als sich der Carabiniere zunehmend in die Rolle eines Experten hineinsteigerte, der eine Theorieprüfung abnehmen muss. „Entschuldigen Sie, Maresciallo, aber ich werde dringend erwartet. Und Sie wissen ja, je mächtiger der Gastgeber, desto ungeduldiger. Falls Sie also der berechtigten Meinung sind, in Neapel seien vor dem Gesetz alle gleich, schreiben Sie jetzt den Strafzettel und lassen Sie uns fahren." Und mit einem kurzen Blick auf mich fuhr er fort: „Mein Kollege wird das zwar ebenso wenig verstehen wie mein Onkel, aber Gesetz ist Gesetz."

Zum ersten Mal leicht verunsichert sagte der noch immer gebückte Beamte: „Was haben Einbahnstraßen mit Ihrem Onkel und Ihrem Mitfahrer zu tun?" „Nichts, ich meinte ja nur …", antwortete Vittorio kurz. „Was meinen Sie?", fragte es von draußen nach. „Nichts, hier sind meine Ausweise, wie Sie sehen, heiße ich Grimaldi, machen Sie, was Sie glauben, tun zu müssen, und ersparen Sie uns allen zusätzliches Unheil!" In diesem Sinne ging der Dialog noch einige Minuten weiter, bis der Carabiniere im Befehlston wissen wollte, wer Vittorios Onkel sei.

Und nachdem sich mein Freund noch ein bisschen zierte, sagte er endlich im Ton eines Schülers, der sich für wiederholtes Zuspätkommen entschuldigt: „Eigentlich ist der Polizeipräsident von Neapel ja nicht mein richtiger Onkel, aber durch familiäre Umstände mit mir verwandt. Umstände, die er nicht unbedingt öffentlich machen will." Danach ging alles sehr schnell. Der junge Beamte entschuldigte sich, stellte sich breitbeinig in die Straßenmitte, wies die entgegenkommenden Fahrzeuge trillernd an, sich links zu halten, und wünschte uns mit militärischem Gruß noch eine gute Fahrt.

Zugegeben, mit einer solchen Geschichte verkaufen Sie keine Tube Zahnpasta, kein Haus und kein Auto. Aber sie trug damals ganz ohne Zweifel dazu bei, dass sich der neapolitanische Ordnungshüter dazu entschied, uns ohne Strafzettel weiterfahren zu lassen. Wenn Sie sich dem Glauben anschließen können, bei Marketing, Verkauf und Werbung gehe es letztlich um nichts anderes als um die Beeinflussung von menschlichem Wahlverhalten, werden Sie mit großer Wahrscheinlichkeit zu einem leidenschaftlichen Botschafter für Storytelling.

Dieser Entschluss wird Ihnen umso leichter fallen, wenn Sie feststellen, dass es zum erfolgreichen Geschichtenerzähler nicht zwingend einer universitären Zusatzausbildung bedarf. Da unser Gehirn die eintreffenden Informationspakete ganz automatisch in Geschichten verpackt, erhielten wir das Grundwissen über Storytelling als Geburtsgeschenk mit auf den Weg. Möglich, dass Sie es verlegt haben, verloren ging es jedenfalls nicht. Ihr Unbewusstes könnte ohne dieses Wissen gar nicht so effizient arbeiten, wie es für die Verarbeitung der unzähligen Informationspakete notwendig ist. Nur der Vernunft passt das nicht in den Kram, weil es deren Selbsteinschätzung gefährden würde, sie sei der Herr im Haus, fälle die Entscheidungen und habe das Recht auf das letzte Wort. Aber wie Ihnen eigene Beobachtungen, Erinnerungen an Ihre Kindheit und die Geschichten in diesem Buch zeigen, stehen die Begründungen der Vernunft auf wackligen Füßen.

▶ **AUSFLUG**

Erinnern Sie sich an drei Geschichten, die Ihnen eine Strafe ersparten, als Sie zu spät kamen.

! **WICHTIG**

Der Werkzeugkasten zur Herstellung einer Geschichte gehört zur Grundausstattung des menschlichen Gehirns, steht daher allen zur Verfügung und kann sofort genutzt werden. Nur die Gebrauchsanweisung müssen wir neu studieren!

Da ein Werkzeugkasten in der Geschichte dieses Buches die Heldenrolle spielt, ist das Interesse für seine Herkunft und seine Aufenthaltsorte mehr als legitim — zumal es dazu Aussagen gibt, die mit großer Wahrscheinlichkeit falsch sind. Für die Nachforschungen von Vorteil, aber nicht zwingend ist es, wenn Sie in Ihrer Kindheit mit einer Modelleisenbahn, einer Kinderpost, mit Legosteinen, mit Barbiepuppen oder Playmobil gespielt haben. All diese Beschäftigungen werden in einer staatlich anerkannten Schule kaum in den Lehrplan aufgenommen, und selbst wenn Sie Ihre Kindheit ausschließlich mit Fußball oder Doktorspielen verbracht haben, können Sie heute trotzdem mit der Bahn fahren, Kinder aufziehen und den Müll vor die Tür stellen. Die Starterkits für das Überleben im Alltag erhalten wir zum Glück noch immer vom Leben selbst. Daran vermag auch der Glaube nichts zu ändern, es brauche für alles und jedes ein Diplom.

Ein Diplom für Storytelling erhielt auch Vittorio nicht. Aber der italienische Staatspräsident überreichte meinem Freund immerhin die Auszeichnung „Cavaliere", womit aus dem kleinen Jungen mit dem schütteren Haarwuchs ein Ritter mit Glatze wurde. Und in der Laudatio steht, mein Vittorio Grimaldi habe sich diese Ehrung verdient, weil er mit seiner Person und seinen Tätigkeiten das gute Verhältnis zwischen Italien und England gestärkt habe. Doch bis es so weit war, musste er sein Talent zum Geschichtenerzähler in langen Jahren üben, perfektionieren und in unzähligen Situationen unter Beweis stellen.

Sein Starterkit, den Grundbaukasten, erhielt er von seinem Umfeld. Wer in San Giorgio a Cremano aufwächst, einem Außenquartier von Neapel, der besucht ganz bestimmt keine Schule, die Creative Writing als Wahlfach anbietet. In solchen Gegenden wird die staatliche Schulpflicht selbst im 21. Jahrhundert nur auf dem Papier eingehalten — von wegen Pflicht zur Teilnahme an Ausbildungsmaßnahmen bis zum vollendeten achtzehnten Lebensjahr! Nach fünf Jahren Grund- und drei Jahren Mittelschule ist für die Meisten Schluss. Aber nicht mit Geschichtenerzählen.

Wer seine Mitmenschen nicht mit Diplomen zu beeindrucken vermag, der muss eben zu Inszenierungen greifen. Wer die Gunst des Publikums nicht mit Körpergröße, Muskeln oder prominentem Namen ergattern kann, muss ihm eine Geschichte erzählen, die es immer wieder hören will. Weil sie glücklich macht, Sehnsüchte weckt, Träume erfüllt oder von Schuldgefühlen befreit.

Verfechter staatlicher Bildungsinstitute könnten an dieser Stelle einwenden, das Erzählen guter Geschichten lerne man doch im Deutschunterricht. Das wäre laut Lehrplan durchaus möglich und vorgesehen. Ein Blick in die Klassenzimmer zeigt aber, dass die Realität eine andere ist. Im Literaturunterricht werden Texte mittels ausgefeilten Analyseinstrumenten so atomisiert, dass solche Lektionen mehr mit Chemie als mit Deutsch zu tun haben. Mit einer genügenden Aufsatznote darf man nur rechnen, wenn alle Pros und Contras berücksichtigt sind, das Verhältnis von Einleitung, Hauptteil und Schluss den strengen Vorgaben entspricht, keine unvollständigen Sätze vorkommen, eigene Ansichten als solche gekennzeichnet sind und der Text möglichst viele Lieblingswörter des Bewerters enthält. Die Lernfortschritte sind entsprechend gering. Nein, Storytelling lernen wir in der Regel nicht während des Unterrichts, sondern vorher, dazwischen und danach. Aber das genügt, um davon auszugehen, dass jeder Leser dieses Buches glücklicher Besitzer des Grundbaukastens ist.

▶ **AUSFLUG**

Erinnern Sie sich an drei Trainingsplätze Ihrer Jugend, auf denen Sie die Grundregeln guter Geschichten gelernt haben.

❗ **WICHTIG**

Das Starterkit für Storyteller erhalten wir in Situationen unserer Kindheit und Jugend, in denen wir um unseren Platz im engsten sozialen Umfeld kämpfen mussten.

Vittorio verließ also wie die meisten seiner Mitschüler die Werkstätten der staatlichen Bildungsinstitute nach acht Jahren. Weniger, weil er damals deren beschränkten Nutzen für seine berufliche Laufbahn durchschaute, sondern um Geld zu verdienen. Dieses war in seinen Kreisen ebenso verlockend wie knapp. So unterschiedlich seine Tätigkeiten auch waren, irgendwie hingen sie immer mit Verkauf zusammen. Daher drängen sich an dieser Stelle erste Gedanken über das Schauspiel des Verkaufens geradezu auf. Wahrscheinlich kauften und lesen auch Sie dieses Buch, um Ihr Produkt, Ihre Dienstleistung oder Ihre Idee besser verkaufen zu können.

Was also ist Verkauf? Weil die Suche nach einer Definition aufwendig ist, habe ich diese Aufgabe für Sie übernommen. Nicht ganz überraschend kam ich nach der Konsultation gängiger Lehrbücher der Betriebswirtschaft und verwandter Gebiete zu keinem Ergebnis, das sich auf wenigen Seiten zusammenfassen ließe. Ergiebiger ist es, bei denen nachzufragen, deren berufliche Existenz direkt davon abhängt, ob sie das Stück und die Rolle des Verkäufers auch wirklich begriffen haben. Ihre Antworten lauten dann etwa so:

- Jeder Verkauf ist ein Tauschhandel.
- Du verkaufst nie eine Ware, sondern nur die Idee einer Dienstleistung.
- Beim Verkaufen wird ein totes Objekt durch eine Geschichte lebendig.
- Die Wahrheit ist ein schlechter Verkäufer.
- Verkauf ist keine Bedürfnisbefriedigung, sondern Inszenierung von Belohnung.
- Das Gefühl kauft, die Vernunft segnet den Kauf ab.
- Was nach Erziehung und Schule duftet, schadet dem Verkauf.
- Der Zweck heiligt den Kauf, aber nicht die Mittel.
- Nur der gefühlte Preis zählt.
- Das Anstreben einer Win-win-Situation ist eine Ideologie, keine Idee.
- Zuoberst auf dem Gewinnerpodest darf nur einer stehen: der Käufer.
- Ein Verkäufer soll verführen, nicht belehren.
- Wer auf der Bühne steht, muss sein Publikum mögen.

Vittorio hätte wohl jeder dieser Antworten zugestimmt. Er selbst meinte: „Wenn die Geschichte zu Ende ist, muss sie dem Publikum so gefallen haben, dass es beim Verlassen des Theaters nach dem Programm für die nächsten Aufführungen verlangt und den Eintrittspreis längst vergessen hat." Dann fügte er hinzu: „Ich hatte einen Lehrer, der mich nie sehen ließ, ob ich beim Hölzchenziehen tatsächlich das längere Stück erwischte. Ich glaubte ihm einfach, weil ich meinen Gewinn nicht durch Ungläubigkeit aufs Spiel setzen wollte."

> ### ▶ AUSFLUG
>
> Erklären Sie sich oder Ihrem Sparringspartner für Storytelling, warum Vittorio mit seiner Geschichte im Carabiniere den Glauben weckte, der Verzicht auf einen Strafzettel sei ein guter Handel.

> ### ! WICHTIG
>
> Wenn ich etwas verkaufen möchte, muss ich dem Käufer eine Geschichte erzählen, die sein Verhalten so beeinflusst, dass er dazu bereit ist, den von mir festgelegten Tauschwert für ein bestimmtes Gut zu bezahlen.

Um uns beim Tauschwert nicht unnötig zu verheddern, erinnern wir uns am besten daran, dass Geld nur eine von vielen Währungen ist und während des längsten Abschnitts der Menschheitsgeschichte nicht sonderlich vermisst wurde. Vittorio hat dem Ordnungshüter ja keinen Schein in die Hand gedrückt, sondern ihm im Gegenzug für den Verzicht auf die Strafe die Gewissheit gegeben, keine Rüge seines Vorgesetzten zu bekommen.

Auf der Ebene des gesunden Menschenverstands teilen Sie wohl meine Meinung, dass Sie mit Storytelling kein Neuland betreten. Wer im Auftragsverhältnis Geschichten erfindet, macht jedoch immer wieder die Erfahrung, dass sich wissenschaftlich belegbare Argumente besser verkaufen lassen. Daher gibt es in diesem Buch neben den Ausflügen für Sie auch solche von mir, die ich Exkursion nenne. Das dient der besseren Unterscheidung. Es soll den Betrachtungen aber auch akademisches Gewicht geben. Warum ist also jeder Mensch auch aus neurologischer Sicht glücklicher Besitzer eines Grundbaukastens für Storytelling?

EXKURSION 1:

Grob gesagt und in dieser Vereinfachung nicht für die Ohren eines Neurologen gedacht gibt es zwei Arten, wie unser Gehirn ein Regelinventar erwirbt. Es nimmt Regeln zur Kenntnis und lernt sie auswendig — oder es leitet sie ab. Die erste Methode funktioniert nur, wenn die Regeln einfach sind und kaum Ausnahmen zulassen. Doch sobald ein System komplex wird, also zu viele Informationslücken enthält, reicht die Verarbeitungskapazität des Bewusstseins nicht mehr aus. Das Paradebeispiel ist die menschliche Sprache. Nur weil Billionen synaptischer Verbindungen aus unzähligen Beispielen wiederkehrende Muster extrahieren, sind wir überhaupt in der Lage, ein so komplexes System wie Sprache zu erlernen. Und möglich ist dies nur, wenn die Vernunft nicht immer dazwischenfunkt, also hauptsächlich während unserer Kindheitsjahre. Haben wir den Grundbaukasten Muttersprache nicht erworben, bevor die Ratio ihre vermeintliche Herrschaft antritt, bleiben wir sprachlich behindert. Und selbstverständlich sind wir beim Erwerb einer Fremdsprache ebenfalls auf dieses Starterkit angewiesen.

Da unser Datenverarbeitungssystem Gehirn Informationspakete in Geschichten verpackt, speichert und wieder abruft, gehört das Regelinventar für Geschichten ebenfalls zu den Mustervorlagen, die für die weitere Entwicklung absolut notwendig sind. Also werden diese Regeln und deren Anwendung ebenfalls dann aus den eintreffenden komplexen Datenmengen extrahiert, wenn wir noch sehr jung und ungebildet sind. Die Regeln, nach denen Geschichten konstruiert sind, brauchen Sie im Normalfall ebenso wenig zu kennen wie die Regeln für die Muttersprache.

1.2   Ein Planer im Wirrwarr – Warum es oft anders kommt, als man denkt

„Das Leben ist wie eine Schachtel Pralinen, man weiß nie, was man bekommt." Der Satz stammt, wie unschwer zu erkennen ist, nicht aus einer Doktorarbeit zur Entwicklungspsychologie, sondern von einem Geschichtenerzähler. Und vielleicht geht es Ihnen wie Forrest Gump, dem Titelhelden der Story, der sagt: „Meine Mutter konnte Sachen immer so erklären, dass wir sie verstehen konnten." Verstanden hätte Forrest Gump trotz seines IQs von 75 auch den amerikanischen Mathematiker Professor John Allen Paulos. Denn auch er veranschaulicht komplizierte Zusammenhänge mit Anekdoten, Witzen und Abstechern in die Literatur. Er gehört sogar zu den wenigen Wissenschaftlern, die sich bereits vor dem Boom der Neurowissenschaften damit beschäftigten, warum Menschen Geschichten brauchen, um sich in der Welt zurechtzufinden. In der kürzest möglichen Form lautet die Antwort: Wir sind zu dumm, um das Spiel des Lebens zu begreifen. Genauer gesagt, unsere Vernunft reicht nicht aus, um Prognosen zu stellen, wenn zu viele Variablen im Spiel sind, die sich dauernd ändern.

So bitter dieser Befund für eine Spezies ist, die sich für die Krone der Schöpfung hält, so tröstlich ist er für jene 98 Prozent der Bevölkerung, deren IQ zwar ausreicht, um in einer Mensa zu speisen, aber nicht, um Mitglied beim Mensa-Klub der Hochbegabten zu werden. Wer stolzer Besitzer eines Intelligenzquotienten von über 130 ist, wird sich zwar in der Schule eher langweilen und weniger mit seinen Altersgenossen spielen, aber beim Planen seines Lebens trotzdem die gleiche Fehlerquote aufweisen wie Sie und ich, und zwar unabhängig davon, wer diesen Plan schreibt. Falls Ihnen noch immer Zweifel kommen, ob dem tatsächlich so sei, hat dies wahrscheinlich damit zu tun, dass Sie den Vorwärts- mit dem Rückwärtsgang verwechseln. Oder mit Sören Kierkegaard etwas poetischer ausgedrückt: „Verstehen kann man das Leben rückwärts, leben muss man es vorwärts."

Im Nachhinein sind wir also alle klüger. Aber unser Wunsch nach Sicherheit ist so groß, dass wir Wahrsagern aller Art immer wieder auf den Leim gehen, sei es beim Anlegen von Erspartem, beim Buchen unseres Urlaubs oder beim Erstellen von Fünfjahresplänen für Unternehmen. Die beliebten Best-Practice-Bücher sagen viel über die Vergangenheit und wenig über die Zukunft aus. Denn mit der Leistungsfähigkeit unseres Bewusstseins lassen sich lediglich vorgegebene Datenmengen analysieren, die sich nicht mehr verändern.

Wenn wir unsere Leistungsfähigkeit mit der Rechenkapazität von Computern erweitern, wenn wir lange und genau genug arbeiten, überraschen auch wir die Welt mit blitzgescheiten Schlüssen und Ratschlägen. Sobald es aber in Richtung Zukunft geht, ändern sich so viele kleine Dinge, dass deren Summe meist zu Wegabweichungen führt, die sich mit einem rational zustande gekommen Konzept nicht erfassen lassen. Die Rubrik „Zur richtigen Zeit am richtigen Ort" ist exklusiv für Geschichtenerzähler reserviert, weil nur ihre Berichte so viele Andockstellen haben, dass sie sich wechselnden Situationen und Umständen dauernd anpassen können.

▶ **AUSFLUG**

Wühlen Sie in Ihrer Erinnerungskiste und suchen Sie nach einem Plan, der am Schluss so aussah, wie Sie ihn vor der Ausführung gezeichnet haben.

❗ **WICHTIG**

Ein Konzept, das in eine Geschichte eingepackt ist, wird eher gelingen, als wenn es nur aus einzelnen Begriffen, Diagrammen und Zahlen besteht.

Um das logische Denken wurde außerhalb philosophischer Denkschulen nicht immer so viel Tamtam gemacht wie in den letzten Jahrzehnten, ohne dass die Welt deshalb auseinanderbrach. Eine der vielen Ursachen dieser Show verantwortet die Ökonomisierung aller Lebensbereiche. Nur wenn der gesunde Menschenverstand in ein Begriffsinventar und in offizielle Kategorien gefasst wird, lässt er sich von Fachleuten zuordnen, bewerten und auf Ausbildungslehrgänge verteilen. Sollten Sie im Laufe Ihrer Lehr- und Wanderjahre wenig oder nichts von wissenschaftlich gesicherten Programmen zur Beeinflussung menschlichen Wahlverhaltens vernommen haben, gehören Sie zur Mehrheit. Das muss kein Nachteil sein, im Gegenteil. Denn obwohl es zurzeit schick ist, anders als alle anderen zu sein, ist der Herdentrieb ein evolutionäres Erfolgsprogramm, sofern man akzeptiert, dass Niederlagen in Einzelfällen dazugehören. Im Großen und Ganzen genügt es für den Erfolg, eine Idee zu haben, an sie zu glauben und sie in eine Geschichte zu verpacken, die andere Menschen hören wollen.

John Allen Paulos, der humorige Mathematiker mit dem Hang zum Geschichtenerzähler, nimmt die Anhänger des logischen Denkens gerne auf die Schippe. Was er ihnen ins Handbuch für erotische Abenteuer schreiben würde, entlehnt er allerdings beim Rätselguru Raymond Smullyan. In der freien Nacherzählung lautet seine Geschichte so:

Ein Mann fragte die junge Frau an der Bar, nachdem er ihr einen Drink offerierte: „Darf ich Ihnen das Versprechen abnehmen, dass Sie mir eine Fotografie von sich geben, wenn ich eine wahre Aussage mache, mir aber kein Bild zu geben, wenn ich eine falsche Aussage mache?" Die Frau fühlt sich geschmeichelt und antwortet nichts Böses ahnend mit Ja. Darauf stellt der eroberungslustige Mann fest: „Sie werden mir weder eine Fotografie geben, noch werden Sie mit mir schlafen." Bingo! Denn die Frau kann ihm keine Fotografie von sich geben, da sich sonst die Behauptung des Mannes als falsch erweisen würde und sie ihr Versprechen damit gebrochen hätte, ihm nur im Falle einer wahren Aussage ein Bild zu überlassen. Weigert sie sich aber, mit ihm zu schlafen, wird seine Behauptung wahr, womit sie ihm die Fotografie aushändigen müsste. Will sie also ihr Versprechen halten, bleibt ihr nicht anderes übrig, als sich auf das erotische Abenteuer einzulassen, womit seine Behauptung falsch wird.

Soll noch jemand sagen, logische Spiele würden unser Leben bestimmen. Nein, logisch verhalten sich Menschen, wenn überhaupt, in Hörsälen und Lehrbüchern. Solchen Behauptungen wird gerne mit der Gegenbehauptung entgegnet, wenn die Logik einen so geringen Stellenwert hätte, würde das nackte Chaos ausbrechen. Aber diese Angst basiert auf dem grundlegenden Irrtum, es gäbe nur eine Logik der Vernunft. Doch da sich die unbewusst arbeitenden Hirnreale sehr wohl an einem Regelinventar ausrichten, das zu Mustervorlagen führt, hält sich die Unordnung in überschaubaren Grenzen.

Die Vertreter des Storytelling sind keine konzeptlosen Gesellen, die sich gegen das schriftliche Festhalten von Strategien und Plänen stemmen. Sie sind nur der festen Überzeugung, dass unvorhersehbare Rückkoppelungen in komplexen Systemen alle Konzepte, denen keine unbewusst steuernde Geschichte zugrunde liegt, zur Makulatur machen. Und komplex heißt eben auch, dass an allen Enden und Ecken gezogen wird. Denn Marketing in einem Unternehmen ist etwas anderes als Planspiele am Computer, die ich nur deshalb in den Griff kriege, weil ich der alleinige Herrscher über das Programm bin.

Da Gastvorlesungen meist vor einem größeren Publikum stattfinden, missbrauche ich solche Veranstaltungen manchmal dazu, Studenten erleben zu lassen, wie schnell ein schöner Plan eine hässliche Gestalt annehmen kann. Man nehme ein Marketingkonzeptionslehrbuch, suche einen möglichst detaillierten Plan, ordne den Kästchen einzelne Studenten oder Gruppen zu, greife irgendwo entschieden ein und beobachte dann, was aus diesem Konzept wird. Die gleiche Übung wiederholen wir dann mit einem ähnlichen Plan, dem jedoch eine verbindliche Geschichte übergeordnet ist. Und siehe da, wo zuerst über Zahlen und Begriffe gestritten wurde, diskutierte man nun, ob eine getroffene Maßnahme den Kern der Geschichte noch immer trifft.

EXKURSION 2:

Es ist Samstagmorgen. Sie fahren ins Einkaufszentrum, um alles Notwendige für die Einladung am Abend zu besorgen. Sie sind noch guten Mutes, früh dran, nicht gestresst und mit einer Einkaufsliste bestens vorbereitet. Ihr Autopilot führt Sie wie immer auf Parkebene B. Dummerweise und aus unerklärlichen Gründen gibt es aber heute auf Ihrer Lieblingsparkebene keinen freien Platz.
Um gleich mit offenen Karten zu spielen und die volle Wahrheit zu sagen: Dass alles voll ist, sehen Sie natürlich nicht. Ihre Augen registrieren lediglich 10 Millionen Bits pro Sekunde, die dann an die visuellen Zentren in Ihrem Gehirn weitergeleitet werden und dort zum Bild „Volle Parkebene" zusammengesetzt werden. Wer dann, um das Wochenende zu retten, beruhigend auf Sie einspricht, muss sich mit einem Input von 100.000 Bits pro Sekunde begnügen. Ebenso viel hat der Benzingestank zur Verfügung. Über Ihre Haut gehen doch immerhin eine Million Ja-Nein-Entscheidungen in einer Sekunde ein, während auf Ihrer Zunge läppische 1.000 Bits landen können. Ihr Arbeitsgedächtnis , das Sie für das Planen und Entscheiden zwingend brauchen, hat eine Kapazität von 50 Wahlmöglichkeiten pro Sekunde. Man muss in der Mathematik keine Leuchte gewesen sein, um zu begreifen, dass Ihre Vernunft zur Situation im Parkhaus wenig zu sagen hat. Nachvollziehen können wir es trotzdem kaum, dass von über 11 Millionen Informationseinheiten weniger als 0,1 Prozent beim Bewusstsein ankommen. Und so glauben wir eben weiterhin, dass wir unseren letzten Urlaub logisch geplant haben und so etwas Schwammiges und Altbackenes wie Geschichten dabei kaum eine Rolle gespielt hat.

1.3 Ein Film beim Psychiater – Warum das Gehirn Informationen als Geschichten speichert

Angenommen Ihr Gehirn hat nicht die blasseste Ahnung, was „Psychologie" bedeutet, und jemand müsste Ihnen das erklären, ohne auch nur eine einzige Geschichte zu erzählen. Wie soll das gehen? Natürlich dürfen Sie diese Frage gleich weitergeben. Aber mit an Sicherheit grenzender Wahrscheinlichkeit finden Sie niemanden, der Ihnen keine befriedigende Antwort gibt.

Hesley & Hesley ist keine der amerikanischen Anwaltspraxen, die mit Sammelklagen gegen Unternehmen vorgehen, die einen Aufkleber oder einen Satz in der Gebrauchsanweisung vergessen haben. Nein, wer zu Hesley & Hesley geht, fiel nicht von der Leiter, weil auf der letzten Sprosse der Hinweis „Letzte Sprosse!" vergessen wurde. Er hat andere Probleme: psychische. Und dafür ist das Ehepaar Hesley zuständig. Das wäre in Dallas, wo der eigene Seelendoktor fast so wichtig ist wie der Friseur, nichts Außergewöhnliches. Aber die Methode ist überraschend. Denn die beiden Therapeuten zeigen ihren Klienten Filme. Nicht um bezahlte Zeit zu vertrödeln oder mangelnde Vorbereitung zu kaschieren, wie das manchmal in Schulzimmern geschieht, sondern um an die inneren Filme ihrer Patienten anzudocken, Verbindendes und Trennendes zu entdecken und schließlich mit Neufassungen etwas zu bewegen.

Auf ihre erfolgreiche, aber noch immer ungewohnte Methode kamen die beiden, wie könnte es anders sein, durch Zufall. Wir schreiben das Jahr 1989. Vor dem 46-jährigen John W. Hesley sitzt ein begabter Mathematiker, der seit Wochen über nichts sprechen will. Schon gar nicht über seine Depression, die seine Ehe so belastet, dass ihn die Frau vor die Wahl stellte, entweder Therapie oder Scheidung. Wenn der Mathematiker etwas von sich gibt, sind es Zahlen aus Baseballstatistiken seit 1903. Die Situation ändert sich schlagartig, kurz nachdem die Hesleys an einem Wochenende den Film „Feld der Träume" sahen, in dem Baseball ein wesentlicher Teil der Kulisse ist. Denn in der nächsten Sitzung macht Hesley seinen Patienten auf den Film aufmerksam und empfiehlt ihm einen Kinobesuch. Die Geschichte fesselt und verwirrt diesen so sehr, dass er sich ihre Verfilmung dreimal ansieht, freiwillig. Dann beginnt er zu sprechen …

Seit dieser Patient seine Lebensgeschichte wieder in eine überschaubare Ordnung gebracht hat, sind zwei Jahrzehnte vergangen, in denen sich auch die Hirnforschung intensiv mit der Verarbeitung von Informationen beschäftigte. Obwohl sich die Neurologen in einer anderen Sprache ausdrücken, kommen sie zum gleichen Ergebnis wie die Hesleys und viele andere. Unser Gehirn speichert Datenpakete als Geschichten ab. Genauer gesagt, unser autobiografisches Gedächtnis tut das. Diese Erkenntnis ist deshalb von so immenser Bedeutung, weil von diesem Hirnareal auch Muster geknüpft werden, die unser Verhalten bestimmen.

> ▶ **AUSFLUG**
>
> Erzählen Sie jemandem die Weihnachtsgeschichte in drei Sätzen. Und lassen Sie sich die Geschichte von der Geburt Jesus von drei Personen Ihrer Wahl erzählen.

> ❗ **WICHTIG**
>
> Je stärker der unverrückbare Kern einer Geschichte ist, desto mehr Varianten und Ausschmückungen kann sie zulassen.

Hesley & Hesley ist keine DVD-Ausleihe, sondern noch immer ein Ort, an dem Menschen ihren momentanen Alltagsgeschichten eine andere Richtung geben wollen. Aber die Sammlung digitalisierter Filmen kann sich sehen lassen. Über 300 in Szene gesetzte Drehbücher sind nach Kategorien geordnet, die an eine Bibliothek für Unternehmungsführung mit Schwergewicht Marketing und Kommunikation erinnern. Das ist kein Zufall, dienen doch die meisten Geschichten dazu, sich in der sozialen Welt zu behaupten und seinen eigenen Platz zu finden.

Selbst wenn böse Zungen gerne behaupten, ein ökonomisch denkender Therapeut strebe möglichst hohe Kundentreue an und verfehle daher sein Ziel, wenn er das Verhalten seiner Patienten verändere, gehören Hesley & Hesley nicht dazu. Daher geben sie ihren Patienten Filme mit Geschichten mit nach Hause, deren Kernaussagen etwas mit den biografischen Erlebnissen zu tun haben, die sie als Auslöser des störenden Verhaltens betrachten. Selbstverständlich ist es damit noch nicht getan. Und um keine Sammelklage der vereinigten Therapeuten zu riskieren, halte ich daher mit aller Deutlichkeit fest: Eine große DVD-Sammlung zu haben und Rat suchenden Menschen einen Film auszuleihen, berechtigt noch nicht dazu, sich Therapeut zu nennen. Ebenso wenig dürfen sich Liebhaber guter Geschichten bereits als Meister im Storytelling betrachten. Was große Regisseure uns geben, ist lediglich eines der Werkzeuge, die wir bei unserer Arbeit mit uns führen sollten.

Bleibt zum Schluss dieses Kapitels noch die Frage, warum die Neurowissenschaften die Methode von Hesley & Hesley absegnen. Die Kurzantwort lautet: Weil es keine effizientere Methode der Datenverarbeitung gibt, als Informationseinheiten in Geschichten zu verpacken.

Haben wir uns erst einmal damit abgefunden, dass unser Gehirn nichts anderes ist als ein lebendiges Datenverarbeitungssystem, dann müssen wir annehmen, dass seine Leistungsfähigkeit eng mit der verwendeten „Software" zusammenhängt. Werfen wir einen Blick auf die Anforderungen an ein gutes Programm, so wird uns eher klar, warum die Evolution auf den Geniestreich kam, unser Gehirn mit der Software „Geschichten finden und erfinden" auszustatten.

Ein Softwareentwickler wird gelobt, wenn sein Programm:

- große Datenmengen schnell verarbeitet
- Informationen verdichtet
- möglichst wenig Energie verbraucht
- leicht erlernbar ist und wenig Erklärungen braucht
- sichere Orientierung ermöglicht
- einheitliche Grundbefehle hat
- einfache Wechsel zu anderen Programmen erlaubt
- sich den individuellen Arbeitsstilen seiner Benutzer anpasst
- Fehler zulässt und trotzdem stabil ist
- mit wenig Aufwand weiterentwickelt werden kann
- an verschiedenen Orten einsetzbar ist
- bei Teilausfällen trotzdem funktionstüchtig bleibt
- wenig Speicherkapazität beansprucht und
- Mehrdeutigkeiten zulässt

Nun müssen Sie lediglich „Programm" durch „Geschichte" ersetzen und schon verstehen Sie, warum sich im Laufe von Millionen Jahren ein dynamisches System durchgesetzt hat, das Informationen weitergeben und empfangen kann, ohne bei ungewohnten Varianten gleich auszufallen. Wenn Sie die Gelegenheit haben, einen Softwareentwickler zu fragen, wie er die Weihnachtsgeschichte so in Ja- und Nein-Befehle umwandeln kann, dass sie überall verstanden wird, sollten Sie das tun.

Science-Fiction-Filme, neckische Roboter und die allgegenwärtige Präsenz von Computern wecken die Vorstellung, dass die künstliche Intelligenz bereits vor der Tür steht. Aber dem ist nicht so. Selbst mit den besten Sprachprogrammen lassen sich keine Geschichten in unserem Sinne erzählen. Oder wie wollen Sie ein Informationspaket wie das folgende programmieren?

„Als seine Mutter ins Zimmer trat, hörte Peter sofort mit dem Schluchzen auf, schaute gelangweilt auf das Poster über seinem Schreibtisch und summte seinen momentanen Lieblingssong. Doch sie kannte ihren Sohn zu lange, um seine wirkliche Stimmung nicht mitzubekommen. Und als sie ihn fragte, was der Vater zum abgebrochenen Schlüssel meinte, erwiderte Peter: „Nichts! Er sagte nur: Das hast du gut gemacht."

Wie eifrige Benutzer von Navigationssystemen erstaunt feststellen, lässt sich Sprache inzwischen so digitalisieren, dass wir an der nächsten Kreuzung rechts abbiegen, auf Fehler aufmerksam gemacht werden oder sogar im dichtesten Nebel wissen, wann wir am Ziel sein werden. Aber eine in Ja-Nein-Befehlen geschriebene Software kann uns nicht mitteilen, dass der Satz „Das hast du gut gemacht." ironisch gemeint war und wir deshalb genau das Gegenteil verstehen sollen. Um das leisten zu können, müsste ein Computerprogramm ähnlich funktionieren wie unser Gehirn.

Denn kaum sind die 344 Buchstaben der „Peter-Geschichte" in unser Gehirn eingedrungen, beginnt dort die Suche nach Mustervorlagen, die dem Zeichenwirrwarr einen Sinn geben. In Sekundenschnelle wird in den verschiedensten Hirnarealen nach Kurzgeschichten geforscht, in denen die vernommenen Zeichen von Bedeutung waren. Und finden sich zum Beispiel keine Geschichten, in denen der Vater nicht das meinte, was er sagte, wird Peter die Ironie kaum erfassen können. Nur das, was häufig vorkam oder tiefe emotionale Spuren hinterließ, wurde in Peters Gehirn abgespeichert.

EXKURSION 3:

Der moralische Appell, wir sollten weniger an uns und mehr an die anderen denken, ist zwar löblich, bewirkt aber wenig. Unser Gehirn beschäftigt sich vorwiegend mit sich selbst. Und zwar nicht nur, um die Systeme zu kontrollieren und zu regulieren, die uns am Leben erhalten. Viel Arbeit macht sich das Hirn auch mit unserem Bewusstsein, das sich immer wieder neu finden und bestätigen muss. Nicht ob es alle Sternbilder kennt oder die Hauptstädte aller Länder auswendig weiß, galt als Qualitätskriterium. Nein, die Hauptaufgabe, die ihm von der Evolution aufgegeben wurde, ist eine andere, für das Überleben viel wichtigere: Es muss die Balance halten zwischen dem eigenen Ich und dem anderer Menschen auf dieser Welt.

Unsere Spezies war bisher vor allem deshalb so erfolgreich, weil wir soziale Wesen sind, die voneinander lernen und sich schnell an veränderte Bedingungen anpassen können. Was uns alle vereint, ist die Grundausstattung, mit der wir auf Welt kommen. Sie reicht, um zu lernen, aber nicht, um schon ohne fremde Hilfe zu überleben. Dieses Starterkit muss nun Stück für Stück ergänzt werden. Mit Informationspaketen, die es uns schrittweise erlauben, als Individuen in dieser Welt so zu agieren, dass wir uns reproduzieren, an unsere Umgebung anpassen und dadurch überleben können. Das ist wahrscheinlich der Grund, warum sich Kinder fragen:

- Wie funktioniert die Welt?
- Wie ist sie entstanden?
- Wer bin ich?

- Wie muss ich mit anderen Menschen umgehen?
- Wer beschützt mich jetzt und wenn ich gestorben bin?

Ob eine heiße Herdplatte Schmerz verursacht, wenn wir sie berühren, lernen wir durch selbst erlebte Geschichten ebenso wie tausend andere Dinge. Nach der Pubertät glauben wir einigermaßen zu wissen, wer wir sind. Doch solange viele Fragen nur ungenau, unglaubwürdig oder gar nicht beantwortet sind, fragt unser Gehirn unablässig weiter. Vielleicht nicht bei allen Menschen mit der gleichen Hartnäckigkeit, aber selbst die Neunmalklugen kriegen den im Unbewussten arbeitenden Störenfried nicht in den Griff.

Und gerade weil es auf diese Fragen keine verbindlichen, abschließenden Antworten gibt, sind wir so anpassungsfähig und so erfolgreich. Nur Antworten in Form von Geschichten sind klar und unklar zugleich. Klar genug, um daraus Handlungsanweisungen abzuleiten, unklar genug, um Varianten zuzulassen, wenn sie notwendig sein sollten. Was uns so selbstverständlich erscheint, ist vielleicht die genialste Erfindung der Evolution.

1.4 Sabine und Hänsel – Warum jeder eine andere Geschichte braucht

Es war einmal eine gut aussehende Mutter von drei Kindern, die mit einem Abschluss der Harvard Business School als Marketingleiterin ausgestattet mehr Mineralwasser, mehr Musterkollektionen, mehr Modeschmuck verkaufen musste. Sie war beliebt in der Nachbarschaft und unsagbar glücklich, den Mann ihres Lebens gefunden zu haben. Das unterschied sie zwar von vielen ihrer Artgenossinnen, hätte aber kaum ausgereicht, um von allen bedeutenden amerikanischen Fernseh- und Radiosendern eingeladen zu werden und mit ihren Büchern die Bestsellerlisten zu erobern. Aber Rachel Greenwald hatte ein Hobby, das sich in weiblichen Kreisen schnell herumsprach: für andere Frauen den Mann fürs Leben zu suchen. Vorzugsweise für Freundinnen und Kolleginnen ab 35 aufwärts.

Für diese anspruchsvolle Aufgabe benutzte sie die Grundlagen ihrer Marketingausbildung und ihres Psychologiestudiums, ihre gute Beobachtungsgabe und den gesunden Menschenverstand. Aus all dem mixte sie ein 15-Schritte-Programm, das so gut funktionierte, dass die erfolgreichen Absolventinnen den Tag ihrer Vermählung nach dem Terminkalender ihrer Kupplerin ausrichten mussten, falls die Anwesenheit der Glücksfee dem schönsten Tag des Lebens die Krone aufsetzen sollte.

Es ist hier nicht der Ort, im Detail auf die fünfzehn Schritte einzugehen. Zumal Amerika nicht Europa und Storytelling nicht primär auf Partnerschaftssuche ausgerichtet ist. Aber Rachel Greenwald verdient sich in diesem Buch einen Auftritt, weil sie zu denen gehört, die Lehrmeinungen fallen lassen, wenn sie mit den Geschichten des wirklichen Lebens wenig zu tun haben. Würde Rachel Greenwald ihren Kundinnen raten, die Männer nach den gleichen Zielgruppen zu segmentieren, wie sie an Ausbildungsstätten für Marketing gelehrt werden, wäre sie weniger häufig zu Hochzeiten eingeladen.

Die Wahrscheinlichkeit, dass Sabine ihren Hänsel gefunden hätte, wäre beträchtlich kleiner, wenn sie nach dem klassischen Marketingschema vorgegangen wäre, das in ihrem Falle so lauten könnte:

- Demografische Segmentierung: Mein Traummann sollte männlichen Geschlechts und unverheiratet oder rechtsgültig geschieden sein, zwischen 35 und 45 Lenze zählen und keine oder Kinder ab 14 Jahren haben.
- Geografische Segmentierung: Mein Suchobjekt sollte in den gemäßigten Klimazonen Westeuropas und in städtischen Gegenden wohnen, die mit öffentlichen Verkehrsmitteln innerhalb von drei Stunden erreichbar sind.
- Sozioökonomische Segmentierung: Mein Zukünftiger sollte einen akademischen Abschluss haben, zur Einkommensgruppe ab 60.000 Euro gehören, in einem kreativen Beruf tätig sein und der christlichen Glaubensgemeinschaft angehören.
- Verhaltensorientierte Segmentierung: Mein Wunschpartner sollte entscheidungsfreudig, treu, wählerisch, berechenbar, nicht besitzergreifend, sportlich und großzügig sein.
- Psychografische Segmentierung: Mein Mann fürs Leben sollte selbstbewusst, ausgeglichen, einfühlsam, kontaktfreudig, humorvoll, herzlich, erlebnishungrig, ehrlich, intelligent, bescheiden, entgegenkommend, ordnungsliebend, pflichtbewusst und offen für neue Ideen, Ästhetik und Gefühle sein.

Angenommen wir belassen es bei diesen zahlreichen Ja-Nein-Kriterien, gewichten jedes gleich stark und berechnen, wie viele verschiedene Beschreibungen von Männern sich daraus ableiten lassen, kommen wir auf 8,5 Milliarden. Das heißt, Sabine müsste eventuell Konzessionen beim Geschlecht machen und/oder ihre Suche auf extraterrestrische Kandidaten ausdehnen. Hinzu kommt, dass ihre bescheidene Wunschliste keine Vorstellungen enthält, wie Sabines Traummann aussehen darf. Fazit: Es gibt nicht einmal den Einen.

Wenn Sie das Gefühl haben, Sabines Beispiel sei konstruiert, dann irren Sie sich nicht. Aber schon ein flüchtiger Blick auf Kontaktanzeigen wird Sie daran erinnern, dass die Wirklichkeit unsere Fantasie an Überraschungen übertrifft. Und so erstaunt es wenig, wenn Frauen mit solchen Segmentierungen keinen Mann und Marketingleute keine Kunden finden. Die Ahnung, dass solche Methoden nichts bringen, kann zur Verzweiflungstat führen, sich auf ein einziges Kriterium zu beschränken. Aber was ist schon ein gut aussehender Mann? Und wer sind die „DINKS", alias „Double Income No Kids"?

▶ **AUSFLUG**

Suchen Sie nach einer Geschichte, einem Film, einem Theaterstück, in dem Ihre Partnerin oder Ihr Partner die Hauptrolle übernehmen könnte. Unabhängig davon, ob die schauspielerischen Voraussetzungen gegeben sind.

❗ **WICHTIG**

Die klassischen Methoden, eine Zielgruppe zu segmentieren und einzukreisen, haben zu viele Ja-Nein-Kriterien, um sich ein vorstellbares Bild zu machen. Oder zu wenige.

Nehmen wir an, Sabine sei dem Rat von Rachel Greenwald gefolgt, den Kreis möglicher Partner nicht allzu sehr einzuengen. Zumal es in ihrem Alter leichter ist, nach einem „realeren" Mann Ausschau zu halten als mit zwanzig, wählt man doch zu Beginn der aktiven Werbeperiode eher Potenziale als reale Möglichkeiten. Sabine wird beim ersten Date also vorwiegend Geschichten erzählen, die bei ihrer potenziellen Beute möglichst viele Andockstellen haben. Zum Glück gibt es das Wetter, Horoskope und allgemein anerkannte Bösewichte. Signalisieren die ersten sinnlichen Eindrücke, dass es sich lohnen könnte, Hänsel weitere Geschichten zu erzählen, muss Sabine andere Kapitel aufschlagen. Denn vergessen wir nicht, will Sabine eine Partnerschaft mit Hänsel, muss sie ihn dazu bringen, an eine Geschichte zu glauben, in der er und sie die Hauptrollen spielen.

Und soll dieses Stück länger als nur eine Nacht dauern, müssen unzählige kleine Informationspakete zusammenpassen. Um die Sache voranzutreiben und nicht gleich als dumme Gans dazustehen, muss Sabine also irgendwann von atmosphärischen Berichterstattungen abrücken, um den Geschichtenschatz von Hänsel zu erkunden. Macht sie es geschickt, wählt sie eines der Urthemen. Denn damit bereitet sie eine gemeinsame Bühne vor, auf der Hänsel ebenfalls agieren kann. Mit wem sie es dann in Zukunft eventuell zu tun haben wird, kann Sabine umso besser ableiten, je mehr Hänsel die Bühne mit seinen Kulissen, Requisiten und Darstellern füllt.

Hören wir einem solchen Gespräch zu, könnte eine Sequenz etwa folgendermaßen lauten:

Sabine: „Irgendwie ist es schon merkwürdig. Wäre mir die Straßenbahn gestern nicht vor der Nase abgefahren, säßen wir uns heute wohl nicht gegenüber. Schon als kleines Kind glaubte ich nicht an Zufälle. Ganz im Gegensatz zu meinem Vater. Für den war nichts vorherbestimmt. Hätte mein lieber Papi die Nachrufe nach seinem frühen Tod lesen können, wäre er wohl in lautes Gelächter ausgebrochen. Von wegen geplanter Karriere! Sein Traum war es, Linienpilot, nicht Bildhauer zu werden. Und von der Malerei ließ er später nur, weil seine damalige Geliebte sich in seinen Porträts nicht fand. Behauptet zumindest meine Mutter."

Hänsel: „Dein Vater ist gestorben?"

Sabine: „Ja, das war ganz schrecklich — und hat vielleicht meinem Leben vor fünf Jahren eine neue Richtung gegeben."

Wie das Gespräch weiterging und welche Geschichten Hänsel zum Besten gab, braucht uns hier nicht weiter zu interessieren. Wichtig ist, dass Sabine mit wenigen Sätzen eine Bühne baut, auf der Hänsel seine Stücke ebenfalls aufführen kann. Und indem sie vom Schicksal, von ihrer Kindheit, von Liebe und Tod, von unerfüllten Träumen spricht, gibt sie einige Urthemen vor, an die Hänsel seine eigenen Geschichten anknüpfen kann. Gelingt es Sabine, eine Andockstelle für eine sehr persönliche, eigene, oft dem kulturellen Geschichtenschatz widersprechende Geschichte von Hänsel zu schaffen, sammelt sie zusätzliche Sympathiepunkte. Denn falls Hänsel dadurch ermuntert wird, seine Liebe für Waldschnecken preiszugeben, fühlt er sich angenommen, akzeptiert und verstanden.

Solche individuellen Mikrogeschichten zu entdecken, zu archivieren und zu nutzen, ist im Empfehlungs- und Dienstleistungsmarketing von elementarer Bedeutung. War ich als Kind gezwungen, mit meinen Eltern stundenlang durch blühende Lavendelfelder zu streifen und wurde dabei noch von südfranzösischen Bienen gestochen, bleibe ich dem Hotel vielleicht ewig treu, das mir als Erwachsenem Lavendelduftkissen im Badezimmer erspart. Wer von einem Stiefvater, dessen Passion Rosen waren, ständig drangsaliert wurde, möchte zum Valentinstag wahrscheinlich andere Blumen erhalten. Je individueller geworben wird, desto wichtiger werden die ureigenen Geschichten.

Selbstverständlich macht es Sinn, bei der Auswahl von Adressen für ein Porsche-Mailing auf das Alter und die Vermögensverhältnisse der Angeschriebenen zu achten. Aber da die Marketingverantwortlichen bei Porsche richtigerweise davon ausgingen, dass sie lieber nicht an die Vernunft appellieren, erzählen sie Geschichten oder stellen Fragen, die sich nur mit Geschichten aus dem eigenen Leben beantworten lassen:

- Was, wenn Sie nicht wiedergeboren werden?
- Wir Deutschen sind pedantisch, penibel und pingelig. Wenn's funktioniert.
- Hätten Sie immer getan, was alle tun, wären Sie heute nicht, was Sie sind.
- Mathematisch gesehen erstrecken sich offene Kurven bis ins Unendliche. Schöne Vorstellung.
- Mit Ihrer Konsequenz haben Sie eine Menge bewegt. Nun sollten Sie sich mal mit etwas Konsequentem bewegen.
- Ich hab' wirklich alles versucht: Wegsehen, Ohren zustopfen …
- 2000 n. Chr. Weite Teile der Gesellschaft haben Abschied vom Leistungsgedanken genommen. Eine kleine radikale Minderheit arbeitet jedoch weiterhin mit Nachdruck daran.
- Sie sind nicht das Zentrum des Universums. Aber es ist doch ganz schön, sich manchmal so zu fühlen.

Aber was bei einem Fahrzeug für über 100.000 Euro mit der doppelten Spitzengeschwindigkeit eines Durchschnittsautos und einem Kofferraum in Bierkastengröße den meisten Menschen einleuchtet, gilt immer. Entscheidungen werden von all den kleinen und großen Geschichten getroffen, die in unserem autobiografischen Gedächtnis gespeichert sind. Egal, ob es um einen Porsche, einen Ausbildungslehrgang oder den Traummann geht.

EXKURSION 4:

Das menschliche Gedächtnis ist keine riesige Bibliothek, in der all unsere erlebten, gehörten, gesehenen oder erfundenen Geschichten wie Bücher aufgereiht sind. Das würde viel zu viel Platz und damit Speicherkapazität einnehmen. Auch die Logistik beim Einlagern und Abrufen wäre mit einem solchen System zu aufwendig. Viel effizienter ist es, von den wichtigsten und immer wiederkehrenden Ereignissen Mustervorlagen herzustellen. Diese Prototypen lassen sich dann beliebig variieren, je nach Verwendungszweck. Dieses Set an gemeinsamen Geschichten erlaubt es, dass wir uns an die soziale und kulturelle Umgebung anpassen können.

Solche Informationspakete zur weiteren Verarbeitung sind zudem hierarchisch geordnet. Am wichtigsten sind Geschichten, die uns Antworten auf die drei Fragen: „Wer bin ich?", „Wer ist der andere?", „Wo ist mein Platz in dieser Welt?" geben. Weil diese Urfragen für alle Menschen existenziell sind, werden sie auf allen Bühnen der Welt immer wieder gestellt. Denn nur so kann das evolutionäre Programm nach Informationspaketen suchen, die dem Individuum die Fortpflanzung, das Anpassen und das Überleben erleichtern.

Auf der nächsten Stufe folgen dann Geschichten, die das kulturelle und soziale Umfeld geschrieben hat. Das sind Erzählungen von verändertem Geschlechterverhalten, von der permanenten Erreichbarkeit, vom langsamen Aussterben der Arbeiter und Bauern oder vom Verlust der Deutungsmacht traditioneller Sinnstifter wie Kirche, Staat und Familie. Und die letzte große Kategorie umfasst schließlich das individuell Erlebte. Mit diesem hierarchischen System ist es möglich, dass wir uns der Geschichte annähern können, die der Einzelne braucht und hören will.

2 Das Abenteuer beginnt – Was Sie bei einer guten Geschichte beachten sollten

2.1 Ein Fisch namens Nemo – Warum einfache Geschichten besser ankommen

Da jede Funktion gewisse Pflichten mit sich bringt, sitzen bei Schüleraufführungen nicht nur Eltern im Publikum. Außer nahen Verwandten verbringen auch Erwachsene, die Patenschaften übernommen haben, einen Teil ihrer raren Freizeit in Aulen, Kirchengemeindehäusern und Schulzimmern, um sich zum wiederholten Mal Geschichten anzusehen, die sich die Großen für die Kleinen ausgedacht haben. Freude haben sie natürlich trotzdem. Aber vor allem deshalb, weil sie einen der Schauspieler lieben. Steckt im Froschkostüm der kleine Daniel, wird die ganze Aufführung zum Ereignis.

Noch ist es aber nicht so weit, näher auf die Rolle des Erzählers einzugehen. Unser Thema ist im Moment die Einfachheit. Und die können wir auch erleben, wenn wir mit Kindern statt in die Schule ins Kino gehen und dort den neusten Hit der Animationsfilme anschauen. Dass diese Geschichten ohne Altersbeschränkung freigegeben werden, was ich bei der Aufnahmefähigkeit eines Neugeborenen doch erstaunlich finde, stört Erwachsene nicht. Also können sie ganz ohne schlechtes Gewissen die Lektion des Simplen lernen und gleichzeitig das Stundenkonto gemeinsam verbrachter Zeit mit Schützlingen erhöhen.

Die Gründe, warum einfache Geschichten besser ankommen, sollen im Folgenden mit dem Film „Findet Nemo" veranschaulicht werden. Wer mit einer Wasser- oder Fischphobie belastet ist, findet in Teil 3 weitere sehenswerte Titel überzeitlicher Animationsfilme.

Die Geschichte: Nach einem Unglück, das dem kleinen Clownfisch seine Mutter und alle Geschwister raubt, wird Nemo an seinem ersten Schultag von einem Taucher gefangen, obwohl oder gerade weil ihn sein verängstigter Vater Marlin vor allen Gefahren beschützen will. Darauf macht sich Marlin auf die Suche nach seinem verlorenen Sohn und beweist in vielen Abenteuern, dass er über sich hinauswachsen kann. Unterstützt wird er auf seiner Irrfahrt von der Zufallsbekanntschaft Dorie. Nachdem Nemo nach mehreren Anläufen die Flucht aus einem Aquarium gelang, schwimmen die Drei nach Hause.

Auch wenn sich in „Findet Nemo" viele spannende Abenteuer ereignen und oscarwürdige Nebenrollen vergeben werden, hätte die Geschichte ohne das Grundelement Einfachheit nicht den riesigen Erfolg gehabt. Dass sich Dorie mit ihrem lädierten Kurzzeitgedächtnis so schusselig benimmt, bringt ihr zwar viele Sympathiepunkte ein, ist jedoch für das Verständnis der Botschaft in keiner Weise notwendig. Um den Zuschauern die jeweiligen Gefühlszustände der Darsteller zu vermitteln, genügt das Spiel mit den Augenbrauen. Die vielen Details dienen lediglich dazu, das Prototypische der Figuren, der Handlung und der Kulissen in den Hintergrund zu rücken und dem Bewusstsein zu entziehen.

Woher kommt die magische Anziehungskraft der Einfachheit? Warum reagieren wir spontan auf simple Muster und meiden das Komplizierte? Schließlich lesen wir auch dicke Romane, schauen uns die ganze Welt in zehn Tagen an, lösen Sudokus, bauen unübersehbare Freundesnetzwerke auf, kaufen Handys vom Typ „Eier legende Wollmilchsau" und zählen Kamasutrakurse zur freiwilligen Weiterbildung. Auch Entwickler komplizierter Softwareprogramme für Customer-Relationship-Management (CRM) gaben sich die Aufträge nicht selbst, sondern erhielten sie von Anhängern des zielgruppenorientierten Marketings, die so viel Differenzierung für wesentlich halten. Vielfalt fasziniert — Einfachheit entscheidet.

Dazu ein klassisches Experiment: Auf einem Tisch in einem amerikanischen Supermarkt werden 6 Gläser mit verschiedenen exotischen Marmeladen präsentiert, auf dem anderen Tisch 24 Varianten. 60 Prozent der Kunden bleiben vor dem Tisch mit der größeren Auswahl stehen, 22 Prozent vor dem mit weniger Alternativen. Und wo werden Kaufentscheide gefällt? Tatsächlich gekauft haben am Tisch mit 24 Wahlmöglichkeiten nur 3 Prozent der Kunden, beim Tisch mit 6 Gläsern jedoch 30 Prozent.

Wie Sie bereits wissen, ist unser Gehirn hierarchisch aufgebaut und muss in erster Line möglichst schnell Wahrscheinlichkeiten berechnen, welches Verhaltensmuster der Fortpflanzung, der Anpassung und dem Überleben dient. In einer Wohlstandsgesellschaft vergessen wir dabei allzu leicht, dass diese uralten Programme auch dann eingesetzt werden, wenn wir lediglich eine Frühstücksmarmelade kaufen. Zudem schafft Einfachheit Vertrauen, was wiederum wertvolle Denkarbeit erspart.

Als ich während meiner Studienjahre durch Afrika trampte, genügten mir meine erbärmlichen Französischkenntnisse, ein paar Brocken Suaheli und die Körpersprache, um selbst in abgelegenen Buschdörfern zu überleben und Beziehungen zu knüpfen. Ebenso versteht ein Schwarzafrikaner die wichtigsten Geschichten in Deutschland, wenn er ein paar Hundert Wörter der Sprache Goethes kennt. Und dessen Wortschatz soll immerhin gegen 100.000 Begriffe umfasst haben. Die Helden von Karl May trafen ihre Entscheidungen offenbar auf der Basis von 3.000 Wörtern, was von unzähligen Lesern noch immer geschätzt wird.

Die ersten Entscheidungen werden von den unbewusst arbeitenden Hirnrealen getroffen. Und diese suchen in einer Geschichte zuerst nach den Mustervorlagen bereits bekannter Prototypen, nach Scripts, die auf Erfahrungen der frühen Lebensjahre beruhen. Zielgruppenorientiertes Marketing geht also mit Vorteil erst dann in die Tiefe, wenn es eine einfache Geschichte gefunden hat.

▶ **AUSFLUG**

Machen Sie mit Ihrer Botschaft die „Küchenzurufprobe". Ist sie einfach genug, wird sie auch verstanden, wenn Sie in heimatlichen Gefilden gleich in die Küche rufen, worum es in Ihrer Geschichte geht. Also: He, Sabine, dieser Nemo und sein Vater mussten ja ganz schön viele Abenteuer bestehen, bis sie merkten, dass Überbeschützen eher schadet als nützt. Oder: Du, Sabine, wir melden deine Eltern doch im Altersheim „Sonnenschein" an, die machen nicht so gezwungen auf modern.

! **WICHTIG**

Egal, wie Sie Ihre Zielgruppe definieren, zur Erfahrungswelt aller Menschen gehört die automatische Bevorzugung der einfacheren Geschichte, falls deren Inhalte vergleichbar sind.

Von Geschichten zu sprechen, kann dazu verleiten, nur an einzelne Werbebotschaften zu denken. Doch das ist zu kurz gegriffen und würde den Ansatz von Storytelling auf das Verfassen von Texten reduzieren. Daher ist es von Vorteil, wenn Sie sich das ganze Unternehmen als Gesamtinszenierung, als Aufführung eines Stücks vorstellen, das Kunden an verschiedenen Orten, zu unterschiedlichen Zeiten und in Einzelteilen wahrnehmen. Daher braucht es immer einen Regisseur, der für das Ganze verantwortlich ist und entschieden eingreift, wenn eine Szene so kompliziert ist, dass bei den Zuschauern am Schluss der Eindruck haften bleibt, sie hätten die Story nicht verstanden.

So reizvoll es für einen Psychotherapeuten sein mag, die Vergesslichkeit von Dorie in allen Facetten zu beschreiben und mit anderen Charaktereigenschaften zu verbinden, so störend wäre dies für die ganze Geschichte. Es sei denn, diese Abweichung vom Prinzip Einfachheit hätte eine Funktion, die in das Gesamtkonzept eingebettet ist. Zum Beispiel wenn die Geschichte von Nemo auch die Botschaft vermitteln will, Akademiker würden die Welt komplizierter machen, als sie ist.

Nun schwirren uns natürlich immer unzählige Botschaften im Kopf herum. Und auch Unternehmen oder Produkte möchten am liebsten auf alle ihre Vorteile aufmerksam machen. Aber nochmals: Soll das Gehirn eine Entscheidung fällen, dann muss es irgendwann auf eine einfache Frage kommen, die sich mit Ja oder Nein beantworten lässt. Und sei sie so banal wie: „Kann ich den Termin einhalten oder nicht?"

Der Aufruf zur Einfachheit heißt allerdings nicht, sich mit der erstbesten Lösung zufriedenzugeben. Diese Strategie würde dem Zufall mehr Platz einräumen als ihm gebührt. Der auf Einfachheit ausgerichteten Natur des Gehirns gerecht zu werden, heißt vielmehr, durchdacht weglassen und so lange reduzieren, bis alles Überflüssige verschwunden ist. Oder in den Worten von John Maeda: „Einfachheit bedeutet, das Offensichtliche zu entfernen und das Sinnvolle hinzuzufügen." Da dieser Weg nicht nur für Bildhauer mit Problemen behaftet ist, wird in der Praxis auch die umgekehrte Richtung eingeschlagen. Man macht sich ein Bild dessen, was notwendig ist, um eine Geschichte vor Sinnlücken zu bewahren, und beginnt dann mit dem Wegmeißeln des Überflüssigen. Das gilt für alle Marketinginstrumente und -maßnahmen.

Als Apple 1984 seinen Macintosh-Computer auf dem Markt einführte, hätte es sehr viel zu erzählen gegeben. Gerade weil das Gerät so revolutionär war und 95 Prozent der Fachleute zu Hause keinen Computer stehen hatten. Aber statt für jede Zielgruppe und jedes Bedürfnis eine Kampagne auszuhecken, die wichtigsten Medienkanäle zu bedienen und die möglichen Kunden mit Informationen zuzudecken, entschieden sich die Marketingverantwortlichen für eine noch nie dagewesene Reduktion.

Zuerst vereinfachten sie die Botschaft auf den Satz: „Der Computer soll nicht den Menschen beherrschen, sondern der Mensch den Computer." Dann wurde aus dem Jahresbudget für Marketing und Werbung alles herausgestrichen, was nicht absolut notwendig war, um eine einzige Geschichte zu erzählen, die so großartig ist, dass sie weitererzählt wird. Am 2. Januar 1984 sahen dann fast 100 Millionen im frühen Drittel des 18. Super-Bowls einen Film, der alles bisher Gesehene vergessen machte.

Selbstverständlich war dieses Gesamtkunstwerk vom Regisseur Ridley Scott genial inszeniert, aber für die unglaubliche Wirkung war in erster Line die Einfachheit ausschlaggebend. Eine athletische Frau, von bewaffneten Kriegern verfolgt, stürmt mit einem großen Hammer in eine große Halle, vorbei an puppenhaft aussehenden, resignierten Menschen auf einen riesigen Monitor zu, von dem aus ein Anführer die maschinenähnlichen Zuschauer indoktriniert. Als die Heldin in weißem T-Shirt und roten Shorts mit einem Hammer den Monitor zerschlägt, strömt frische Luft in den Raum und fegt über die passiven Menschen hinweg. Danach liest ein Erzähler die Worte auf dem erscheinenden Schriftzug vor: „On January 24th, Apple Computer will introduce Macintosh. And you'll see why 1984 won't be like *1984*". Einfach, klar und — wie wir im Folgenden noch sehen werden — mit allen Elementen einer guten Geschichte ausgestattet.

Die Story dieser erfolgreichen Markteinführung illustriert aber auch, dass man sich für Einfachheit einsetzen muss. Denn Mike Makkula, Vorstandsmitglied des Unternehmens, wollte den Spot nach dem Testlauf vor der Apple-Belegschaft stoppen. Doch Steve Wozniak und Steve Jobs sprachen ein Machtwort.

 AUSFLUG

Erinnern Sie sich an drei Geschichten, deren Einfachheit Sie überzeugte, die Sie aber nicht erzählen durften. Weshalb nicht?

 WICHTIG

Weil Geschichten dann einfach sind, wenn jeder glaubt, sie könnte auch von ihm sein, hat Einfachheit einen geringeren Marktwert. Aber zu erkennen, was ohne Schaden weggelassen werden kann, ist schwieriger und aufwendiger als beliebiges Hinzufügen.

Der Weg zur Einfachheit führt zuerst immer über die Fülle, ob Sie einen Artikel schreiben, ein Marketingkonzept entwerfen oder ein abstraktes Bild malen. Wie gerne und leicht wir das vergessen, können Sie beobachten, wenn Sie den Gesprächen von Schülern lauschen, die durch eine Ausstellung abstrakter Kunst geschleust werden. Meist fällt dabei ein Satz wie: „Diese paar Farbkleckse sollen Millionen wert sein?" Eine solche Betrachtungsweise muss den Verantwortlichen einer Retrospektive des tschechischen Malers František Kupka gestört haben. Denn er scheute keinen Aufwand, um den Museumsbesucher Skizzen und Bilder zu zeigen, die der abstrakten Schlussfassung eines Motivs vorangingen. Mit diesem Konzept machte er den langen Prozess zur Einfachheit sichtbar und gestaltete ganz nebenbei eine Lektion in Stilgeschichte.

Eher aus Unsicherheit als aus Erfahrung übernahm ich das Prinzip dieses Ausstellungsmachers zu Beginn meiner selbstständigen Tätigkeit. Meine Konzepte wurden durch das Festhalten jedes Schrittes unnötig aufgeplustert, die Rechnungen füllten zwei Seiten und die Regieanweisungen waren kleine Novellen. Inzwischen bin ich wieder davon abgekommen, den Kunden detaillierte Einblicke in meine Denkwerkstatt zu eröffnen und ihnen wertvolle Zeit mit dicken Konzepten zu rauben. Dafür erzähle ich manchmal einen Ausschnitt aus der Geschichte vom Kleinen Prinz.

Denn auch Antoine de Saint-Exupéry kämpfte zeit seines Lebens gegen die Vorliebe der Erwachsenen für Zahlen. Um ihnen zu zeigen, dass sie damit das Wesentliche verpassen, sagt er: „Wenn ihr zu den großen Leuten sagt: Ich habe ein sehr schönes Haus mit roten Ziegeln gesehen, mit Geranien vor den Fenstern und Tauben auf dem Dach …, dann sind sie nicht imstande, sich dieses Haus vorzustellen. Man muss ihnen sagen: Ich habe ein Haus gesehen, das hunderttausend Francs wert ist. Dann schreien sie gleich: Ach wie schön!"

EXKURSION 5:

Um die Einzigartigkeit des menschlichen Gehirns, dieses blumenkohlähnlichen Datenverarbeitungssystems, zu beweisen, wird gerne auf seine 100 Milliarden Nervenzellen und alle ihre Verbindungen verwiesen. Und da wir uns trotz Erfahrungen mit Finanzkrisen weder Billionen noch Trillionen vorstellen können, finden wir unser Gehirn entsprechend kompliziert und geben uns damit zufrieden. Auf der Strecke bleiben dann allerdings oft Überlegungen, ob es einfache Regeln geben könnte, um dieses unverständliche Gebilde zu organisieren. Es kommt hinzu, dass uns „Warum-Fragen" meist mehr interessieren als Antworten auf das „Wie?", oder wir verwechseln kurzerhand die beiden Fragetypen.

In Jahrmillionen dauernder Entwicklungsarbeit hat die Evolution mit dem Gehirn ein System geschaffen, das aus unzähligen Informationen Wahrscheinlichkeiten berechnen kann, nach denen bestimmte Ereignisse zusammentreffen, um daraus Prognosen abzuleiten. Doch weil solche Rechenleistungen wertvolle Energie brauchen, war es ein Wettbewerbsvorteil, häufig vorkommende Aufgaben und deren Resultate als einfache Mustervorlagen abzuspeichern.

Je häufiger sich diese Vorlagen in der Praxis bewähren, desto eher werden sie für die Entscheidungsfindung herangezogen. Und da es bei den meisten Urteilen nicht gleich um Leben und Tod geht, bleibt bei Fehlentscheidungen in der Regel genügend Zeit, die zur Anwendung gekommenen Mustervorlagen nochmals zu überprüfen und bei Bedarf durch weitere zu ergänzen. Oder anders gesagt: Kompliziertere Berechnungen macht das Gehirn erst, wenn sich zeigen sollte, dass die einfachen Versionen nicht zu den gewünschten Resultaten führen. Vom blauen Himmel darauf zu schließen, dass ich für die nächsten Stunden keine besonderen Vorkehrungen treffen muss und mich mit dem normalen Equipment nach draußen wagen kann, reicht aus, solange ich keine Bergtour unternehme. Nur weil das Gehirn seine Resultate meist nachkorrigieren kann, vertraut es dem energiesparenden Rezept der Einfachheit.

2.2 Ein Held und seine Helfer – Warum wir bei Geschichten einem festen Schema folgen

„Liberté, Egalité, Straßenlagé" — Wird ein Slogan in einem Internetforum für blöde Werbung als gutes Beispiel gehandelt, so heißt das noch lange nicht, er komme bei den Konsumenten nicht an. Wenn der Wahlspruch der Französischen Revolution heute als Kalauer für einen Mittelklassewagen herhalten muss, zeigt dies, wie wenig sich Marketing um politische Korrektheit kümmert. Aber das muss nicht nur schlecht sein. Denn wer eine gute Geschichte erzählen will, muss sich an Menschen richten, wie sie sind. Das ist keine Absage an ethische Zielsetzungen, sondern bedeutet lediglich eine Trennung von Ist- und Sollzuständen. Das ist einer der Berührungspunkte mit den Neurowissenschaftlern. Denn in gewisser Weise gehen auch sie davon aus, dass Menschen nicht frei sind, dass Gleichheit ein Konstrukt der Ideologen ist und Brüderlichkeit nur in ganz bestimmten Fällen Wettbewerbsvorteil bringt.

Wäre Thomas Gottschalk noch immer Lehrer, würden seine Schüler wohl Haribo zerkauen, wenn er auf dem Klassenausflug in eine solche Packung gegriffen hätte. Denn auch Lehrer sind Helden. Entweder als Vertreter des Guten oder des Bösen. Aber das Schicksal wollte es anders und machte aus dem ehemaligen Ministranten, Pressereferenten, Radiosprecher und Schauspieler einen der erfolgreichsten deutschen Werbeträger. Und so macht Gottschalk Haribo froh und Haribo die Kinder ebenso. Ungefragt und ohne Honorar zerre ich den schlaksigen Bamberger mit lockigem Haar auch auf unsere Bühne, ist er doch gerade beim Thema „Held" noch immer ein ideales Demonstrationsobjekt. Denn nur Schalk, Spiellust und Prominentensitzgruppe reichen nicht aus, um im 21. Jahrhundert Millionen Zuschauer vors Heimkino zu locken, während draußen die moderne Vergnügungsindustrie auf vollen Touren läuft. Bei „Wetten, dass …?" reagiert das Gehirn eben auf Signale, die überzeitlichen Charakter haben. Wenn der Wahlkalifornier das deutsche Volk in den Promi-Zoo einlud, folgte es ihm, weil es die kommende Aufführung schon immer kannte und Überraschungen ohne Aufwand einordnen kann.

Den Ablauf der samstäglichen Abenteuerreise, auf die uns der Thomas mitnahm, kennen wir seit unserer Geburt, zumindest unbewusst. In unserer Umgebung gibt es ein Problem — wir suchen nach Anhaltspunkten und Personen, die es lösen können — heißen den Helden erleichtert willkommen, der für uns gegen den kleinen Drachen kämpft — trauen ihm den Sieg zu und sind ihm dankbar, wenn er bei Rückschlägen nicht gleich aufgibt — bewundern die kluge Wahl seiner Helfer — fühlen uns von seinem Lächeln und Augenzwinkern angenommen und gönnen ihm den verdienten Lohn des Gewinners. Denn all das gibt uns die Sicherheit, ohne die wir unsere eigenen Aufgaben nicht meistern könnten. Es kommt hinzu, dass die ausgewählten Wetten von Geschichten handeln, die zum Grundinventar unseres eigenen Erlebnisschatzes gehören. Aber warum wir „David gegen Goliath" oder „Aschenputtel" so lieben, kommt später zur Sprache. Jetzt versuchen wir die Frage zu beantworten, warum in jeder guten Geschichte das Paar „Held und Helfer" vorkommt und was es idealerweise mitbringt.

▶ **AUSFLUG**

Kramen Sie je zwei Heldinnen oder Helden aus den Geschichtenkisten Ihrer Kindheit und Ihrer Pubertät. Es dürfen auch Figuren aus Büchern oder Filmen sein. Warum haben Sie diesen Helden Ihr Vertrauen geschenkt?

❗ **WICHTIG**

Wer zum Helden taugt und welche Eigenschaften dieser mitbringen muss, entscheiden wir während der Lebensjahre, in denen wir ohne fremde Hilfe nicht überleben könnten.

Wäre Humphrey Bogart tatsächlich so überzeugt davon gewesen, dass Größe ein unbedeutendes Merkmal ist, hätte er keine Schuhe mit so dicken Absätzen getragen. Aber da unsere ersten Helden, also die Personen, zu denen wir eine Bindung aufbauen, immer größer sind als ein Kind, gehört Monumentales zur Mustervorlage für Helden. Erster Punkt für Gottschalk und gewichtige Politiker.

Da uns Zuständigkeiten und Absichtserklärungen nicht am Leben erhalten, sofern wir sie als Kleinkind denn überhaupt verstehen würden, messen wir einer konkreten Handlung wie „Nahrung geben" eine hohe Bedeutung zu. Gegen das Merkmal „Taten statt Worte" könnte man einwenden, Paris Hilton beschränke sich ja auch auf ihr bloßes Dasein. Aber bei medialen Helden spielen andere Gesetze ebenfalls eine Rolle. Wenn jemand schon auf dem Podest steht, überprüfen wir nur selten, ob das seine Berechtigung hat. Hier spielt die Mustervorlage „Folge der Mehrheit" eine Rolle. Da Gottschalk vor „Wetten, dass …" auf Bayern 3 moderierte, Abendschau-Nachrichten verlas, Morgenmuffel auf Trab brachte und jahrelang Mister „Na so was" war, ist ihm der Punkt für Tatmenschen sicher.

Während der wichtigsten Jahre unserer Heldenprägung verändern sich die nahen Bindungspersonen allenfalls in einigen Äußerlichkeiten. Aber ihre Bewegungen, Stimmen, Rituale und Reaktionen haben eine hohe Konstanz, was unserem Sicherheitsbedürfnis nur gut tut. Als der Folksänger Bob Dylan plötzlich zur elektrischen Gitarre griff, quittierten zahlreiche Fans diesen Wechsel mit Liebesentzug. Thomas Gottschalk wird zwar ebenfalls älter, orientiert sich aber beim Haarschnitt nicht an David Beckham, beim Gewicht nicht an Joschka Fischer und beim Suchtmittelgebrauch nicht an Michael Rourke. Nur beim Outfit sorgt er gerne für Überraschungen. Doch das hat mit Stil zu tun.

Besondere Merkmale minimieren die Verwechslungsgefahr und erhöhen den Kopierschutz. Der Wunsch nach der Gewissheit, dass wir es mit dem Original zu tun haben, wird uns schon früh in die Wiege gelegt. Daher halten wir noch als Erwachsene nach Zeichen Ausschau, die auf einen bestimmten Stil hindeuten. Wäre Thomas Gottschalk in jeder Sendung im gleichen Zweireiher aufgetreten, hätte dies beim Publikum für lange Gesichter gesorgt. Die mangelhafte Suche nach Stil oder permanenter Stilwechsel gehören zu den häufigsten und gravierendsten Fehlern im Marketing.

Transparenz ist einer der vielen Begriffe, die Leitbilder so langweilig und austauschbar machen. Aber wer es im Storytelling zum Meister bringen will, kümmert sich lieber um Geheimnisse als um politische Korrektheit. Nicht, dass uns das Paradies und eine durchschaubare Welt nicht faszinieren würden. Aber da unser Unbewusstes den Gegebenheiten der Realität mehr Gewicht zumisst und wir schon sehr früh die Erfahrung machen, dass die Welt kompliziert ist, hat das Entschlüsseln von Geheimnissen Vorrang.

Politische Korrektheit wird uns eher als strategisches Mittel des Bewusstseins gelehrt, das selbst die liebevollste und verständigste Mutter anwendet. Und nachdem wir einmal entdeckt haben, dass zum eigenen Ich auch die Fähigkeit gehört, dieses Ich durch Abgrenzung vor dem Zugriff von außen zu schützen, interessieren uns Geschichten mit nackten Helden wenig. Lieber möchten wir sehen, wie ein Held Rätsel löst, die auch für uns wichtig sind. Transparenz ist meist eine Behauptung und daher langweilig.

Alles über das Privatleben von Thomas Gottschalk zu wissen, hätte „Wetten, dass …?“ keineswegs spannender gemacht. Inszenieren wir jedoch Geheimnisse, können wir sogar den Journalisten Eintrittskarten verkaufen, wenn wir ein neues Produkt vorstellen. Würde Apple auf Transparenz setzen, so müssten sich deren Presseverantwortliche ebenfalls überlegen, mit welchen Geschenken sich die Medienvertreter heute noch ködern lassen.

Bleiben noch die Fragen offen, warum es Helfer braucht und wer für diese Rolle infrage kommt. Die erste Antwort ist ebenso banal wie logisch: weil es den „Superhero“ nicht gibt und in einem komplexen System wie einer handelnden sozialen Gemeinschaft nicht geben kann. Selbst der Außenseiter, der sich von der Gesellschaft verabschiedet hat, kommt ohne zusätzliche Unterstützung nicht ans Ziel. Ob die Leerstelle im Schema durch einen Menschen, ein Tier oder einen Roboter gefüllt wird, ist nicht von Belang. Hauptsache, Held und Helfer ergänzen sich in ihren Stärken und Schwächen. Die Geschichte von Apple wäre nur halb so spannend, wenn Steve Jobs keinen genialen Designer an seiner Seite gehabt hätte, der unseren Wunsch nach Schönheit erfüllt. Und Thomas Gottschalk wäre ohne seinen Bruder Christoph vielleicht ein Moderator unter vielen geblieben, zumindest einer mit weniger Vermögen. Auf der Bühne war er dann auf die Prominenten dieser Welt angewiesen, um von Millionen Zuschauern verehrt zu werden.

> **AUSFLUG**

Stellen Sie die Helfer Ihrer wichtigsten persönlichen Geschichte allein auf die Bühne und setzen Sie sich in den Zuschauerraum. Sind es Duplikate von Ihnen oder weisen Ihre Helfer Persönlichkeitseigenschaften auf, die nicht zu Ihren Stärken gehören?

> **! WICHTIG**

Ein Held ist nur so stark, wie seine Helfer es ermöglichen. Da Marketing in der realen Welt spielt und Illusionen lediglich als Hilfsmittel gebraucht, muss beim Storytelling nach den Figuren gesucht werden, die Helden bei ihrer Arbeit unterstützen.

Kleine Unternehmen, also die wichtigsten Betriebe für eine Volkswirtschaft, können sich die Honorare für Megahelden nicht leisten. Das ist zwar bedauerlich, kann sie aber davor schützen, Millionen in den Sand zu setzen. Und es ist tröstend zu wissen, dass auch Geschichten, die von Helden des Alltags handeln, festen Vorlagen folgen. So falsch dies im individuellen Fall sein mag, halten wir uns bei der Wahrnehmung eben an kulturell übermittelte Bilder.

Eine Hausfrau soll mit ihrer Nase an weich gespülter Wäsche schnuppern, nicht an Koks. Gerät ein Tennisstar wie Martina Hingis unter Dopingverdacht, verbieten wir ihr den Umgang mit Haushaltshelfern. Selbst wenn sie ohnehin nur beim Fotoshooting hinter dem Herd stand. Verplappert sich eine „Desperate Housewife", ein anderes Kosmetikprodukt zu benutzen, als die Werbekampagne uns glauben lässt, ist mehr als nur der Exklusivvertrag im Eimer. Erwischt ein Paparazzo den Schwimmhelden Michael Phelps beim Kiffen, wird dieser für Kelloggs zum Problem, wenn er als gut gelaunter Papi munteren Kindern die Frühstücksflocken in bereitgehaltene Schüsselchen schüttet. Und die Tage im Knast waren für Paris Hilton auch deshalb unangenehm, weil solche Kapriolen in Werbeverträgen mit dem Sportartikelhersteller Fila nicht vorgesehen waren. Nur „Gesamtkunstwerken" wie Beckham oder Beckenbauer scheint das Publikum alles zu verzeihen. Mit fremden Helden die eigene Geschichte aufzupeppen, kann zwar für viel Aufmerksamkeit und Applaus sorgen, ist aber teuer, stressig und hochriskant.

Als mittelständische Unternehmer können wir das Heldenschema jedoch dazu verwenden, die Geschichten unserer Dienstleistungen und Nischenprodukte spannender zu erzählen.

EXKURSION 6:

Es gibt im menschlichen Gehirn weder ein spezielles Areal für Helden noch für Helfer. Daher tauchen sie auch nicht in den Lehrbüchern der Neurowissenschaftler auf. Aber Sie finden in jeder Fachpublikation Hinweise auf Mustervorlagen, die zur schnellen Verarbeitung riesiger Datenmengen absolut notwendig sind. Solche Vorlagen zu kreieren, ist mit größter Wahrscheinlichkeit genetisch angelegt.

Welche es schließlich sein werden und wie einflussreich sie sind, bestimmen ganz wesentlich die Erlebnisse unserer ersten Lebensjahre. Und obwohl diese bei jedem Menschen unterschiedlich sind, gibt es universelle Gemeinsamkeiten. Selbst wenn die ganze Verwandtschaft 24 Stunden um die Wiege steht, macht ein Baby trotzdem die Erfahrung, dass es sich lohnt, einer bestimmten Person besondere Aufmerksamkeit zu schenken und darauf zu vertrauen, dass diese Person da sein wird, wenn es ihre Hilfe braucht.

Es ist bestimmt sinnvoll, bei der Suche nach Innovationen dazu zu ermuntern, das Kästchendenken zu verlassen. Aber vergessen wir nicht, dass die Nachahmung eines bekannten Schemas bessere Überlebenschancen bietet, als etwas völlig Neues zu versuchen. Für dieses Erfolgsrezept nimmt die Evolution den Preis in Kauf, dass im dümmsten Fall eine ganze Herde über die Klippe stürzt.

2.3 Mit dem Käfer über die Alpen – Wie Sie für jede Zielgruppe den passenden Hintergrund der Geschichte finden

Ob wir ihn „Froschkönig" oder „Schneewittchen" nennen sollten, wurde zwischen meiner Schwester und mir heftiger diskutiert als das Ziel der Reise. Dabei war das Streitobjekt ohnehin keines von beiden, sondern ein rollender VW-Käfer, der ein herunterklappbares Dach, gras- oder vielleicht froschgrüne Sitzpolster hatte und beim Erstbesitzer noch schneeweiß gewesen sein musste. Das VW-Cabrio war unser erstes Auto. Dummerweise war es nicht das erste in der Siedlung, so dass meine Schwester und ich langsam um unseren sozialen Status fürchten mussten.

Schließlich war unser Vater Dorfpolizist, was ihn in unseren Augen weit von benachbarten Vätern abhob. Endlich standesgemäß in den Urlaub zu fahren, war daher längst angesagt. Immerhin machten wir mit unserer Secondhand-Anschaffung gleich so viel Boden gut, dass der Neid die Seiten wechselte. Wer selbst bei tiefen Temperaturen mit offenem Dach in die Quartierstraße einbiegt, grenzt sich ohne Worte von den Besitzern einer Alltagskutsche ab. Wie hieß doch das cineastische Meisterwerk, das nur die besten Freunde meines besten Freundes auf dessen elterlichem TV-Gerät anschauen duften? Vater ist der Beste! Er hatte die Prioritäten richtig gesetzt. Lieber noch länger auf ein eigenes Fernsehgerät warten als auf die persönliche Familienkutsche.

Meine Erstbegegnung mit dem VW-Käfer war so emotional, dass ich heute einen VW-Beetle fahren müsste, ginge alles nach Lehrbuch. Aber warum es nicht ganz so einfach ist, wie Sie trotzdem die passenden Kulissen und Requisiten für Ihre Geschichte finden, wird im zweiten Teil ausführlich dargelegt. So muss zum Beispiel berücksichtigt werden, ob eine Geschichte durch bedeutendere Erlebnisse überlagert wird, was in diesem Fall klar zutrifft. Denn zur selben Zeit, als unsere Familienkonstellation durch einen Käfer verändert wurde, war ich mit der Eroberung meiner ersten Freundin beschäftigt. Und in dieser Geschichte war ein Zwei-Takt-Pony sehr viel wichtiger als ein heckgetriebenes Insekt.

An die Kombination Mofa und Freundin knüpften später die Marketingverantwortlichen von Harley-Davidson an. Halten wir also die banale Erkenntnis sicherheitshalber fest, dass Erstbegegnungen nicht zwingend lebenslange Treue nach sich ziehen. Aber wenn wir unsere Kunden an solche Erlebnisse erinnern, steigt die Wahrscheinlichkeit, dass sie sich in der erzählten Geschichte wiedererkennen, verschüttete Gefühlskanäle freischaufeln und eine vertraute Umgebung wieder auferstehen lassen.

Seit Jahren bin ich auf einer Mailingliste von Mercedes-Benz. Dass ich nie eine Antwortkarte zurückschickte, keine Einladungen zu Probefahrten annahm und nie das notwendige Geld für einen Kauf aufbringen wollte, könnten die Absender ermitteln. Aber warum ich das letzte Informationspaket zum ersten Mal aufmerksam studierte, wissen sie nicht. Es war der „Käfer-Cabrio-Effekt". Denn unter der Überschrift „Die neue E-Klasse" war nicht das neue Modell mit dem Kurvenlicht Intelligent Light System, den Aktiv-Multikontursitzen und dem optimalen Spurhalte-Assistenten abgebildet, sondern genau der rote Mercedes 190 D aus dem Wirtschaftswunderland, um dessen Miniaturausführung mich meine Spielkameraden damals so ungemein beneideten.

Und mein ehemaliges Lieblingsspielzeug sagt zu mir ganz unverbindlich und nett: „Hallo, mein groß gewordener Kleiner! Hier bin ich wieder. Erinnerst du dich an unsere gemeinsamen Stunden? Wäre es nicht schön, wenn du mich nun fahren könntest, statt nur herumzuschieben? Bist du nun im Alter und in der Lage, dir diesen Wunsch zu erfüllen?" Und brav öffnete ich den ganzen Faltprospekt, um dann leider feststellen zu müssen, dass meine Geschichten von Schönheit, Eleganz, Statussymbolen und Fortbewegungsmitteln heute andere sind als die von Mercedes-Benz. Zudem suchte ich vergeblich nach einer Geschichte, die mich getröstet hätte. Vielmehr empfand ich das Fettgedruckte als Warnung, im Folgenden nichts mehr von meiner Kindheit, sondern nur noch technische Details zu erfahren. Die Seitenansicht eines fahrenden Flagschiffes ist eben eine allzu brüchige Klammer, um eine mittelmäßige Geschichte zusammenzuhalten.

▶ **AUSFLUG**

Erinnern Sie sich an drei Geschichten, die Ihnen den Wiedereintritt in Ihr Kinderzimmer erlaubten. Welche Erzählungen weckten Assoziationen, die Sie bei prägenden Erlebnissen Ihrer frühen Lebensjahre abholten und damit Ihre Aufmerksamkeit geweckt haben?

❗ **WICHTIG**

Bei der Suche nach einer passenden Geschichte sollten wir nicht mit dem Bühnenbild beginnen, vor der sie sich schließlich abspielt. Das kann zwar trotzdem gut gehen, führt aber oft zu unnötigen Umwegen und Nachbearbeitungen.

Das Wirtschaftswunderland der Nachkriegsjahre steht auch im Zentrum eines Beispiels, von dem wir noch nicht genau wissen, ob es zur Erfolgsstory wird. Denn die Reiseroute kann noch so präzise abgesteckt werden, ob sie wirklich zum erwünschten Ziel führt, hängt von den vielen Kleinigkeiten ab, die unterwegs berücksichtigt werden müssen, von der Umsetzung also. Gefragt waren eine tragende Geschichte sowie passende Kulissen, Requisiten und Figuren für ein Unternehmen, das mehrere Alters- und Pflegeheime betreut.

Da ich im Kapitel „Ein Prinz im Weltraum — Warum Kenntnisse großer Erzählsammlungen wichtig sind" genauer darauf eingehe, wie man den Suchprozess nach der Kerngeschichte angehen kann, präsentiere ich hier gleich die Lösung. Wir entschieden uns für das Urthema „Abschied und Ankunft". Denn der erste Schritt für das Publikum dieser Geschichte heißt Loslassen. Von einem vertrauten Ufer springen wir lieber in einen Fluss, wenn wir auf der anderen Seite etwas sehen, das Vertrauen ausstrahlt, uns irgendwie bekannt scheint und die Angst nimmt. Nicht irgendein Heim, sondern ein Daheim.

Wie würden Sie als Storyteller vorgehen? Nach dem Pflichtprogramm mit den üblichen Analysen kämen Sie wahrscheinlich ebenfalls zur wenig berauschenden Feststellung, dass Sie ein gemischtes Publikum für sich gewinnen müssen. Außer den künftigen Bewohnern Ihrer Häuser müssen Sie auch deren Angehörige, meistens ihre Kinder, überzeugen. Theoretisch könnten Sie natürlich zwei verschiedene Geschichten erzählen: eine für die Altersgruppe ab 75 Jahren aufwärts und eine für die Gruppe bis 55. Doch das verursacht unnötige Kosten und dient der klaren Positionierung ebenso wenig wie der Corporate Identity.

Da Sie wissen, dass Geschichten aus der Kindheit und der Pubertät besonders starke Spuren hinterlassen, begeben Sie sich nun auf eine kleine Zeitreise. Sind Sie eher Anfänger, nehmen Sie es beim Einstellen des Datums vielleicht nicht allzu genau. Das müssen Sie auch nicht. Denn kulturelle Umfelder lassen sich nicht durch Monate und Jahre begrenzen, sondern nach dem Davor und dem Danach. Dass wir uns bei Jahrhundertereignissen wie dem Terroranschlag auf das World Trade Center sogar daran erinnern können, wo wir zu diesem Zeitpunkt waren und was wir taten, ist ein anderes Phänomen.

Wenn Sie bereits mit dem Rechnen begonnen haben, sind Sie eventuell auf das Jahr 1938 gestoßen oder auf eines der Kriegsjahre. In solchen Zeiten nach passenden Kulissen zu suchen, ist weder empfehlenswert noch notwendig. Denn mit Negativem möchten wir nicht unbedingt konfrontiert werden, was unter anderem dazu führt, dass sich unser Gehirn seine eigene Chronologie zusammenstellt. Es kann Daten verschieben und Zeiträume überspringen, falls dies dem psychischen Gleichgewicht hilft. Wenn Sie in unserem Beispiel den 50er-Jahren besondere Beachtung schenken, dann haben Sie die Zeitmaschine gut eingestellt. Die 1938 Geborenen sehen in diesem Jahrzehnt die Welt tatsächlich durch das Zeitfenster der Pubertät und die Älteren datieren sie zurück.

Nun steht noch die Frage im Raum, ob sich die Kinder der Pflegebedürftigen ebenfalls in dieser Zeitperiode wiederfinden, also die unter 55-Jährigen. Die Antwort kann aus zwei Gründen nur „Ja" lauten. Erstens sind es deren frühe Kindheitsjahre und zweitens ist Retrodesign heute auch bei dieser Generation trendy. Mit großer Wahrscheinlichkeit werden also die Entscheider unserem Heim die Sympathie nicht entziehen, wenn in der Cafeteria „La Paloma" aus den Lautsprechern dröhnt. Zudem liegt die Entscheidung bei uns, welchen Helden von damals wir einen Bühnenauftritt verschaffen.

Storyteller müssen damit rechnen, dass ihnen bei der Suche nach passenden Kulissen ein steifer Wind entgegenweht. Besonders beliebt ist der Einwand, ein Unternehmen verliere an Glaubwürdigkeit, wenn die Bühnenbilder eher an Disneyland als an die reale Gegenwart erinnern. Diese Befürchtung ist berechtigt, sie beruht aber auf einem falschen Verständnis von Storytelling und Gehirnfunktion. Disneyland und die Themenparks von Las Vegas versprechen möglichst genaue Kopien von Welten, zu denen die Besucher sonst keinen Zugang hätten. Sehen wir von diesen Ausnahmen ab, haben Kulissen die Funktion, mit behutsam gesetzten, aber starken Zeichen zu ermöglichen, dass eine neue Geschichte an eine alte andocken kann. Verwende ich als Infostand statt einem der üblichen Modulcontainer einen Wohnwagen aus den Fünfzigerjahren, müssen weder Anhängerkupplung und Reifen noch Nummernschilder originalgetreu sein. Selbst bei der Innenausstattung darf ich auf moderne Materialien zurückgreifen. Storytelling heißt, ein Gefühl für starke Symbole zu entwickeln, für die Zeichensprache, mit der unser Unbewusstes das Komplexe reduziert. Man kann nicht genug daran erinnern, dass es dem Gehirn nicht um Perfektion, sondern um ausreichende Wahrscheinlichkeit geht.

In die Liste meiner Filmempfehlungen für Storyteller habe ich Steven Spielbergs „Catch Me If You Can" nicht deshalb aufgenommen, um eine Lanze für Gaunerkomödien zu brechen. Vielmehr dient die Verfilmung der wahren Geschichte des Hochstaplers Frank W. Abagnale dazu, Erzähler für die Symbole zu sensibilisieren, die unsere Wahrnehmung steuern. Leonardo DiCaprio genügen wenige, gut ausgewählte Requisiten und Sprachmuster, um seinen Rollen Glaubwürdigkeit zu verleihen. Seine Umgebung mit medizinischen Fachausdrücken zu beeindrucken, ist ihm wichtiger als der Umstand, dass er kein Blut sehen kann. So verständlich und wichtig die Aufrufe zu Ehrlichkeit und Authentizität auch sind: Würden wir sie vollumfänglich befolgen, wären bewährte Programme der Evolution in Gefahr.

▶ **AUSFLUG**

Falls sich, wie ich hoffe, in Ihrer Biografie Geschichten von kleinen oder großen Hochstapeleien finden, ordnen Sie die verwendeten Symbole nach dem Raster „unbedingt notwendig" — „nützlich" — „überflüssig". Schreiben Sie dazu, an welche Zielgruppe Sie dabei dachten. Das kann mit fremden Geschichten selbstverständlich ebenfalls gemacht werden.

! **WICHTIG**

Um Rechnerleistung und Speicherkapazität zu sparen, arbeitet unser Gehirn mit Superzeichen, die auf allgemein bekannte Geschichten hindeuten.

Eine Geschichte passt, wenn sie die unterschiedlichsten Menschen in ihren Bann zieht und mehrere Lesarten erlaubt. Wenn Avis, der ewige Zweite unter den Automobilverleihern, die Geschichte „We try harder" erzählt, dann gibt das Unternehmen dem Thema „David gegen Goliath" einen konkreten Inhalt, den alle vorstellbaren Zielgruppen kennen. Jeder war schon in der Situation, mehr leisten zu müssen, um wenigstens seine Position halten zu können, obwohl er weiß oder zumindest vermutet, dass der Typ vor ihm, diese Anstrengungen nicht unternimmt. Soll dann eine bestimmte Zielgruppe stärker bearbeitet werden, schreibt man eine speziell auf dieses Publikum angepasste Inszenierung dieser Kurzgeschichte.

Mit den zwei Worten „Schöne Ferien!" verabschiede ich auf dem Flughafen einen Jugendlichen ebenso wie einen Rentner. Es gibt keine Zielgruppe, die sich einem solchen Adieu, das ja gleichzeitig einen guten Wunsch ausdrückt, verweigern würde. Meine Bewunderung war denn auch dementsprechend groß, als der Reiseveranstalter TUI diese einfache Abschiedsszene übernahm und zu seinem Claim machte. Schöne Ferien! Das erinnert an Kindheit, Pubertät, Ersterlebnisse und unzählige Geschichten. Und wie heißt es heute? „TUI. Ein TUI-Urlaub hält länger." Solange Unternehmen eine starke Geschichte durch eine banale Behauptung ersetzen, kann man nicht davon sprechen, dass Storytelling zum Allgemeingut geworden ist.

Möchte sich ein Kunde aktiv an der Suche einer passenden Geschichte beteiligen, mache ich oft die Erfahrung, dass die involvierten Mitarbeiter des Unternehmens eher an einzelne Zuhörer als an ein Publikum denken. Daher verstrickt sich ein solcher Suchtrupp in einem Dschungel, den er selbst gepflanzt hat. Der Weg lichtet sich in der Regel erst dann wieder, wenn ich an zwei Fakten erinnere. Erstens findet die Feinjustierung einer Geschichte am „Point of Sale" statt und zweitens sucht sich ohnehin jeder genau das aus einer Geschichte heraus, was zu seinem eigenen Geschichtenschatz passt. Für die Details oder Varianten ist also der Verkäufer zuständig, und genügend Leerstellen oder Unschärfen erleichtern persönliche Interpretationsmöglichkeiten. Vom Evergreen „La Paloma" gibt es weit über hundert Coverversionen. Und jede hat ihr Publikum gefunden.

EXKURSION 7:

„Passend" heißt für das Gehirn „genügend". Denn für Perfektion und hundertprozentige Treffergenauigkeit wäre der Aufwand zu groß und würde das soziale Zusammenleben sogar erschweren, nicht erleichtern. Die Geschichte vom Sündenfall hätte sich nicht in alle Welt verbreitet, wenn es von Bedeutung wäre, ob Eva in einen Apfel gebissen hat. Wahrscheinlich war es eher eine Feige, eignen sich doch die Blätter eines Apfelbaums schlecht zur Bedeckung der primären Geschlechtsmerkmale.

Aber dem Übersetzer des lateinischen Wortes „Malum" gefiel die Doppelbedeutung von böse und Apfelbaum offenbar so sehr, dass die verbotene Paradiesfrucht in unseren Breitengraden der Apfel ist. Für das Verständnis der Geschichte genügt es, wenn Eva etwas Verbotenes tut. Und es genügt, dass Adam und Eva ihre Nacktheit erkennen und verbergen wollen, um das Symbol vom Baum der

Erkenntnis zu begreifen. Ob ein Feigenblatt zu einem Apfelbaum passt, ist dem Gehirn ganz offensichtlich egal, wenn es keine Biologieprüfung bestehen muss, sondern lediglich die Vertreibung aus dem Paradies verstehen soll.

„Passend" für das Gehirn heißt, genau so präzise zu sein, wie es für einen Handlungsentwurf in einer bestimmten Situation notwendig ist. Dabei greift das Gedächtnis auf Mustervorlagen zurück, die sich bereits bewährt haben und für einen Abgleich mit den aktuellen Vorschlägen eignen. Dieses geniale und einzigartige Prinzip macht sich Storytelling zunutze.

2.4 Ein Auftakt nach Maß – Wie Sie Storytelling mit traditionellen Methoden verknüpfen können und wo die Grenzen liegen

Mein Freund Vittorio hatte, wie Sie sich vielleicht erinnern, weder ein Hochschuldiplom noch Marketingauszeichnungen über seinem Schreibtisch hängen. Und dennoch zählt er für mich zu den besten Geschichtenerfindern und -erzählern, die ich kennenlernen durfte. Davon nun abzuleiten, das Aneignen von in Lehrbüchern gehandelten Methoden sei sinnlos oder gar schädlich, wäre nicht gut, vor allem, wenn man Marketing als kostenpflichtige Dienstleistung anbietet und nicht als Instrument für eigene Zwecke benutzt.

Wer externes Marketing-Know-how einkauft, möchte kein neues Glaubensbekenntnis annehmen, sondern höhere Gewinne erzielen und sein Wissen bei der Lösungsfindung ebenfalls einbringen. Zudem waren in den vergangenen Jahren zu viele Geschichten über gescheiterte Erfolgsmodelle im Umlauf, als dass sie vom Unbewussten nicht wahrgenommen wurden. Die Skepsis gegenüber Storytelling ist also verständlich. Umso stärker möchte ich deshalb betonen, dass Storytelling keine neue Methode ist, sondern die Wiederentdeckung von Denk- und Verhaltensmustern, mit den Menschen schon immer ihre Ziele verfolgt haben.

Damit steht die Behauptung im Raum, Marketing sei keine Wissenschaft, zumindest nicht im Sinn von Physik oder Chemie. Dennoch sucht Marketing nach allgemeingültigen Regeln, mit denen sich beschreiben lässt, wie wir Menschen beeinflussen können. Größere Nähe zu den sogenannten exakten Wissenschaften gewinnen diese Beschreibungen jedoch, seit Neurologen dem Gehirn beim Arbeiten zusehen können.

Als Goethe seinem Publikum vor über 200 Jahren durch Mephisto ausrichten ließ, dass es zum größten Teil vom Unbewussten gesteuert werde, konnte er nicht mit dem Beifall der Wissenschaftler rechnen. Aber sein Satz „Du glaubst zu schieben, und du wirst geschoben" verdichtet genau das, was die Neurowissenschaftler heute mit modernsten technischen Hilfsmitteln experimentell beweisen. Unser Verhalten wird zum größten Teil vom Unbewussten beeinflusst, das seinerseits für seine Entscheidungen die im autobiografischen Gedächtnis gespeicherten Geschichten zurate zieht.

Neu ist also Storytelling nur in dem Sinne, als es in traditionellen Marketinglehrbüchern mit keiner oder höchstens einer Nebenrolle bedacht wird. Aber da auf gängigen Modellen beruhende Konzepte durchaus Erfolge vorweisen können, lassen sie sich mit Storytelling verknüpfen. Das Label „neurological approved" erhalten sie allerdings nur, wenn sie das Unbewusste stärker berücksichtigen, an geeigneten Orten auf die Kunst des Geschichtenerzählens bauen und wieder einfacher werden.

Philip Kotler, Marketingpapst und Verfasser tausender Seiten dicker Lehrbücher, gehört zu den Vertretern traditioneller Methoden, die sich zumindest darum bemühen, ihre Theorien auf die neue Rolle des Unbewussten anzupassen. Selbst am Lieblingsbegriff seiner Berufskollegen beginnt er zu kratzen, wenn er in einem seiner neuesten Bücher schreibt, Marketingexperten sollten die Annahme infrage stellen, dass Produkte und Dienstleistungen ausschließlich den Menschen nützen können, die das Bedürfnis danach haben. Wie er selbst feststellt, geraten dadurch auch die gängigen Zielgruppendefinitionen ins Wanken, da sie ein geschlossenes und vollständiges System suggerieren. Kurz: Die traditionellen Modelle haben zwar nicht ausgedient, müssen aber von Grund auf überarbeitet und gezielt ergänzt werden.

Basis bleibt das Credo, Marketing müsse Methoden bereitstellen, um den richtigen Leuten das richtige Produkt zum richtigen Preis zur richtigen Zeit am richtigen Ort mit den richtigen Werbe- und Verkaufsmaßnahmen zu verkaufen. Gegen diesen Glauben ist nichts einzuwenden, solange niemand in Anspruch nimmt, nur er wisse, was „richtig" ist. Ob der Scher- oder der Rollsprung, der Straddle oder der Fosbury-Flop die richtige Methode ist, um im Hochsprung zu reüssieren, entscheidet allein die Messlatte.

Daher soll Storytelling nicht als die Methode propagiert werden, die alle Checklisten, Analyse- und Planungsinstrumente überflüssig macht und überall einsetzbar ist. Vielmehr vertrete ich die Ansicht, mit Storytelling an einem Ort zu beginnen, der sich gerade anbietet und bei dem nicht gleich mit vehementen Widerständen zu rechnen ist. Denn ich habe die schöne Erfahrung gemacht, dass Storytelling ansteckend wirkt und sich ganz von selbst verbreitet. Lassen wir also den Mitarbeitern ihr Vokabular und ihre gewohnten Arbeitsweisen und ergänzen sie einfach durch andere Blickwinkel und Metaphern.

▶ **AUSFLUG**

Erinnern Sie sich an die letzte Gelegenheit, bei der Sie nach einem Lehrbuch gegriffen haben, um damit ein Problem besser lösen zu können? Hatte das mit Planungsarbeiten zu tun oder mit der Erarbeitung eines Konzepts? Was rufen Sie in die Küche, wenn Sie Ihre bisherige Methode beschreiben müssen?

! **WICHTIG**

Der Vorteil einer schriftlich festgehaltenen und an Ausbildungsstätten gelehrten Methode liegt vor allem darin, eine gemeinsame Sprache zu schaffen und damit die Zusammenarbeit verschiedener Menschen zu erleichtern. Storytelling kann traditionelle Methoden ergänzen und teilweise ersetzen, weil alle Menschen wissen, was eine Geschichte ist.

Um zu zeigen, wo Storytelling an traditionelle Methoden andocken kann und wo zu starke Abwehrkräfte wirken, eignet sich der Klassiker „Corporate Identity". Das ist ein ideales Demonstrationsobjekt, da sich gerade in dieser Teildisziplin des Marketings zeigt, wie allzu akademisches Herangehen an einen Betrachtungsgegenstand den Blick vernebeln kann.

Gegen Ende der Achtzigerjahre des letzten Jahrhunderts hatte ich das Glück, bei einem italienischen Freund dem deutschen Gestalter Otl Aicher zu begegnen. Nicht zum ersten Mal hatte ich nach diesem denkwürdigen Treffen das Gefühl, eine Persönlichkeit sei, wer das Wesentliche erkennt, wo immer sich Gelegenheit dazu bietet. Befasst man sich mit der Lebensgeschichte von Otl Aicher, so erstaunt es nicht, dass gerade er zum Wegbereiter des Corporate Designs wurde. Es braucht starke Widerstandskräfte, um sich nicht mit verführerischen aber falschen Lösungen zufriedenzugeben, um keine faulen Kompromisse einzugehen und um die Suche nach dem Unsichtbaren nicht einzustellen.

Otl Aichers Erlebnisse während des Nationalsozialismus und seine Freundschaft mit der Familie Scholl waren für seine spätere Tätigkeit als visueller Gestalter ebenso prägend wie sein Studium der Bildhauerei. Wenn es um Wesentliches geht, soll man keine faulen Kompromisse machen. Man soll weglassen, reduzieren und vereinfachen, bis alles entfernt ist, was den Kern einer Geschichte stört. Weil Otl Aicher diesen Weg auch bei der Entwicklung von Erscheinungsbildern konsequent ging, passten seine Lösungen so gut zum einzelnen Unternehmen, dass sie Moden und Trends überdauerten.

„Wenn du die Persönlichkeit eines Unternehmens nicht erkennst, kannst du sie auch nicht sichtbar machen", sagte er damals zu mir. Obwohl ich ahnte, dass dem wohl so ist, begriff ich erst Jahre später, was er damit meinte. Geholfen haben mir bei diesem Verständnisprozess der französische Werber Jacques Séguéla und der Corporate-Identity-Spezialist Klaus Birkigt. Auch sie gehen davon aus, dass wir in allem, was wir wahrnehmen, nach uns selbst suchen, nach unserem Platz in der Welt. Daher wenden wir bei der Beurteilung von Dingen und Organisationen die gleichen Kriterien an wie bei Personen. Zu dieser Wahrnehmungsstruktur gehören Verhalten, Erscheinungsbild und Kommunikation.

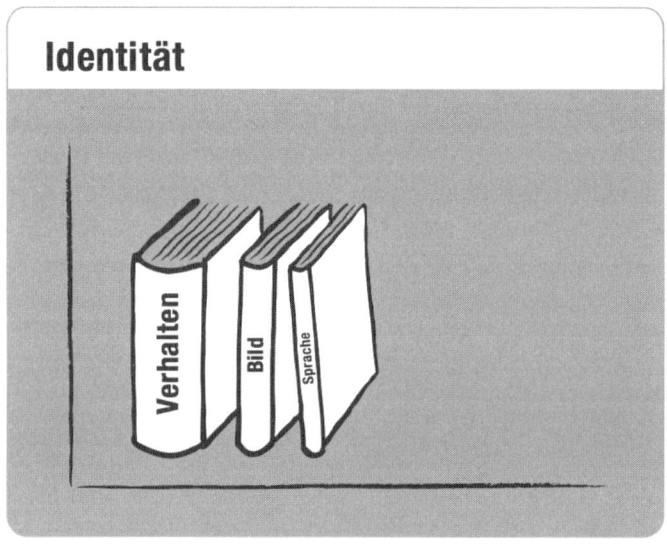

Abb.: Die drei wesentlichen Manifestationen der Identität. Die Größe der Bücher gibt das Gewicht der Einflussbereiche an.

Soll Storytelling bei der Suche nach der Corporate Identity ein wirksames Instrument sein, so muss man an diese Struktur glauben. Sonst macht eine solche Übung keinen Sinn, sondern schafft nur unnötig Verwirrung. Ist diese Grundvoraussetzung erfüllt, kann mit der Arbeit begonnen werden, wobei Storytelling nichts darüber aussagt, welche Methode bei der Planung und Durchführung einer Corporate-Identity-Findung die beste ist. Im Gegenteil, lieber versucht man gar nicht, die Arbeitsweise eines professionellen Geschichtenerzählers zu kopieren, sondern hält sich an eine der bewährten Management-Methoden und an Checklisten. Was davon der Sache dient oder nicht, zeigt sich im Verlauf der Arbeit ohnehin.

Nehmen wir zum Beispiel das populäre und beliebte SWOT-Instrument, das von seinen eifrigsten Verfechtern sogar für die Entscheidungsfindung eingesetzt wird, ob eine Lesegruppe gegründet oder ein Apéro organisiert werden soll. Sich über

Stärken (Strengths), Schwächen (Weaknesses) Chancen (Opportunities) und Gefahren (Threats) Gedanken zu machen, ist weder verwerflich noch schlecht. Aber wie jeder Anwender schon festgestellt haben wird, ufert die Datensammlung so aus, dass an den Pinnwänden unzählige Variablen stehen. Falls sie dann gegen Abend noch gewichtet werden, nimmt man es mit dem Setzen roter, grüner oder gelber Punkte auch nicht mehr so genau. Hauptsache Feierabend. Und selbst wenn sich ein seriöser Moderator mit einer solchen Arbeitshaltung nicht zufriedengibt, bleiben zum Schluss doch zu viele abstrakte Begriffe und Unsicherheiten, um daraus ein stimmiges Bild zu entwerfen. Hier kann der Einsatz von Storytelling meist weiterhelfen. Denn fragt man die gebeutelten CI-Finder danach, an welche Geschichten sie die Begriffe erinnern, verdichten sich die kleinen und größeren Informationspakete zu einem Ganzen.

Dieses Nachfragen darf allerdings nicht einer Person überlassen werden, die gerne Prüfungen korrigiert oder eigene Weltbilder als Blaupausen überzeitlicher Wahrheiten betrachtet. Ein Storyteller operiert mit Fragen vom Typus „Was wäre, wenn …?"; „Welches Tier verkörpert diese Stärke Ihrer Auffassung nach am ehesten?"; „Welcher Filmheld kommt Ihnen bei dieser Schwäche in den Sinn?"; „Welches Medium drückt diese Chance am besten aus?"; „Welches Fahrzeug steht für dieses Risiko?" Wie ich Ihnen im Anhang zeigen werde, gibt es viele Raster, die uns bei der Suche nach einer passenden Geschichte unterstützen können, und obwohl sich mein Inventar in der Praxis bewährte, wehre ich mich nie gegen seine Erweiterung.

Storytelling zwingt die Liebhaber von SWOT-Analysen nicht zum Treuebruch, sondern zeigt lediglich Spielarten auf, die einer so innigen Beziehung zusätzliche Stärke verleihen. Nicht zuletzt deshalb, weil störende Elemente durch die andere Art des Nachfragens konfliktfreier entfernt werden können als mit traditionellen Methoden.

Als es bei einem Anbieter von Eigentumswohnungen darum ging, die Stärken des Unternehmens in Heldenfiguren zu beschreiben, waren sich alle einig, dass Thomas Gottschalk ins Bild passen würde. Alle außer dem Inhaber. Meine Vermutung, warum er sich gegen diesen Vergleich stemmte, wurde bestätigt, als sich der Patron ausführlicher zum Haribo-Botschafter äußern musste. Denn während wir Gottschalks Vorliebe für auffällige Kleidungsstücke als Zeichen von Stil sahen, befürchtete der Firmenbesitzer, sein Einverständnis würde die Architekten zu farbigen und barocken Fassaden ermuntern. Bereinigt man Differenzen im Rahmen von Storytelling, kommt man auch leicht zu Zusatzinformationen, die bei rationaleren Methoden nicht angesprochen werden. Frage ich zum Beispiel nach, welche Rolle ein Held in der Kindheit oder der Pubertät spielte, führt dies meist zu Geschichten, deren Inhalte mehr über die Persönlichkeit eines Unternehmens aussagen als das Abarbeiten vorgegebener Adjektiv-Listen.

> ▶ **AUSFLUG**
>
> Treffen Sie eine erste Wahl, bei welchem Projekt Sie Ihre bisherige Methode mit Storytelling ergänzen wollen, und beginnen Sie ab jetzt mit dem Sammeln von geeignetem Material.

> ❗ **WICHTIG**
>
> Storytelling steht nicht in Konkurrenz zu traditionellen Methoden, sondern ergänzt diese mit anderen Werkzeugen und legitimiert vereinfachte Betrachtungsweisen sowie intuitiv gefundene Lösungen.

Ein Unternehmen und seine Produkte als Persönlichkeiten zu sehen, hilft uns auch beim Abstecken der Koordinaten für das Einsatzgebiet von Storytelling. Selbst wenn das soziale Zusammenleben primär auf dem Austausch von Geschichten beruht, geben wir uns in gewissen Situationen mit Erzählungen nicht mehr zu zufrieden. Wollen wir wissen, wie es mit den Schulleistungen unserer Kinder steht, winken wir irgendwann ab, wenn Hänsel oder Sabine Anekdoten ihrer Lehrer oder des Unterrichts zum Besten geben. Von Sabine zu hören, der Biologielehrer sei so zufrieden mit ihr, dass er sie sogar zu sich nach Hause eingeladen habe, weckt eher ungute Gefühle als Zuversicht.

Wo nach unserer Erfahrung Zahlen eine größere Aussagekraft haben als in Sprache gekleidete Bilder, möchten wir Zahlen. Wenn eine bekannte Schauspielerin der Regenbogenpresse gesteht, ohne Hanro-Unterwäsche fühle sie sich einfach unsicher, fördert dieses Geständnis wahrscheinlich den Umsatz, sagt aber noch nichts über die Vorlieben ihrer Berufskolleginnen aus. Können wir mit klugen Softwareprogrammen messen, welche Version eines Mailings besonders gut ankommt, drängt sich kein anderes Analyseinstrument auf. Im Gegenteil, so erhalten wir sogar wertvolle Hinweise, was wir an der Geschichte ändern müssen, die unser Werbebrief erzählt.

Von analytisch vorgehenden Denkern entwickelte Instrumente können uns vor verzerrten Wahrnehmungen schützen, die sich umso leichter ergeben, je mehr wir Teil einer Geschichte sind. Hat man nach einem Stadtbummel das Gefühl, Schwangerschaften oder Skiunfälle hätten überdurchschnittlich stark zugenommen, gehört man wahrscheinlich selbst zu den Betroffenen. Das „Gipsbein-Syndrom" kennt ja jeder in irgendeiner Form. Entwickeln wir ein Produkt für die Zielgruppe „Schwangere", vertrauen wir also besser statistischen Daten als der Einschätzung unserer schwangeren Assistentin. Ob ich in die Entwicklung und Produktion farbenfroher Rollstühle investieren soll, mache ich lieber von Zahlen abhängig als von meiner Beobachtungsgabe und dem, was man so hört. Jedenfalls wäre mir ein solches Unternehmen zu risikoreich erschienen, bevor ich Vater einer behinderten Tochter wurde.

Wie wir im Kapitel „Sabine und Hänsel — Warum jeder eine andere Geschichte braucht" gesehen haben, werden die klassischen Segmentierungen von Zielgruppen auch vorwiegend mit traditionellen Methoden eingekreist. Solche Daten können für Storytelling ebenfalls nützlich sein. Die Kosten für deren Erhebung stehen allerdings vielfach in keinem Verhältnis zum Nutzen, zumal viele dieser Zahlen öffentlich zugänglich sind und sich mit ein bisschen Erfahrung auf die eigenen Bedürfnisse herunterbrechen lassen. Wie mir eine Einladung beim Weltmarktführer zeigte, ist die traditionelle Marktforschung ebenfalls im Umbruch und an der Ergänzung ihrer Methoden durch Storytelling interessiert. Für diesen Richtungswechsel sprechen inzwischen handfeste oder eher wirtschaftliche Gründe, denn wer in dieser Branche die besseren Prognosen erstellt, hat die Nase vorn. Weil Prognostik zum Kerngeschäft des Gehirns gehört, macht es natürlich Sinn, das Gespräch auch mit Neurowissenschaftlern zu suchen.

John M. Gottman war bis vor wenigen Jahren ein amerikanischer Psychologe unter vielen. Das änderte sich jedoch schlagartig, als sich mit medialer Hilfe herumsprach, dass dieser Professor an der University of Washington über scheinbar hellseherische Fähigkeiten verfüge. So könne er mit neunzigprozentiger Wahrscheinlichkeit voraussagen, welche frisch vermählten Paare nach vier bis sechs Jahren noch immer im Stand der Ehe sind, und seine Trefferquote für den Zeitraum von sieben bis neun Jahren betrage gut achtzig Prozent. Da solche Erfolgsmeldungen sofort Skeptiker auf den Plan rufen, wurden sowohl Gottmans Methode als auch deren Resultate genauer unter die Lupe genommen. Und auch wenn an der Genauigkeit der Prozentzahlen herumgemäkelt wurde, war man sich zumindest darin einig, dass Gottmans Vorgehen klar besser abschneidet als der Einsatz von Fragebögen.

Was macht John M. Gottman anders als selbst ernannte oder diplomierte Beziehungsberater? Auf welchem Modell beruht seine Methode? Ohne sie hier in allen Einzelteilen auszubreiten, können wir mit Genugtuung festhalten, dass er die drei Bühnen, auf denen die Inszenierung einer Persönlichkeit aufgeführt wird, gleich gewichtet wie unser Gehirn. Am aussagekräftigsten ist das Verhalten, dann folgt das Erscheinungsbild und schließlich mit großem Abstand das, was in Worten und Zahlen vermittelt wird. Das mag im ersten Moment erstaunen, leuchtet jedoch schnell ein, wenn wir in größeren Zeiträumen denken und akzeptieren, dass die Evolution langsam arbeitet.

Dem Verhalten größere Bedeutung zuzumessen als den Worten, hat sich im Laufe der Menschheitsgeschichte schlichtweg bewährt. Die Überlebenschancen sind eindeutig größer, wenn ich darauf achte, was mein Nachbar mit der Keule macht und seinen Theorien zum Thema Gewalt weniger Gewicht einräume. Wahrheiten zu vermitteln, war nicht oberstes Ziel der Evolution, als sie vor 50.000 bis 80.000 Jahren das Zeichensystem Sprache entwickelte. Sprache setzte sich vielmehr deshalb durch, weil sich damit Informationen extern speichern und Handlungsvarianten simulieren ließen. Und alle Meinungsforscher müssen sich wohl oder übel damit abfinden, dass Sprache auch dazu dient, unser Verhalten zu rechtfertigen. Sei es vor uns selbst oder vor anderen.

John M. Gottman verzichtet keineswegs auf Daten, die sich in Zahlen ausdrücken lassen. Und selbstverständlich wirken Bilder und Worte auch auf ihn. Aber da sich erlebte und erwünschte Geschichten letztlich in Verhaltensweisen ausdrücken, lässt er Paare in seinem Ehelabor frühstücken, Zeitung lesen, Reisen planen, Kinderprobleme diskutieren und streiten. Und dann sucht er auf den Videoaufnahmen nach Verhaltensmustern, die sich wiederholen. Da er und sein Team dies seit Jahrzehnten machen, lassen sich solche Muster den Paargruppen zuordnen, die sich später scheiden ließen oder denen, die zusammenblieben. Genau das macht unser Gehirn, wenn es aus Geschichten Mustervorlagen macht.

▶ **AUSFLUG**

Wenn Sie die absolute Gewissheit hätten, dass Verhaltensmuster mehr aussagen als Worte, was würden Sie an Ihrem Beurteilungssystem als Erstes ändern? Und wo würden Sie das modifizierte System sofort einsetzen?

❗ **WICHTIG**

Storytelling kann traditionelle Prognosemethoden überall dort wirkungsvoll ergänzen, wo es um das Erfassen und Deuten von Verhaltensmustern geht.

Die von Neurowissenschaftlern wie Gerhard Roth vertretene Auffassung, dass Sprache nicht primär dem Vermitteln von Einsichten dient, könnte eher für traditionelle Methoden als für Storytelling sprechen. Das könnte es dann, wenn Storytelling nur als Erzählen von Geschichten aufgefasst wird. Aber etwas in Worte zu fassen, ist nur einer der vielen Aspekte von Storytelling. Zudem sollen Geschichten ja nicht belehren, sondern verführen, was trotz aller Berührungspunkte nicht das Gleiche ist.

Gerade die These, dass Sprache primär zur Rechtfertigung des eigenen Verhaltens dient, ist für das Marketing von größter Bedeutung. Denn nehmen wir diese Behauptung ernst, dann überlegen wir sehr genau, für welchen Zweck wir eine Geschichte erfinden und erzählen.

Dient die Auto-Broschüre der Verführung zum Kauf oder der Legitimation des Kaufs? Diese Frage scheinen sich erstaunlicherweise selbst große Automobilhersteller nicht zu stellen. Dabei ist die Antwort ebenso klar wie folgenreich. In einer Broschüre sucht der Käufer in erster Linie nach Informationen, mit denen er seine emotionale Entscheidung im Nachhinein rational rechtfertigen kann. Und dazu gehören eben auch Daten, die sich mit traditionellen Methoden erheben, darstellen und vergleichen lassen. Dass dieses wunderschöne Auto, das den Neid der Mitmenschen weckt, mit Geschichten der Kindheit, der Freiheit und der Macht zu tun hat, hat er ja schon erfahren, als ihm ein gewiefter Verkäufer in allen Farben ausmalte, wie sich Türen zu Erlebniswelten öffnen lassen.

EXKURSION 8:

Traditionelle Methoden überschätzen die Rolle der Vernunft und damit des Bewusstseins. Sie unterscheiden zu wenig zwischen Analysen, die der Prognostik dienen, und solchen, die Vergangenes beleuchten. Darauf machte auch der einzige deutsche Nobelpreisträger für Wirtschaftswissenschaften, Reinhard Selten, in seinen Experimenten zur sogenannten Rückwärtsinduktion aufmerksam. Das heißt, mit rationalen Methoden können wir den Markt und die Wettbewerbsfaktoren bestens vom Ende zum Anfang analysieren. Bei diesem Vorgehen, das auch die Autoren von Best-Practice-Büchern anwenden, sind wir völlig frei, was wir in welcher Ausführlichkeit betrachten und miteinander in Beziehung setzen wollen.

Von dieser Freiheit wird gerne Gebrauch gemacht, wie uns gewichtige Lehrwerke und unübersichtliche Grafiken demonstrieren. Doch das Leben läuft nicht rückwärts und auch keiner Linie entlang, die wir einzeichnen können. Die Volksweisheit „Im Nachhinein sind wir alle klüger" beschreibt die größte Schwachstelle traditioneller Methoden in sechs Worten.

Selbstverständlich muss unser Gehirn auch Vergangenes gebührend berücksichtigen, um seine Aufgabe als Prognoseinstrument so erfüllen zu können, dass wir uns möglichst situationsgerecht verhalten. Aber würde es das Sammeln, Bewerten und Speichern all dieser Daten dem Bewusstsein überlassen, wäre selbst das Wunderwerk der Evolution überfordert. Denn dazu reichen weder Rechnerkapazität noch Energievorräte. Also wird Vergangenheitsbewältigung automatisiert, indem häufige und wichtige Datenpakete den Status einer Mustervorlage erhalten. Stehen dann Entscheidungen an, die wir mit rationalem Vorgehen nicht treffen können, greift das Unbewusste auf diese Vorlagen zurück und gibt uns seinen Vorschlag in Form einer Intuition bekannt. Was wir umgangssprachlich auch Bauchgefühl nennen, ist also letztlich nichts anderes als eine Geschichte, deren Kern ein Handlungsvorschlag ist.

3 Das Set zusammenstellen – Was Sie für eine gute Geschichte brauchen

3.1 Ein Österreicher in China – Warum es einen guten Übersetzer für die Kommunikation braucht

Mit welcher Note wurden Ihre Kenntnisse in Tomanisch bewertet? Was? Sagen Sie nur, Sie würden diese Sprache weder kennen noch verstehen. Immerhin haben Millionen von Zuschauern sehr wohl kapiert, was Hinkel, alias Charlie Chaplin, in der Rolle des „großen Diktators" dem Publikum zu sagen hatte, obwohl selbst deutsch Sprechende außer „Wiener Schnitzel", „Sauerkraut", „Blitzkrieg" oder „straff" nichts verstanden haben.

Der große Meister im Storytelling, Charlie Chaplin, weiß eben, worum es in der Kommunikation geht. Er ist ein ausgezeichneter Übersetzer von Geschichten in Bilder. Daher zeige ich Szenen aus seinen Filmen, wenn Kunden allzu sehr an die Praxistauglichkeit ausgeklügelter Kommunikationskonzepte glauben, gerade in einer Zeit, in der viele meinen, die Übermittlung einer Botschaft brauche zwingend einen Sprecher. Gerne vertraut man auch darauf, dass es der eigene Sprecher ist, dessen Stimme im lauten Rauschen nicht untergeht. Aber das wird auf Dauer immer unwahrscheinlicher. Bereits 1980 ergaben komplizierte Berechnungen, dass die gesamtgesellschaftliche Informationsbelastung in den USA 99,6 Prozent beträgt. Da den meisten Kommunikationsverantwortlichen und Marketingspezialisten nichts Gescheiteres einfiel, als auf diesen düsteren Befund mit noch mehr Informationen zu reagieren, hat sich die Belastung wohl nicht verringert. Zumal Sir Timothy John Berners-Lee 1994 am Massachusetts Institute of Technology das World Wide Web Consortium gründete und damit für zusätzlichen Schub sorgte.

Aber Kommunikation ist nicht gleich Information, und Information ist nicht das Gleiche wie Kommunikation. Versuchte ich die Unterschiede und Schnittstellen meinen Kunden anfangs noch zu beschreiben, trug dies eher zur Verwirrung als zur Klärung bei. Inzwischen hat sich gezeigt, dass man mit dem Begriffsinventar von Storytelling auf solche akademische Feinabstimmungen verzichten kann, falls man sich auf wenige Glaubenssätze einigt.

Was Sie für eine gute Geschichte brauchen

1. Glaubenssatz

Marketing ist die Beeinflussung menschlichen Wahlverhaltens mit dem Ziel, dass sich der Beeinflusste mein Produkt, meine Idee oder meine Dienstleistung aneignen will und dafür den von mir festgelegten Preis zu zahlen bereit ist.

2. Glaubenssatz

Um das Wahlverhalten zu beeinflussen, muss ich mein Produkt, meine Idee oder meine Dienstleistung in eine Geschichte verpacken, deren Aufführung beim gewünschten Publikum ankommt.

3. Glaubenssatz

Je besser ich die Wirkungskräfte der an einer Inszenierung beteiligten Elemente kenne und die stärksten Elemente aufeinander abstimme, desto gelungener wird die Aufführung sein.

4. Glaubenssatz

Da menschliches Wahlverhalten primär vom Unbewussten gesteuert wird, muss ich für die Zeichensprache des Unbewussten geeignete Übersetzer suchen.

5. Glaubenssatz

Übersetzer finde ich eher bei Geschichtenerzählern als bei Verfassern von Lehrbüchern.

Die Übersetzer haben demnach die Aufgabe, das Vokabular des Zeichensystems, mit dem das Unbewusste arbeitet, in eine Sprache zu übersetzen, die auch von Menschen verstanden wird, die primär auf das vom Bewusstsein entwickelte System „menschliche Sprache" setzen.

Zu diesen Übersetzern gehört Charlie Chaplin, der wohl auch deshalb zu den großen Meistern zählt, weil er sein Handwerk lernte, als der Tonfilm noch nicht erfunden war. Zu den modernen Übersetzern zähle ich Andrew Stanton, den Regisseur von „Findet Nemo". Über siebzig Jahre nach der Erstaufführung von Chaplins Film „Der große Diktator" strömen Millionen von Zuschauern in die Kinosäle, um einem Übersetzungskünstler die Referenz zu erweisen, der kein menschliches Wesen, sondern ein Roboter mit menschlichen Zügen ist. Auch in der Geschichte von „WALL·E — Der Letzte räumt die Erde auf" finden sich viele Elemente, die bezeichnenderweise in keinem der gängigen Kommunikationshandbücher aufgeführt sind. Es kann also durchaus Sinn machen, 95 Minuten der Arbeitszeit für einen Filmbesuch oder eine Videoaufführung einzusetzen. Äußert ein Kunde bei diesem Vorschlag Bedenken und verweist dabei auf die Produktivität seines Unternehmens, mache ich den Vorschlag, den Auftrag gleich mit der Entwicklung einer neuen, zeitsparenden E-Mail-Kultur zu verbinden, oder ich frage schüchtern nach, ob denn auch wirklich alle Sitzungen des letzten Monats unbedingt notwendig waren.

Es gibt also beim Storytelling zwei Arten von Übersetzern. Die einen gehören zur Geschichte selbst und überführen die Zeichen des Unbewussten in die Sprache des Rationalen — die anderen sind außerhalb der Geschichte und übersetzen die Begriffe des Storytelling in die Fachsprache der Kommunikations- und Marketingspezialisten. Um nicht unnötig Verwirrung zu schaffen, bekommen nur die Letzteren offiziell den Titel des Übersetzers. Die Frage stellt sich nun, wer ihn verdient und was einen guten Übersetzer auszeichnet. Ein Blick auf die Biografie und das Tätigkeitsgebiet meines Berufskollegen Christian Mikunda soll die Antwort veranschaulichen. Aber zuerst möchte ich Sie als kommenden oder seienden Storyteller zu einem Ausflug in Ihre Vergangenheit ermuntern.

> **AUSFLUG**

Erinnern Sie sich an drei wichtige Geschichten Ihres Lebens, die gewollt und unbeabsichtigt ohne Ton eine Botschaft vermittelten, die Ihnen bis heute wichtig ist.

! **WICHTIG**

Storytelling kommt ohne das bekannte Begriffsinventar der Kommunikationswissenschaften aus. Es bedient sich lieber des Vokabulars der Unterhaltungsindustrie und verwendet sämtliche Möglichkeiten der Informationsspeicherung und -weitergabe.

Bevor der Wiener Dramaturg Christian Mikunda auf der ganzen Welt Erlebnis- und Themenwelten konzipierte, wusste er nicht einmal, was Marketer und Werber den ganzen Tag treiben. Und dennoch finden sich auch bei ihm frühe Spuren, die darauf hindeuten, dass ihn die eigentümliche Welt zwischen dem Bewussten und Unbewussten fasziniert. Als Christian Mikunda die Erstfassung seines Buches „Kino spüren" schrieb, war er Anfang zwanzig und am Beginn seiner Karriere als Film- und Fernsehdramaturg. Ohne das Vokabular des Storytelling zu benutzen, beschäftigt er sich in diesem Jugendwerk aber bereits intensiv mit den kinematografischen Codes und mit den emotionalen Aspekten der Filmgestaltung. Er sucht nach den Regeln, nach der Grammatik und den Strukturen, die eine Filmhandlung erzählen.

Und 2002, als dieses Werk zwanzig Jahre später neu aufgelegt wurde, erschien sein Übersetzerbuch „Der verbotene Ort oder die inszenierte Verführung. Unwiderstehliches Marketing durch strategische Dramaturgie".

Wenn ein von einem Österreicher verfasstes Storytelling-Buch ins Chinesische übersetzt wird und von denjenigen gelesen wird, die China zur führenden Wirtschaftsnation machen wollen, ist das ein schönes Zeichen für die Akzeptanz, Bedeutung und universelle Verständlichkeit von Storytelling. Und obwohl sich Christian Mikunda auf die Konzeption und Gestaltung von Shops, Brandlands, Hotels, Museen und Shopping-Malls spezialisierte, sind Brain Scripts die Grundlage jeder inszenierten Geschichte, egal, wie sie schlussendlich eingesetzt werden. Aber was ist ein Brain Script und an welche Begriffe muss sich der Anwender von Storytelling sonst noch gewöhnen? Im Folgenden will ich einige wichtige und häufige Begriffe näher erklären.

Script

Wenn Sie bei Zielgruppen, Konzepten, Marketing- und Werbemaßnahmen künftig an Scripts denken, haben Sie die Hälfte der Ernte bereits eingefahren. Denn Worte modellieren eben auch die geistigen Landschaften, auf denen das Gewünschte wachsen soll. Natürlich lässt sich Leidenschaft heutzutage sogar wissenschaftlich mit biochemischen Formeln beschreiben. Aber Definitionen dieser Art vermindern die Wahrscheinlichkeit, dass ein Candle-Light-Dinner so endet, wie Sie es sich wünschen.

Einen kleinen Haken hat das Denkmodell „Script" allerdings. Der Begriff ist nämlich nicht englischen Ursprungs, sondern stammt vom lateinischen „manu scriptum", was so viel heißt wie „mit der Hand geschrieben". Marketingverantwortliche mit akademischem Abschluss denken also vielleicht nicht an ein Hollywood-Drehbuch, sondern an die schriftliche Version einer Lehrveranstaltung. Da dieses Bild genau in die entgegengesetzte Richtung von Storytelling führt, sollte es gelöscht oder durch ein neues überlagert werden.

Im Storytelling übersetzen wir „Script" mit „Drehbuch". Und das ist viel mehr als ein Roman, eine Erzählung oder ein Protokoll. Denn in einem Drehbuch wird nicht nur festgehalten, welcher Schauspieler was zu sprechen hat. Ein Filmscript enthält Regieanweisungen, verwendete Requisiten, Lichteinstellungen, Tonlautstärken und Geräuschkulissen, Pausenlängen, spezielle Gesten und je nach Ausführlichkeit sogar den Wurf eines Schattens oder welcher Art die Verschmutzung der Schuhe ist, die ein Bösewicht trägt. Kurz: Ein Script ist die simulierte Aufführung einer Geschichte.

Von Script im Sinne eines Drehbuches sprechen aber auch Neurowissenschaftler, die sich auf die Erkundung der Gedächtnisareale spezialisiert haben. Der gemeinsame Gebrauch dieser Metapher erleichtert den Transfer in das Gebiet des Marketings erheblich, denn unter den meisten medizinischen Ausdrücken kann sich der Laie wenig vorstellen, unter einem Drehbuch jedoch schon. Lieber auf wissenschaftliche Genauigkeit verzichten, als nicht verstanden zu werden, meinte auch ein renommierter Neurologe, den ich manchmal frage, ob meine Übersetzungsarbeit noch expertenkompatibel sei. Auf die Frage seines neunjährigen Jungen, was er denn eigentlich den ganzen Tag mache, habe er ohne akademische Gewissensbisse geantwortet: „Weißt du, ich beschäftige mich mit dem Kasperletheater im Kopf und versuche herauszufinden, was dir gefällt und was nicht."

Wenn Christian Mikunda von Las Vegas erzählt und erklärt, warum die Inszenierung einer großen Seeschlacht zwischen Piraten und der britischen Flotte täglich Tausende von Zuschauern in die Nähe der einarmigen Banditen lockt, dann heißt es: „Drehbücher im Kopf, *Brain Scripts*, sind dafür verantwortlich, dass man bei einer Geschichte versteht, was *eigentlich* gespielt wird." Vielleicht ist dies auch der Grund, weshalb Menschen, die in akuter Lebensgefahr waren, später sagen: „In diesen Sekunden oder Minuten lief mein Leben wie ein Film vor meinen Augen ab." Selbstverständlich können selbst verdichtete Brain Scripts nicht das ganze Leben in Kurzform wiedergeben. Daher sind Menschen mit Nahtoderfahrungen immer wieder überrascht, auf welche biografischen Erlebnisse ihr Gedächtnis in einer solchen Situation zurückgreift und diese zu einem Film zusammensetzt.

Für Experten im Storytelling wird die Erklärung Christian Mikundas zu einem Leitsatz seiner Arbeit, der als Frage lautet: Was muss eigentlich gespielt werden und welche Scripts passen dazu? Stehen diese Frage und ihre Beantwortung konsequent im Zentrum der Marketingaktivitäten, sehen die Konzepte meist anders aus als bei der Befolgung traditioneller Methoden.

Nach klassischem Lehrbuch machte mein ehemaliger Klassenkamerad zum Beispiel alles richtig, als er zur Wein-Degustation einlud. Weiß gedeckte Tische, verlockende Häppchen als Appetitanreger und hinter den sieben schön aufgereihten Weinen drei das Fachvokabular beherrschende Verkäufer. Und welches Stück wurde gespielt? „Ich Wein verkaufen — du degustieren — du kaufen, was dir schmeckt." Doch diese Aufführung ist ebenso langweilig wie alltäglich und sie entsprach auch nicht dem Script, das die meisten Besucher im Kopf hatten. Denn das war ein ganz anderes, spezielles und hoch emotionales.

Gespielt wurde nämlich die Geschichte vom Physikgenie Alex, der mit 45 Jahren alles auf eine Karte setzte, seinen sicheren Job quittierte, um in Italien sein Glück als Weinbauer zu versuchen, und der einmal im Jahr nach Hause zurückkehrt, um zu zeigen, dass er es gefunden hat. Kurz: Nicht der Wein ist der Held, sondern Alex. Da man diese Behauptung leicht mit dem Argument entkräften könnte, das sei eben die Sicht eines Motorradfahrers mit Null-Promille-Philosophie und überaktiviertem Nostalgie-Chip im Kopf, verwickelte ich die Anwesenden in unverfängliche Gespräche. Und selbstverständlich kam direkt oder zwischen den Zeilen zum Ausdruck, dass niemand den weiten Weg in eine nüchterne Mehrzweckhalle machte, um real zu erleben, was in Wein-Molekülen ausgedrückt fruchtig, ausgewogen, körperreich, lang, intensiv oder gut strukturiert heißt.

Nein, sie wollten bewusst oder unbewusst an einer Geschichte teilhaben, ohne die Hauptrolle spielen zu müssen. In einer zivilisierten Gesellschaft müssen und dürfen wir auf das Verspeisen von Menschenherzen verzichten, um uns die magischen Kräfte von starken Gegnern anzueignen. Manchmal genügt es, ein paar Flaschen Wein zu kaufen, die mageren Gewinnzahlen zu hören und bei der nächsten Einladung vom persönlichen Treffen eines exotischen Aussteigers zu erzählen. Womit die Gäste plötzlich ebenfalls Teil dieser Geschichte sind. Ein Storyteller sucht nicht nur nach eigenen, sondern auch nach Stellvertretergeschichten. Zwischenfazit: Bevor man mit dem Schreiben des Drehbuchs beginnt, sollte man sich genau überlegen, welches Stück eigentlich gespielt werden soll.

▶ **AUSFLUG**

Überlegen Sie sich, welches Script besser zur Geschichte eines Physikers passt, der seine sichere Staatsstelle aufgab, um im Piemont zu zeigen, dass Weinbau Wissenschaft, Handwerk und Intuition in einem ist. Und gibt es in Ihrem Leben ein Script, das fälschlicherweise vom Produkt und nicht von seinem Überbringer handelte?

! **WICHTIG**

Zu Übungszwecken und um Sicherheit zu gewinnen, kann es sinnvoll sein, Scripts sehr ausführlich und detailliert zu schreiben. Später genügt es, wenn ein Drehbuch aus folgenden Elementen besteht: kurze Zusammenfassung der Geschichte, wichtigste Szenen und Dialoge, Angaben zu Zeit und Ort des Geschehens, Figurennamen und Rollen sowie unverzichtbare Requisiten.

Akademische Fachausdrücke haben in einem Script ebenso wenig zu suchen wie ernährungswissenschaftliche Weisheiten auf der Speisekarte eines Gourmetrestaurants. Unternehmen, die traditionelle Methoden durch Storytelling ergänzen wollen, sollten die Frage, welche Geschichten es dem Publikum auftischen will, nicht gleich an mehrfach diplomierte Spezialisten delegieren. Es lohnt sich, zumindest den ersten Entwurf eventuell eines Scripts selber zu schreiben. Und sind die wichtigsten Entscheidungsträger beteiligt, fördert dies neben dem Verständnis für Storytelling auch die Verbindlichkeit bei der Inszenierung. Unterstützung kann man sich bei erfahrenen Sparringpartnern und in der Literatur über die Kunst des Drehbuchschreibens holen.

Struktur

Die Zeiten sind vorbei, in denen wir freiwillig Geld ausgeben, um im Kino zwei Personen beim Schlafen zu beobachten. Wohlgemerkt, nicht beim Beischlafen, sondern beim Schnarchen, beim Träumen oder beim sich hin und her Wälzen. Solche 68er-Events mit einer linearen Dramaturgie und ohne erkennbare Strukturen ziehen selbst Kunstfreaks nicht mehr an. Brain Scripts werden nicht einfach wie Puzzlesteine auf den Konzepttisch geschüttet und dann ihrem Schicksal überlassen. Sie müssen so in Beziehung gesetzt werden, dass ein Rhythmus entsteht, der die Geschichte genau so vorantreibt oder verzögert, wie es ihr Inhalt erfordert. In den traditionellen Methoden wird dieser Aspekt nur ungenügend oder gar nicht berücksichtigt, denn Zeitangaben in Umsetzungsplänen und Budgets einzelner Marketingmaßnahmen sagen über die Struktur einer Geschichte nur wenig aus. Mehr zur Struktur finden Sie in Kapitel 2.2 „Ein Held und seine Helfer".

Setting

Epoche:

Eine Story für die Vermarktung eines Alters- und Pflegeheims muss schon verdammt gut sein, um sie in einer hypothetischen Zukunft anzusiedeln. Da es genügend Elemente gibt, mit denen ein Storyteller spielen kann, sollte er dort auf Nummer sicher gehen, wo das Risiko einer Fehlinterpretation zu groß ist. Dazu gehört das Element „Epoche", also der Ort einer Story in ihrer Zeit, die historische Kulisse.

Dauer:

Zum Setting gehört auch die von einer Geschichte umspannte Zeitdauer. Möchte ich nur einen kurzen Augenblick im Leben eines Unternehmens, eines Produkts oder einer Person zeigen oder erfordert das Script eine Entwicklungsgeschichte? Auf der einen Seite das neue Dampfbügeleisen, das aus dem Weltraum kommend auf einen Schlag das triste Leben einer Hausfrau zum Wahnsinnsereignis macht — diese Geschichte hat sich tatsächlich jemand ausgedacht — oder auf der anderen Seite der VW, der läuft und läuft und läuft?

Schauplatz:

Zur Blütezeit der Werbeindustrie wurde die Location nicht selten nach dem Weißer-Fleck-Kriterium ausgewählt. Im Zentrum der Diskussion stand also weniger die Geschichte, sondern die Hierarchieebene der Agentur. Waren sowohl Inhaber als auch Creative Director noch nie auf den Malediven, nahm man es in Kauf, wenn das hässliche Design des Druckers am schönen Palmenstrand noch mehr auffiel. Als Liebhaber exotischer Destinationen traure ich dieser Zeit nach, als Verfechter von Storytelling nicht. Geht es um größere Budgets und wichtige Geschichten, kann es sich lohnen, die Dienstleistungen einer Location-Agentur in Anspruch zu nehmen. Gelohnt hat es sich auch für einen Kollegen von mir, alle Plakatstellen der Schweiz zu fotografieren und zu kategorisieren. Ich bin inzwischen nur einer unter vielen, die den ehemaligen Key-Accounter und heutigen Jungunternehmer anrufen, wenn sie Plakate von Kunden genau an den Orten aufhängen möchten, die zur Geschichte passen. Zumindest in der Schweiz ist er noch der Einzige, der diesen Service anbietet.

Konfliktebene:

Die Fragen, in welchem Raum ein Konflikt und seine Lösung stattfinden sollen, muss ebenfalls beim Setting beantwortet werden. Der legendäre Satz von Paul Watzlawick „Man kann nicht nicht kommunizieren" wird ebenso so gern zitiert wie vergessen. Mache ich mir beim Setting keine Gedanken zur gesellschaftlichen Dimension eines Konflikts, heißt das noch lange nicht, dass dem Publikum diese Leerstelle nicht auffällt. Das Unbewusste sucht immer nach der Konfliktebene. Geht es um politische, institutionelle, wirtschaftliche, ideologische, religiöse oder wissenschaftliche Auseinandersetzungen? Oder findet auf der Bühne ein ganz persönlicher Konflikt statt? Analysiere ich, warum die Figuren blass und blutleer wirken, dann versuche ich auch, das Setting der Konfliktebene zu rekonstruieren. Und meist komme ich dann zur Vermutung, es sei dem Zufall überlassen worden.

▶ **AUSFLUG**

Nehmen Sie irgendeine Ihrer Marketing- oder Werbegeschichten und überprüfen Sie, ob das Setting stimmt. Wenn nein, was würden Sie verändern?

! **WICHTIG**

Je weniger wir die Welt einer Story kennen, desto größer ist die Gefahr, dass wir mit sattsam bekannten Klischees arbeiten oder störende Stilbrüche produzieren. Wie eine Geschichte eingebettet ist, beeinflusst ihre Wahrnehmung und Interpretation ganz wesentlich.

Genre

Ausführungen zu diesem Begriff aus der Welt der Drehbuchschreiber könnten die restlichen Seiten dieses Buches füllen oder auf wenigen Zeilen Platz finden. Aus zwei Gründen entscheide ich mich für Letzteres. Erstens überschneidet sich Genre mit dem Begriff Thema, zu dem noch einiges zu berichten ist, zweitens streitet man seit Aristoteles darüber, was ein Genre ausmacht, wie es kategorisiert werden soll und wie viele unterscheidbare Typen es gibt. Während Goethe mit sieben Typen offenbar gut auskam, plädierte sein Kollege Schiller für mehr, ohne diese allerdings aufzuzählen. Dennoch können solche Definitionsübungen in Teams Assoziationen wecken, die bei der Suche nach passenden Geschichten nützlich sein können.

Figur

Wie wichtig die Handlungsträger einer Geschichte sind, sollte in Kapitel 2.2 „Ein Held und seine Helfer" klar geworden sein. Wenn die Drehbuchschreiber lieber von Figur sprechen, so ist das vor allem deshalb sinnvoll, weil damit auch auf die Bedeutung der Nebenrollen aufmerksam gemacht wird. Zudem tobte lange ein Streit, ob der Plot oder die Figur wichtiger sei.

Der amerikanische Drehbuchautor und Verfasser von Lehrbüchern, Robert McKee, findet diese Künstlerdebatte überflüssig und meint dazu: „Wir können nicht fragen, was wichtiger ist, Struktur oder Figur, denn Struktur ist Figur; Figur ist Struktur. Sie sind ein und dasselbe, und daher kann das eine nicht wichtiger sein als das andere." Für das Storytelling ist dieser etwas akademisch anmutende Glaubenskrieg nur deshalb von Belang, weil auch der Charakter und die Charakterisierung in ihn verwickelt sind. Ihre Verwechslung oder Vermischung können die Qualität eines Drehbuches stark beeinträchtigen. Zudem sind die folgenden Begriffserklärungen eine Art Repetition dessen, was wir unter dem Stil eines Helden verstehen.

Charakterisierung

Wie eingeschränkt unser Blickwinkel oft ist, erfahren wir jeweils schmerzhaft, wenn die Teamköpfe bei der Suche nach dem „Unique Selling Point" (USP) eines Produkts zu rauchen beginnen. Dass so viele USPs keine Geschichte wert sind, liegt weniger an mangelnder Kreativität als an falschen Brillen. Wie wir bereits halbwegs verinnerlicht haben, betrachtet der Storyteller ein Unternehmen, ein Produkt oder eine Dienstleistung immer als Persönlichkeit. Charakterisieren wir diese, so tragen wir alles zusammen, was wir durch sorgfältiges Nachforschen und genaues Beobachten herausfinden. Da erfahrene Drehbuchschreiber wissen, dass Makellosigkeit langweilt, sind ihnen merkwürdige Eigenschaften mindestens so wichtig wie gefällige. Welcher Charakterisierung besondere Bedeutung zuzumessen ist, entscheiden wir erst, wenn es an die endgültige Fassung des Drehbuchs und an die Besetzung der Rollen geht. Charakterisierung ist also die Summe aller beobachtbaren Eigenschaften.

Charakter

Wie wir aus eigener Erfahrung bestens wissen, zeigt sich der wahre Charakter einer Persönlichkeit erst in ihrem Handeln. Je mehr ein Mensch unter Druck steht, desto eher können wir von seinem Verhalten auf sein innerstes Wesen, auf seinen Charakter schließen. Selbst der Charakter einer Gebrauchsanweisung enthüllt sich erst in einer Krisensituation. Steht nichts auf dem Spiel, kann jeder gut und edel handeln. Würden Leitbilder den Charakter eines Unternehmens beschreiben, wäre unser Interesse an solchen Verlautbarungen größer. Kurz: Solange wir uns mit Charakterisierungen zufriedengeben und der Suche nach dem Charakter nur geringes Gewicht beimessen, sind Geschichten austauschbar und uninteressant. Ohne Charakter keine Tiefe. Und bereits Oberflächlichkeit führt bekanntlich zum Verlust von Aufmerksamkeit und Sympathie.

Stil

Wie sehr das Marketing noch immer im rationalen Denken verfangen ist, zeigen die Stichwortregister seiner Lehrbücher. Während Stil zu den zentralen Begriffen im Storytelling gehört, ist Stilkunde für traditionelle Marketingmethoden kein Thema. Doch wie wir bei den Helden gesehen haben, beeinflusst Stil unser Wahlverhalten ganz wesentlich, Stil als die erste Wirkung, die das Zusammenspiel unzähliger Zeichen in unserem Unbewussten auslöst.

Mit diesem Begriffsinventar ausgerüstet, können wir nach den Geschichten Ausschau halten, die in irgendeiner Weise exemplarisch sind und sich daher als Vorlage für eigene Variationen eignen. Klassifikationssystem und Ordnungsmuster traditioneller Methoden sind so wenig falsch oder richtig wie jedes sprachliche Zeichensystem. Storytelling zieht ein eigenes Vokabular nur dort vor, wo dies der Anschaulichkeit besser dient. Das ist dann der Fall, wenn ein Wort an Geschichten anknüpfen kann, die wir bereits seit unserer Kindheit kennen.

EXKURSION 9:

Mit den Metaphern „Script" und „Drehbuch" lassen sich viele Funktionsweisen des menschlichen Gehirns beschreiben. Da sich unser bewusstes Ich allerdings gar nicht von der Illusion lösen kann, es sei Herr im eigenen Haus, sucht es automatisch nach einem Verursacher und damit nach einem lokalisierbaren Drehbuchschreiber. Aber den gibt es in unserem Kopf nicht. Daher können wir die Geschichten, die zu uns passen, auch nicht selbst schreiben. Das schafft nur das Unbewusste, indem es sich aus all dem Gehörten, Gesehenem und Erlebten eine Geschichte zurechtstutzt, die mit dem eigenen Verhalten einigermaßen kompatibel ist.

Wir können aber nach den Scripts suchen, die unser Gehirn als Mustervorlagen verwendet und die ihm bei der Entscheidungsfindung dienen. Und wir können die Regeln und Strukturen nutzen, nach denen diese inneren Drehbücher geschrieben werden, denn es sind nicht so viele, wie wir wegen der täglichen Begegnung mit ihren Variablen denken.

3.2 Ein Prinz im Weltraum – Warum Kenntnisse großer Erzählsammlungen wichtig sind

Wie gut muss eine Fernsehsendung sein, damit sich pubertierende Kinder freiwillig neben ihre Eltern setzen und auf die Mattscheibe starren? Selbst wenn sich diese rhetorische Frage in der heutigen Medienlandschaft kaum mehr beantworten lässt, brauchte es bereits vor einigen Jahrzehnten einen Hans-Joachim Kulenkampff, um diese Meisterleistung zu vollbringen. Seine legendäre Unterhaltungsshow „Einer wird gewinnen" war denn auch Storytelling in Reinkultur und auf höchster Ebene. Und nicht nur, weil der Showmaster seinen Hang zur Schauspielerei vor einem Millionenpublikum ausleben durfte. Seine Einspielfilme gehörten in der „Vor-YouTube-Zeit" sicher zu den Höhepunkten.

Die Frage, in welcher Geschichte Kulenkampff auftreten wird, wurde zum Fernduell zwischen den Kandidaten und den vor die Flimmerkisten hingepflanzten Familien. Meine Eltern punkteten eher bei politischen Geschehnissen und verstanden natürlich auch den Wink mit dem Vorläufer der EU, wir Jungen hatten dagegen bei den griechischen Sagen die Nasen vorn und andererseits keine Ahnung, was die Europäische Wirtschaftsgemeinschaft (EWG) mit dieser Sendung zu tun haben könnte. Gleichstand ergab sich meist bei biblischen Szenen. Aber alle liebten wir es, in einem Geschichtenschatz zu kramen, der zum sogenannten Allgemeinwissen gehörte.

Ohne mich auf die Seite der Kulturpessimisten zu schlagen, stelle ich fest, dass die Kenntnisse der großen Erzählsammlungen schon besser waren als heute. Das wäre für das Storytelling nicht weiter schlimm, wenn solche Lücken nur bildungspolitische Spuren hinterließen. Ich meine auch nicht, dass ein Direct Mailing ohne Bezug zu Odysseus keinen Response auslöst. Viel mehr geht es darum, wertvolle Ressourcen zu sparen, indem man das Rad nicht dauernd neu erfindet. Wie die modernen Meistererzähler Steven Spielberg und George Lucas immer wieder betonen, wurden alle guten Geschichten bereits lange vor ihnen geschrieben. Mit ihren Filmen würden sie nur Varianten für das Publikum von heute produzieren, erklären sie ganz offen. Aber es kommt noch besser. In einem Interview beantwortete der Star-Wars-Erfinder George Lucas die Frage, woher er seine Ideen nehme, mit dem Satz: „Aus Grimms Märchen, aus den griechischen Sagen und aus der Bibel." Und er wusste sogar, dass er damit mit Goethe etwas gemeinsam hat. Soll noch jemand behaupten, Amerikaner hätten keine Ahnung von Kultur.

Dank elektronischer Erfassung der Bücherwelt und studentischer Diplomarbeiten ist die These von Spielberg, Lucas, Goethe & Co. inzwischen sogar statistisch bestätigt. Thematisch gesehen gibt es keine neuen Geschichten. Und sogar der Formenschatz wiederholt sich. Statt verzweifelt nach Neuem Ausschau zu halten und den Originalitätspreis gewinnen zu wollen, knüpft man also lieber an Bewährtes an und nutzt die gesparte Energie für den Entwurf einer passenden und neuen Inszenierung.

Aber es geht nicht nur um Sparübungen, sondern auch um höhere Wirkungskraft. So gering die abrufbaren Kenntnisse der europäischen Geistesgeschichte auch sein mögen, in das kulturelle Gedächtnis der heutigen Zeit sind die großen Erzählsammlungen dennoch eingewoben. Muss man sie deshalb kennen, um mit Storytelling erfolgreich zu sein? Nicht zwingend. Aber vielleicht ist es wie beim Fußballspiel: Je weniger man auf den Ball schauen muss, desto größer ist die Übersicht. Wenn Maradona in seiner Biografie schreibt, dass sie als Jungs mangels elektrischer Hilfsmittel im Dunkeln spielten, erstaunt es nicht, wie er später mit dem runden Leder „blind" umging und bereits ahnte, woher der Ball kam, bevor er ihn sehen konnte.

Geschichten zu sammeln, gehört zum Training eines Storytellers. So ist es auch zu erklären, warum mein Freund Vittorio ohne höhere Schulbildung über ein größeres Starterkit verfügte als die meisten seiner Kollegen. Er kannte alle Geschichten aus dem alten Testament. Er sog jede Erzählung über Helden begierig auf, auch solche in Form von Comics. Er hörte zu, wenn andere mit Erlebnissen prahlten, die meist nicht ihre eigenen waren. Ohne es zu merken, kam er so zu einer umfangreichen Sammlung von Mustervorlagen. Diese genügte ihm für seine eigenen Bedürfnisse, wäre aber doch zu lückenhaft gewesen, um für Unternehmen aus den unterschiedlichsten Branchen und für jedes Publikum die geeignetsten Geschichten zu finden.

Was haben die Bibel , Grimms Märchen, die Erzählungen aus „Tausendundeiner Nacht" und die griechischen Götter- und Heldensagen gemeinsam? Es sind alles Sammlungen mündlich tradierter Geschichten. Das heißt, dass es sich um Erzählungen handeln muss, die den Menschen wichtig genug waren, um sie sich zu merken und weiterzugeben. Da saß kein Werbetexter am Tisch, um darüber zu brüten, was eine der ominösen Zielgruppen wohl lustig und interessant finden könnte, um dann schließlich etwas zu erfinden, was kurz nach der Veröffentlichung schon wieder vergessen war, falls es überhaupt im Gedächtnis haften blieb.

So abgedroschen es klingen mag, die besten Geschichten schreibt noch immer das Leben. Weil die Evolution das Speichermedium Geschichten erfand, um dem Menschen einen Wettbewerbsvorteil zu verschaffen, setzen sich vom Leben verfasste Geschichten durch. Sie geben Handlungsmuster vor, sie bringen Vergangenes, Gegenwärtiges und Künftiges in eine Ordnung, die uns Menschen ein soziales Zusammenleben ermöglicht und gleichzeitig hohe Individualität in den einzelnen Varianten zulässt.

In den großen Erzählsammlungen finden wir die Urbilder, die Archetypen menschlichen Verhaltens. Sie verschaffen uns den Eintritt in das, was in der Psychologie als das kollektive Unbewusste gehandelt wird. Es zählt zu den Verdiensten des Schweizer Psychiaters und Psychologen Carl Gustav Jung, dass die große Bedeutung solcher Urbilder wieder entdeckt wurde. Ihre Verbindung mit den Träumen führt unglücklicherweise oft dazu, Archetypen nicht als Stellvertreter wirklicher Ereignisse zu sehen.

Aber es kann nicht genug betont werden, dass selbst die fantastischsten Geschichten immer einen Kern enthalten, der auf eine Situation des realen Lebens und damit auf ein menschliches Handlungsmuster hinweist. Daher gibt es zwar eine unbegrenzte Anzahl von Symbolen, aber nur eine begrenzte Anzahl von Archetypen. Und die sollte ein professioneller Storyteller kennen, wenn er menschliches Verhalten beeinflussen will. Bei den Symbolen genügt es, wenn er sich über diejenigen kundig macht, die in seinem kulturellen Umfeld über eine gewisse Deutungsmacht verfügen.

Ridley Scott, der Regisseur des berühmten Werbespots zur Lancierung des Apple Computers, spielt mit dem Archetypus des Erlösers und greift dabei auf Symbole zurück, die ein Publikum mit abendländisch-christlichem Hintergrund zumindest im Unbewussten abgespeichert hat. Daher kann es sie entziffern. Aber hätte Ridley Scott die im Saal Anwesenden vor dem Schreiben seines Drehbuches befragt, welche Archetypen und Symbole sie kennen, und hätte er sich nach dem Resultat ausgerichtet, wäre wohl ein klischeehafter, langweiliger Film entstanden.

Ein Geschichtenerzähler macht auch deshalb keine Meinungs- und Wissensumfragen, weil er weiß, dass die Sprache des Unbewussten letztlich eine Sprache wie jede andere ist. Daher reicht bereits ein kleiner Wortschatz aus, um sich mit anderen halbwegs verständigen zu können. Aber wer es in einer Sprache zum Meister schaffen und für das Spiel mit Varianten gewappnet sein will, darf sich nicht mit einem durchschnittlichen Aktivwortschatz zufriedengeben.

Davon erzählt auch „Tausendundeine Nacht". Denn will Scheherazade ihr Leben retten, muss sie König Scharyâr mit ihren Geschichten so fesseln, dass er von ihrer Ermordung absieht, um eine weitere Erzählung zu hören. Damit wird nicht nur gezeigt, dass für den Menschen Geschichten überlebenswichtig sind, sondern auch, dass nur der auf die Macht der Geschichten setzen sollte, der das notwendige Handwerk beherrscht. Da dies bei Scheherazade der Fall ist, verfügt sie letztlich sogar über mehr Macht als der König.

Für die Praxis heißt das vor allem, dass es für Drehbuchschreiber und Publikum verschiedene Anforderungsprofile gibt. Gehören Sie zu denen, die nur zusehen oder zuhören, reichen die üblichen Kenntnisse weltbekannter Geschichten aus. Suchen Sie nach einer geeigneten Person für ein gutes Storyboard, sind gute Kenntnisse der Weltliteratur ein Auswahlkriterium. Warum dem so ist, erfahren Sie nach dem nächsten Ausflug.

▶ **AUSFLUG**

Erzählen Sie sich oder jemand anderem die Geschichte von David und Goliath, so wie sie in Ihrer Erinnerung haften geblieben ist. Danach lesen Sie den Originaltext. Entweder in der Bibel — Altes Testament, 1. Buch Samuel, Kapitel 17 — oder irgendwo im Internet.

! WICHTIG

Mit dem kulturellen Geschichtenschatz verhält es sich wie mit der Sprache. Das Unbewusste hat mehr Details gespeichert, als wir meinen. Werden sie uns erzählt, verbinden wir sie automatisch mit den Bruchstücken, an die wir uns aktiv erinnern können.

Falls Sie nicht zu den Bibelkennern gehören, war Ihr Bild des kleinen David bestimmt verschwommen. Und wahrscheinlich wussten Sie auch nicht mehr, dass David zuerst fragte, wie hoch die Siegerprämie ist. Da unser Gedächtnis gerne Details ausblendet, die den von der Vernunft aufgestellten Idealen nicht entsprechen, ist Ihnen wohl auch entgangen, dass David seinem Auftrag nicht nachkam, die Schafherde zu hüten, und nur deshalb auf eine Rüstung verzichtete, weil es für seine Statur keine passende gab. Wir wollen auch nicht hören, dass David seinem Gegner nach gewonnenem Kampf den Kopf abschlug und diese Trophäe allen zeigte. Ebenso wenig interessiert uns, ob die Experten der historisch-kritischen Bibelwissenschaft mit ihrer Annahme Recht haben, dass Davids Gegner gar nicht Goliath hieß.

Für Meister im Storytelling sind Ausschmückungen, Personencharakterisierungen und Nebenschauplätze der Originalgeschichte jedoch von Bedeutung. Denn sie geben Hinweise, in welchem Umfeld die Geschichte ihre höchste Wirkungskraft entfalten konnte und wo die Anknüpfungspunkte an andere Erinnerungen des kulturellen Gedächtnisses sein könnten.

Kommt der Inhaber eines Startup- oder Kleinunternehmens auf die nicht eben originelle Idee, seine Geschichte sei identisch mit der von David und Goliath, stellen sich mit genügend Vorkenntnissen Fragen wie: Was ist der Anlass zum Kampf? Wie lässt sich der schwächere Gegner zusätzlich motivieren? Wie hoch ist der Siegerpreis? Welcher Verlust wird riskiert? Wer sind die Verbündeten? Was wissen wir über die gesellschaftliche Akzeptanz der Kämpfenden? Welche Waffen werden eingesetzt? Wie geht es nach dem Kampf weiter? Durch wen und wie wird die Siegesnachricht verbreitet?

Die ganze Geschichte zu kennen, schützt vor Banalisierungen und erweitert gleichzeitig das Einsatzgebiet. Positioniert sich ein Kleinunternehmen als David, nur weil der Branchenführer um ein Vielfaches größer ist, wird die Inszenierung kaum zum Ereignis. Aber vielleicht kann mit der Konzentration auf einen Nebenschauplatz dieser biblischen Geschichte eine Assoziationskette ausgelöst werden, die im Publikum Erinnerungen an die Kerngeschichte auslöst. Und nehmen wir auch Szenen auf, die leicht in Vergessenheit geraten, stoßen wir oft auf so überraschende Fragen, wie die nach der Belohnung oder ob ein höheres Ziel die Vernachlässigung einer Aufgabe rechtfertigt.

Das Gehirn ist ein Netzwerk mit starken sowie schwachen Verbindungen und Grundregeln für die Übermittlung und Aufnahme von Informationspaketen, aber es funktioniert nicht nach dem System der Londoner U-Bahn, wo wir auf einem Plan nachsehen können, wohin uns welche Linie führt. Als ich nach einem Pseudonym für eine aktive, extravertierte und schwer einschätzbare Person suchte, kam ich wohl auch deshalb auf „Susan Storm", weil „Das Boot" einer der Filme war, die ich mit der Auftraggeberin assoziierte.

Sex not always sells

Gute Kenntnisse der großen Geschichtensammlungen können auch vor dem hartnäckigen Irrglauben bewahren, mit Sex lasse sich alles verkaufen. So einfach, wie einige Gralshüter der Political Correctness meinen, können wir das Konsumentenhirn nicht manipulieren. Und unter den Beweisstücken, dass Sex einen direkten Zugriff auf den Bestellknopf habe, finden sich mehr Anekdoten als wissenschaftlich erhärtete Fakten. Selbst im harten Pornogeschäft spricht sich langsam herum, dass es sich lohnen kann, wenigstens eine passable Rahmengeschichte zu erfinden, um die Verkaufszahlen zu erhöhen.

Was also hat ein guter Storyteller aus der Lektüre wichtiger Geschichten über den manipulativen Einsatz von Sex gelernt? Gerade weil diese Frage so interessant ist, kann die Beantwortung nur in ausgewählter Form und stichwortartig erfolgen. Wer die folgenden Ausführungen genau nachvollziehen will, muss sich allerdings mit den Originaltexten beschäftigen. Denn die Kinderbuchfassungen von „Tausendundeine Nacht" haben mit den ursprünglich erzählten Geschichten etwa so viel zu tun wie die Königin von England mit Victoria Beckham. Und wer seine eigenen Nachforschungen mit der Odyssee beginnen will, werfe doch zuerst einen Blick in Bildbände griechischer Vasenkunst. Soll der Start mit Grimms Märchen erfolgen, erleichtert ein Lexikon der Symbole die Entschlüsselung sexueller Zeichen. Für die Lektüre der Bibel würde ich bei diesem Thema das Schwergewicht auf das Alte Testament legen oder das „Hohelied Salomons" gleich als kommentierte Fassung lesen.

Aber nun zu den wichtigsten Fakten zu Sex und Erotik im Storytelling:

- **Sex weckt zwar die Aufmerksamkeit, lenkt aber auch ab.** Neuere wissenschaftliche Untersuchungen mit speziellen Brillen und mit Kernspintomografen haben die Annahme bestätigt, dass erzählte oder dargestellte Sexgeschichten so starke Erregungen auslösen können, dass die beworbenen Produkte nicht mehr wahrgenommen werden.

- **Sex in Überdosis führt zu Langeweile oder Abwehrverhalten.** Die Jugendlichen des 21. Jahrhunderts reagieren zurückhaltend bis verweigernd auf Botschaften, die durch allzu aufdringliche sexuelle Zeichen vermittelt werden.
- **Sexuelle Stimuli sollen eine funktionelle Beziehung zum beworbenen Produkt haben, damit sie auf Akzeptanz stoßen.** Nur wenn der Kern einer Geschichte mit Sexualität zu tun hat, lohnt es sich auch wirklich, sich über die Einbeziehung sexueller Symbole Gedanken zu machen.
- **Sex und Erotik sind in unterschiedlichen Geschichten zu Hause.** Während es bei der Erotik um die sinnlich geistige Zuneigung und damit allenfalls um die Möglichkeit sexueller Handlungen geht, weist Sex eher auf die konkrete Befriedigung eines Triebes hin.
- **Erotik spielt mit Fantasien, Wünschen, Hoffnungen und Ängsten.** Da Erotik zwar Sehnsüchte nach körperlicher Vereinigung wecken kann, aber ein viel größeres Emotionsfeld abdeckt, denkt ein Geschichtenerzähler immer darüber nach, wie sich seine Botschaft erotisch aufladen lässt.
- **Erotische Darstellungen und Erzählungen verändern sich.** Den Rahmen, der über Akzeptanz oder Abwehr erotischer Elemente von Geschichten entscheidet, bestimmen religiöse Ansichten und kulturelle Praktiken.

Was hat dies alles mit Ihrer Aufgabe zu tun, eine bestimmte Zielgruppe von der Einzigartigkeit Ihres Unternehmens oder Ihrer Produkte zu überzeugen? Auf den ersten Blick vielleicht nicht allzu viel. Aber wenn Sie daran denken, wie Zensur die Qualität kritischer Texte fördert, wird es vielleicht schon klarer. Denn wo der Rahmen eng ist, gewinnt das Subtile an Bedeutung. Und da alle großen Erzählsammlungen in Zeiten entstanden sind, die Erotisches weit mehr tabuisierten als unsere YouPorn-Gesellschaft, können wir von diesen Geschichtenerzählern das Handwerk erlernen, eine Komposition mit Zwischentönen anzureichern. Ein Feigenblatt ist eben mehr als ein grünes Ding mit Chlorophyll.

Sämtliche Episoden der Star-Wars-Saga kommen ohne Nacktdarstellungen aus und sind dennoch nicht frei von Erotik. Das Gleiche gilt für die erfolgreiche australische Fernsehserie „McLoeds Töchter". Wer eine Geschichte erfinden muss, die das Publikum für ein Fitnesszentrum begeistern soll, kann sich bei Goethe oder Shakespeare kundig machen, mit welchen Dialogen, Kulissen oder Requisiten er die Botschaft überbringen will, dass es an diesen Orten nicht nur um gestärkte Rücken, flachere Bäuche und schnittigere Waden geht. Nur möchten wir diese Mitteilung selbst entschlüsseln dürfen.

> **► AUSFLUG**
>
> Suchen Sie in der Geschichte Ihres Unternehmens oder Ihres Lieblingsprodukts nach Andockstellen für erotische Szenen. Manchmal kann der Weg vom Ziel zum Start, also vom Sex zur Erotik die Fundstellen schneller offenlegen.

> **! WICHTIG**
>
> Menschen möchten zwar, dass Geschichten ein Happy End haben. Sie möchten jedoch bis zum großen Finale auch Szenen erleben, die ihren Wunsch nach Stimulierendem und Sinnlichem befriedigen. In den Erzählsammlungen, die nicht für Kinder überarbeitet wurden, finden wir Tipps und Tricks, wie sich die Welt erotisieren lässt.

Die unbeantwortete Frage, weshalb die bedeutendsten Sammlungen von Geschichten alle älteren Datums sind, gibt mir zumindest das Stichwort, um auf einen weiteren Vorteil ihrer Kenntnisnahme aufmerksam zu machen. Sie sind im Gedächtnis der Zielgruppen besonders gut verankert, die für das Marketing immer mehr an Bedeutung gewinnen: bei den Konsumenten der Generation 50-plus und bei den Senioren.

Youth sells?

Der Jugendwahn in vielen Personal- und Marketingabteilungen hat mehr Berührungspunkte mit enttabuisierter Sexualität, als wir auf den ersten Blick sehen. Vor allem, weil man das Spiel mit den Illusionen nicht beherrscht oder glaubt, ihm neue Regeln geben zu können. Im Schlepptau des RTL-Chefs Helmut Thoma gingen auch professionelle Verführer im Dienste anderer Unternehmen von der Annahme aus, jeder Werbepfeil, der an der Zielgruppe Jugendliche vorbeiflitzt, lande im betriebswirtschaftlichen Niemandsland. Und wenn sich das Ansprechen älterer Konsumenten schon nicht vermeiden lässt, soll man sie einfach möglichst stark verjüngt darstellen.

Natürlich sind beide Annahmen so falsch wie die Meldung, Neurologen hätten den Kaufknopf gefunden. Diese strategische Verwirrung wäre nicht weiter schlimm, wenn die Kaufkraft älterer Leute noch immer der Kurve entsprechen würde, wie sie in den Lehrbüchern des letzten Jahrhunderts gezeichnet ist. Doch Rentenverunsicherung hin und eingedampfte Vorsorgevermögen her, die über 50-Jährigen haben schon jetzt die dicksten Brieftaschen. Und sie öffnen sie auch. Aber nur, wenn wir ihnen Geschichten erzählen, in denen sie Szenen aus ihrem eigenen Leben finden. Dazu gehört selbstverständlich auch der Mythos vom Jungbrunnen. Aber nicht in der dämlichen Version, die ein lustiger Artdirector nach einem Thailandurlaub entwirft.

An der Quelle der Jugend entspringen Erlebnisse oder Dinge, die vielleicht wundersam sind, aber keine Wunder vollbringen. Und wenn man schon übertreiben will, dann lieber gleich mit dem Bild „Der Jungbrunnen" von Lucas Cranach dem Älteren. Denn aus Kulturschätzen Geborgtes hat den großen Vorteil, dass es bereits passend umgedeutet wurde. Auf der einen Seite als alte Frau ins Bad zu steigen und es auf der anderen Seite verjüngt wieder zu verlassen, spiegelte schon 1546 nicht die Realität wieder, sondern wurde als künstlerische Darstellung eines Wunschtraums eingestuft.

Menschen mit Versprechungen verführen zu wollen, die sich nicht einhalten lassen, erwies sich schon immer als zweifelhafte Strategie. Und bei Konsumenten, die im Lebensabschnitt der Selbsterfüllung stehen und als „junge" Alte bezeichnet werden, geht sie noch viel weniger auf. Denn je älter das Publikum, desto größer sein Erfahrungsschatz an falschen Behauptungen. Wer Produkten und Dienstleistungen mit hoher Qualität den Vorzug gibt, möchte diese gerne in Geschichten eingepackt haben, die einem gewissen Niveau genügen. Und das sind eben solche, die das Qualitätssiegel „lange Überlieferung" tragen oder in der Kindheit und der Pubertät erzählt wurden. Die Mär, dass alt werden doch cool und lustig sei, glaubt niemand. Das wurde inzwischen sogar wissenschaftlich belegt, indem man älteren Probanden in Hightechröhren medizinischer Labors solche Ammenmärchen erzählte und ihre Antworten zur Gefühlslage dann mit den Bildern ihrer gescannten Hirnaktivitäten verglich.

Da den professionellen Geschichtenerzählern im Marketing die persönlichen Erfahrungen des dritten Lebensalters oft fehlen, bleiben ihnen nur zwei Wege offen, um an die passenden Andockstellen zu gelangen. Entweder sie hören älteren Menschen zu oder sie lesen deren Erzählsammlungen. Am besten entscheiden sie sich für beides, um dieser wichtigen Zielgruppe gerecht zu werden. Sie werden dann unter anderem Belege für die Behauptung finden, dass wir keine neuen Geschichten erfinden, sondern die alt bewährten richtig inszenieren müssen.

Und sie werden feststellen, dass die meisten der vermeintlich spezifischen Vorlieben älterer Konsumenten auch für die Zielgruppe der Jungen gelten. Sie möchten keine erhobenen Zeigefinger, keine komplizierten technischen Details, keine flapsigen Versprechungen, keine Bevormundungen und kein nervtötendes Werbegeplapper. Und sie möchten auch nicht an ihr tatsächliches, sondern an ihr gefühltes Alter erinnert werden. Diese Differenz ist allerdings größer als bei den Jungen. Während der Unterschied vom pubertierenden Mädchen zur jungen Frau wenige Jahre beträgt, fühlen sich Menschen im dritten Lebensalter zehn bis fünfzehn Jahre jünger als sie sind. Zudem gibt es Unterschiede bei den Lieblingsfarben und bei den akzeptablen Schriftgrößen. Da mit zunehmendem Alter das Arbeitsgedächtnis ab- und die Störanfälligkeit zunimmt, müssen wir das Gebot der Einfachheit noch stärker befolgen. Aber das alles sind Aspekte, die mit dem Inhalt einer Geschichte nichts zu tun haben, sondern bei ihrer Inszenierung berücksichtigt werden müssen.

> ### ▶ AUSFLUG
>
> Wenn Ihnen ein bekannter Regisseur das Angebot machen würde, eine Geschichte Ihrer Großeltern zu verfilmen, welche Szene würden Sie ihm für das Drehbuch vorschlagen? Und welches Produkt oder welche Dienstleistung würde zu dieser Episode passen?

> ### ! WICHTIG
>
> An Traditionen anzuknüpfen heißt nicht, sich der Moderne zu verschließen. Aber da Erlebnisse der Kindheit mit zunehmendem Alter an Bedeutung gewinnen und idealisiert werden, sind sie ein guter Ausgangspunkt, um der Veränderung einer Gewohnheit den Schrecken zu nehmen.

Es gibt so etwas wie eine Evolution von Geschichten. Sich fortpflanzen, sich anpassen und überleben können nur solche, die mit den wesentlichen Ereignissen des Lebens zu tun haben. Je häufiger eine Geschichte erzählt wird, desto klarer tritt hervor, was ihr unverrückbarer Kern ist und was beliebig verändert werden kann.

Ein professioneller Storyteller kennt außer den großen Erzählsammlungen, die ins kulturelle Gedächtnis eingingen und Jahrhunderte überdauern, auch die wichtigsten Geschichten einer Generation. Und diese lässt sich nicht davon abschrecken, dass solche Lieblingserzählungen selten Literaturpreise gewinnen oder im Gegenteil sogar dem Kitschverdacht ausgesetzt sind. Karl May mag mit seinem Indianerbild alle Ethnologen das Fürchten lehren, aber unsere Idealvorstellung von Freundschaft verkörpert kaum ein Paar so gut wie Winnetou und Old Shatterhand. Und wenn Schuluniformen für junge Menschen plötzlich eine ernsthafte Option sind, dann nur, weil Harry Potter und seine Freunde nichts dagegen haben. Verzeichnisse und Sammlungen bekannter Kinderbücher gehören daher in jede gut geführte Haus- oder Bürobibliothek.

EXKURSION 10:

Unser Gehirn duldet keine Sinnlücken. Daher sucht es auch dort nach Antworten, wo es gar keine geben kann, weil die Sachlage zu komplex ist. Selbst wenn Naturwissenschaftler am Konzept zweifeln, dass jede Wirkung auf eine benennbare Ursache zurückzuführen ist, denkt unser Gehirn doch anders, denn es hat sich als Wettbewerbsvorteil erwiesen, Veränderungen in der Umwelt und im Verhalten der Menschen zu beobachten und daraus Schlüsse für das eigene Verhalten zu ziehen. Mit der Erfindung der Sprache wurde es dann möglich, solche Beobachtungen mit ihren Ursache-Wirkung-Folgen festzuhalten, zu konservieren und anderen verfügbar zu machen. Damit war es nicht mehr notwendig, jede Erfahrung selbst zu machen oder eigene Erfahrungen mit fremden zu vergleichen.

Um die Bedeutung solcher in Geschichten festgehaltenen Mustervorlagen zu betonen, hat der Engländer Richard Dawkins 1976 den Begriff „Mem" eingeführt. Damit will er darauf hinweisen, dass es Informationspakete gibt, die sich reproduzieren und individuell übernehmen lassen. Mit der sprachlichen Anlehnung an den Begriff „Gen" möchte Dawkins festhalten, dass Variation und Selektion darüber entscheiden, welche Meme überleben. Obwohl die Wortschöpfung von Richard Dawkins mehr eine Metapher als ein wissenschaftlich klar definierter Begriff ist, macht sie verständlicher, weshalb es nicht beliebig viele Geschichten gibt, die wir uns merken müssen, und warum die sprachliche Gestaltung von untergeordneter Bedeutung ist.

3.3 Ein Pilot im Dschungel – Warum Checklisten nur bedingt nützen

Alles eingepackt? Obwohl nicht auf der Liste stehend, auch die Kinder? Benzin, Öl, Wasser und Luftdruck geprüft? Na, dann kann dem glücklichen Urlaub ja nichts mehr im Wege stehen. Los geht's! Los ging es auch am 30. Oktober 1935 auf einem Militärflugplatz in Ohio, als Major Ployer P. Hill mit dem Daumen nach oben zeigte, sein Copilot Donald Putt die vier Hebel nach vorne schob und 3.000 Pferdestärken die Boeing 299 langsam ins Rollen brachten.

Das geplante Schaulaufen sollte den Konkurrenten für einen neuen Langstreckenbomber den Todesstoß versetzen: doppelte Reichweite, Platz für mehrere Tonnen Munition und Bomben, robust und ein technisches Wunderwerk. Die Einkäufer der Army waren jedenfalls beeindruckt, als die schwere Maschine über die Piste raste, abhob und steil in den Himmel stieg. Doch der Applaus verstummte plötzlich, als die Nase der Boeing 299 immer mehr nach oben zeigte, die Strömung abriss, der Bomber über die Flügel kippte und auf dem Testgelände zerschellte. Von den fünf Besatzungsmitgliedern überlebten drei schwer verletzt, zwei starben, darunter der Major Ployer P. Hill.

„Pilot error" stand nüchtern im späteren Bericht der Flugunfalluntersuchung. Nachdem die Army den Mitbewerber zum Sieger gekürt hatte, musste Boeing beinahe Insolvenz anmelden. Warum es nicht dazu kam, lag an der guten Lobbyarbeit des bekannten Flugzeugherstellers, an einigen technischen Verbesserungen — und an der Einführung von Checklisten für die Crew. Nicht zu viel Flugzeug, sondern zu viel Information. Denn das Arbeitsgedächtnis eines erfahrenen Testpiloten muss biologischen Grenzen gehorchen.

Wie von der Flugtechnik Begeisterte wissen, endete die Geschichte des Modells 299 mit einem Happy End, das ebenso außergewöhnlich ist, wie ihr Anfang war. Über 12.000 Langstreckenbomber unter dem Namen B-17 waren maßgeblich am Ausgang des Zweiten Weltkrieges beteiligt, auch deshalb, weil in diesen „fliegenden Festungen" vier simple Listen abgehakt wurden: vor dem Start, während bestimmter Flugphasen, vor und nach der Landung. Routine und Erfahrung wurden nun zur Risikominderung durch ein Pflichtarbeitsmittel ergänzt.

Halten wir fürs Erste also fest, dass Checklisten etwas Sinnvolles sein können, auch beim Marketing und Storytelling. Doch eine weitere Geschichte aus der Luftfahrt soll die Grenzen und mögliche Ergänzungen solcher Listen zeigen.

Captain Alfred C. Haynes und seine Crew hatten am 19. Juli 1989 alle Checklisten routinemäßig durchgearbeitet, als sie mit der Douglas DC-10 und 285 Passagieren von Denver nach Philadelphia unterwegs waren. Nichts deutete darauf hin, dass sie und unzählige andere Menschen diesen Tag nie vergessen würden. Bei idealen Wetterbedingungen fliegt die Maschine auf der vorgesehenen Reiseflughöhe von 37.000 Fuß und das Kabinenpersonal schlüpft in die Rolle des Cateringservice.

Dann, 77 Minuten nach dem Start, ein Knall, wie ihn Captain Haynes während seiner 30.000 Flugstunden noch nie vernommen hatte. Der metallene Körper des Langstreckenjets erbebt, als habe ihn Zeus mit seinem Donnerkeil getroffen. Über 220 Tonnen verlassen die vorgesehene Flugbahn, kippen nach rechts und drohen auseinanderzubrechen. Bei der Crew werden Erinnerungen an ein Unglück wach, bei dem 1974 eine DC-10 der Turkish Airlines mit 346 Menschen an Bord am Boden zerschellte. Doch ihre Maschine fliegt weiter. Allerdings zeigen die Instrumente den Ausfall des Triebwerks an, das bei diesem Typ über dem Heck angebracht ist.

Ein solcher Vorfall ist zwar keine Kleinigkeit, aber nicht so bedrohlich, dass mit einem Absturz gerechnet werden muss. Also Treibstoffzufuhr unterbinden und mit der Schubkraft der beiden verbliebenen Aggregate auskommen. Noch während Haynes sich fragt, warum sich die Leitung nicht schließen lässt, ruft ihm sein Copilot zu, er könne die Maschine nicht mehr steuern. Statt in einer Linkskurve in den Sinkflug zu gleiten, steigt die DC-10 steil nach oben und kippt so stark nach rechts, dass sie abzuschmieren droht. Als Haynes' Blick beim Kontrollieren der Instrumente auf die Hydraulikanzeigen fällt, stockt ihm der Atem. Das Unmögliche scheint doch plötzlich möglich. Drei voneinander unabhängig arbeitende Systeme sind ausgefallen. Wie die Flugunfalluntersuchung später ergibt, zersplitterte im Hecktriebwerk ein Laufrad so unglücklich, dass die umherfliegenden Trümmer alle drei Hydrauliksysteme des dreimotorigen Düsenflugzeugs zerstörten.

Captain Haynes weiß, dass ein Flugzeug ohne hydraulische Hilfen nicht manövrierbar ist. Er weiß auch, dass er sich die Mühe sparen kann, im Handbuch nach einer Lösung zu suchen, wie er die Maschine trotzdem landen kann. Denn Checklisten werden für das Vorhersehbare geschrieben, nicht für das Unmögliche. Und dazu zählt die Wahrscheinlichkeit eins zu einer Milliarde. Die laute Explosion und die ungewöhnliche Fluglage nahmen selbstverständlich auch die Passagiere wahr. Noch während die Crew versucht, die aufgekommene Panik wieder zu dämpfen, erhebt sich in der Mitte Dennis Fitch von seinem Sitz, hangelt sich in Richtung Cockpit und klopft an die Tür, um seine Unterstützung anzubieten.

Kaum einer kennt diese Maschine besser als Dennis Fitch, der unzählige Piloten an diesem Typ schulte. Aber als er hört, was vorgefallen war, sagt er seinen verzweifelten Kollegen nicht, was er denkt. Und es überrascht ihn auch nicht, dass die per Funk angerufenen Jungs vom System Aircraft Management keine Lösung wissen, sondern einfach verlangen, die Systeme nochmals zu überprüfen, obwohl es schon längst nichts mehr zu überprüfen gab. Wenn Checklisten fehlen und bewusst abrufbares Wissen nicht weiter führt, hilft nur noch Intuition. Die beruht zwar ebenfalls auf Wissen, aber auf solchem, das unser Unbewusstes aufgrund von Erfahrungen gespeichert hat und in der Regel für sich behält.

Als Haynes sich gedanklich eine Liste der Bedienungselemente zusammenstellt, die ohne hydraulischen Druck funktionieren, kommt er nur auf wenige Zeilen. Das einzig Brauchbare scheint ihm der Gashebel. Wenn er den Schub der beiden verbliebenen Triebwerke regulieren kann, ließe sich die außer Kontrolle geratene Maschine vielleicht doch irgendwie steuern. Dass dies allem widerspricht, was er in der Ausbildung lernte, kümmert ihn in diesem Moment nicht, denn das Flugzeug hat inzwischen eine äußerst bedrohliche Neigung erreicht. Haynes schiebt also den rechten Gashebel vor und zieht den linken zurück. Noch während er an der Nützlichkeit seiner

Idee zweifelt, beginnt sich die rechte Tragfläche langsam aufzurichten. Vielleicht ist es tatsächlich möglich, das Flugzeug auf diese Weise bis zum neunzig Meilen entfernten Regionalflughafen Sioux City zu steuern und dort zu landen.

Doch kaum haben Captain Haynes, seine Crew und Dennis Fitch wieder Hoffnung geschöpft, beginnt die DC-10 nach oben und unten zu schwingen. Dass es in der Aerodynamik zu solchen Phugoid-Bewegungen kommt, ist den Männern im Cockpit bekannt, aber nicht wie sie sich ohne funktionierende Steuerung vermeiden lassen. Rein intuitiv müssten sie die Geschwindigkeit drosseln, wenn die Flugzeugnase nach unten zeigt und mehr Schub geben, wenn sich das Tempo bei der Gegenbewegung wieder verringert. Aber das Merkwürdige an der Intuition ist, dass sie uns auch mitteilen kann, wenn wir ihr nicht mehr vertrauen dürfen.

Und weil Haynes in diesem Moment mehr den Gesetzen der Aerodynamik als seinem Bauchgefühl vertraut, erhöht er bei Abwärtsbewegungen den Schub — und umgekehrt. Die Entscheidungen, wann er genau die Gashebel nach vorne drücken oder nach hinten ziehen muss, überlässt der erfahrene Pilot dann wieder seinem Unbewussten. Nach dem gleichen Prinzip verfährt er beim schwierigen Landeanflug ohne Höhenruder. Die Formeln normaler Sinkraten im Gedächtnis muss er so viele Schleifen fliegen, bis er Geschwindigkeit und Anflugwinkel möglichst mit der Normalsituation in Einklang bringen kann. Das gelingt allerdings nur beschränkt, sinken sie doch mit 1.850 Fuß pro Minute und ohne Aussicht, dass sich dies auf 200 bis 300 Fuß pro Minute vor dem Aufsetzen verringern lässt. Nachdem aller überflüssige Treibstoff abgelassen ist, setzt die DC-10 mit 400 km/h statt 260 km/h auf der Landebahn auf. Ohne Möglichkeit, die Bremsen oder die Schubumkehr zu betätigen, rast das Flugzeug über das Ende der Piste hinaus und zerbricht in einem Maisfeld. 184 Passagiere überleben, 112 sterben.

Die wenigsten Leser dieses Buches werden je vor der Aufgabe stehen, die Alfred C. Haynes zu meistern hatte. Aber deshalb zu denken, seine Geschichte habe nichts mit ihnen zu tun, wäre ein Irrtum. Jeder Mensch steht immer wieder vor Situationen, in denen er sich entscheiden muss, welchen Informationssystemen er sein Vertrauen schenken soll, wann sich das Erstellen und Abhaken von Checklisten lohnt und wie er Misserfolge künftig vermeiden will.

▶ **AUSFLUG**

Bei welchen Aufgaben nehmen Sie eine Checkliste zur Hilfe? Warum glauben Sie, dass Ihnen diese Liste hilft? Gibt es Checklisten, die Sie benutzen müssen, obwohl Sie gerne darauf verzichten würden? Sind darunter auch solche, die mit Marketingaufgaben zu tun haben?

	WICHTIG

Checklisten sind vor allem dort sinnvoll, wo es um standardisierte Vorgehens-weisen geht. Sie entlasten das Arbeitsgedächtnis und halten den Kopf frei, um mit Kreativität und Intuition komplexe Aufgaben zu meistern. Wie Unter-suchungen zeigen, werden Checklisten, die man selbst erstellt, mehr befolgt und aufmerksamer abgearbeitet, als von anderen übernommene Merkblätter.

Nach der Bruchlandung in Sioux City und nach Auswertung aller Daten startete United Airlines ein Ausbildungsprogramm, um auf ähnliche Vorfälle besser vorbe-reitet zu sein. Auch wenn die Wahrscheinlichkeit einer solchen Situation lediglich eins zu einer Milliarde beträgt, gilt in der Flugtechnik die Null-Fehler-Toleranz. Der Flugsimulator wurde also so programmiert, dass die Piloten mit den gleichen Be-dingungen konfrontiert werden konnten, die für Captain Haynes und seine Crew galten. Aber wie sich zeigte, traten immer wieder Umstände ein, die es den Piloten unmöglich machten, die DC-10 unbeschadet zu landen. Erst beim 58. Versuch ge-lang es einem der Übenden, das Flugzeug auf die Landebahn aufzusetzen und bis zum Pistenende zu bremsen. Damit bewahrheitete sich die Aussage des Fliegerhel-den von Sioux City, der nach dem Unglück meinte, die meisten Passagiere hätten vor allem deshalb überlebt, weil sie Glück hatten. Aber trotz aller Bescheidenheit war es eben auch die Erfahrung des Captains, die das kleine Wunder ermöglichte.

Flugsimulatoren, ihre Entwicklung und ihr Einsatz können uns viel darüber sagen, wie der Mensch lernt und wo der Einsatz von Checklisten sinnvoll ist. Auch im Mar-keting. Da die Statistiken klar aufweisen, dass zwei Drittel aller Flugzeugabstürze auf Pilotenfehler zurückzuführen sind, wurden die eingesetzten Checklisten lau-fend überarbeitet. Doch weil ihre Ausführlichkeit mit der Anwendbarkeit in der Pra-xis kollidierte, ließen sich die Pilotenfehler nicht wesentlich reduzieren. Erst Anfang der Neunzigerjahre war ein signifikanter Rückgang festzustellen. Der Zeitpunkt ist insofern interessant, als fünf Jahre zuvor eine neue Generation von Flugsimulato-ren die Pilotenausbildung revolutionierte.

Mit diesen Hightechgeräten war es erstmals möglich, sämtliche grundlegenden Ab-läufe des Fliegens realistisch zu üben. Mehr noch, auf dem sicheren Boden konnten nun Szenarien durchgespielt werden, die in der Luft viel zu gefährlich waren. Die verbesserten Ergebnisse dieses Trainings stellten sich allerdings nicht sofort ein. Eine komplexe Aufgabe endlich meistern zu können, heißt offenbar noch lange nicht, dass sich das Gehirn all die dazu notwendigen Denk- und Verhaltensmus-ter sofort merken kann. Bis Informationspakete bleibende Spuren hinterlassen, braucht es viel Zeit. Schließlich könnte es ja sein, dass sich ein neues Muster nur zufällig bewährte. Also vertraut die Evolution auf die Beweismittel Wiederholung und Abgleichung mit der Wirklichkeit.

„Liebe Passagiere, ist unter Ihnen jemand, der zufälligerweise schon einmal einen Airbus A320 geflogen hat? Unsere Crew hat offenbar verdorbenen Fisch gegessen und ist leider nicht mehr in der Lage, die Maschine sicher zu landen." Auf eine solche Durchsage warten insgeheim viele Freunde von Flugsimulatorprogrammen auf dem Heimcomputer. Vor allem, wenn sich zeigen sollte, dass sich unter den Passagieren dummerweise kein Airbus-Pilot auf Urlaubsreise befindet. Aber selbst wer bei Programmen der Unterhaltungsbranche zu den Besten gehört, sollte sich nicht auf eine solche Gelegenheit zum Heldentum freuen. Denn mit großer Wahrscheinlichkeit wird sein selbstloser Einsatz mit einem Desaster enden. Warum? Dem Gehirn eines virtuellen Hobbypiloten fehlen die neuronalen Muster, die durch das Abgleichen von Simulation und Wirklichkeit gebildet werden. Diese fehlenden Informationen können auch Hunderte von Stunden am Computer nicht ersetzen. Ohne in der Realität erworbenes Erfahrungswissen klappt das Zusammenspiel zwischen Vernunft und Gefühl nur ungenügend.

Verlassen wir die Welt des Fliegens und der Hightechgeräte und widmen uns dem Einsatz von Checklisten im Marketing und Storytelling. Da Checklisten das menschliche Bedürfnis nach Sicherheit befriedigen, ist gegen ihren Einsatz grundsätzlich nichts einzuwenden. Sehen wir das menschliche Streben nach Sicherheit jedoch allzu eng, dann verlieren wir andere Instruktionen des Gehirns aus dem Auge.

In Anlehnung an Hans-Georg Häusel können wir sagen, dass unser Verhalten mindestens von zwei weiteren Antriebskräften beeinflusst wird. Der Autor von „Think Limbic!" fasst sie unter den Begriffen „Dominanz" und „Stimulanz" zusammen. Diese Instruktionen verhindern zum Beispiel, dass wir auf den eigentlichen Akt der Fortpflanzung verzichten, nur weil wir uns dabei etwas Unangenehmes einhandeln könnten. Da aber die Kräfte der Beharrung und Erhaltung, die Häusel „Balance" nennt, die stärksten aller Instruktionen des Unbewussten sind, verkaufen sich auch solche Checklisten, die in der Praxis wenig bis nichts nützen. Davon lebt zu einem großen Teil die Branche der Lebens- und anderer Ratgeber. Und wie es eben so ist, je unsicherer sich jemand auf einem Gebiet fühlt, desto größer die Versuchung, sich solchen Ratgebern anzuvertrauen.

Ohne zu erröten gebe ich zu, dass ich ebenfalls in praxisuntaugliche Hilfsmittel investierte, als ich damit begann, meinen Lebensunterhalt mit Marketingkonzepten zu bestreiten. Dazu gehörte unter anderem ein 654 DIN-A4-Seiten dicker Wälzer mit dem attraktiven Titel „Die 199 besten Checklisten für Ihr Marketing". Der Ratgeber erlebte zwar keine Neuauflage, animierte jedoch zur Nachahmung, so dass die Auswahl solcher Produkte jährlich größer wird.

Wie unterschiedlich der Nutzen von Checklistensammlungen noch immer beurteilt wird, zeigen zwei Kundenrückmeldungen auf der Website einer großen Internetbuchhandlung: „Mir ist kein anderes Werk bekannt, das in so reichem Maße Informationen anbietet, die man ohne zeitlichen Verzug und ohne Zusatzstudium umgehend einsetzen und anwenden kann. Es ist überall da geeignet, wo über die künftige Entwicklung eines Dienstleistungsbereichs entschieden wird, und dies ist immer da, wo die Einstellungen des Kunden zu diesem Dienstleister gefragt sind."

Ein Leser, dem die „122 Checklisten Kundenorientierung" offenbar weniger brachten, schreibt hingegen: „Es werden in epischer Breite Weisheiten dargestellt, die einem zum großen Teil der gesunde Menschenverstand nahelegt. Andererseits werden plumpe Behauptungen aufgestellt und Sachverhalte dermaßen simplifiziert, dass sie eine Beleidigung an den auch nur halbwegs versierten Leser darstellen. Dem Leser soll eingebläut werden, dass man ohne weitere Kenntnisse, Erfahrungen und Denkweisen die von den Autoren vorgegebenen Ziele erreicht. Wer das glaubt, dem kann bei entsprechender Kundenorientierung wohl auch eingeredet werden, mittels einer entsprechenden Checkliste ohne medizinische Ausbildung zum Starchirurgen zu werden." Ob es nun Zufall ist, dass der begeisterte Leser in der Verwaltung arbeitet, lasse ich offen. Jedenfalls muss sich auch der Leser von „Warum das Gehirn Geschichten liebt" für eine der beiden Haltungen entscheiden, um nicht enttäuscht zu werden.

Das beschränkte Einsatzgebiet von Checklisten erkannten auch die Anbieter von Lehrgängen für Geschichtenerzähler. Selbst bei Ausbildungen durch Fernunterricht werden die Schwerpunkte inzwischen anders gesetzt. Obwohl noch immer versucht wird, die Kunst des Schreibens in Checklisten zu fassen, führt die Berücksichtigung der Forschung dazu, dass sich Teilnehmer solcher Kurse mit einem Coach austauschen, an Workshops teilnehmen und online üben können. Aber Faktum bleibt, dass bekannte und erfolgreiche Geschichtenerzähler keine Checklisten abarbeiten und nur selten ein Diplom vorweisen können, das ihnen bescheinigt, ihr Metier zu beherrschen. Eine gesunde Portion Skepsis ist also durchaus am Platz, wenn man Angebote von Schreibschulen begutachtet.

Was macht nun ein Geschichtenerzähler mit all diesen Erkenntnissen? Verdammt er Gebrauchsanweisungen als nutzlosen Tand? Schreibt er selbst welche und befriedigt damit ein menschliches Bedürfnis? Benutzt er sie ganz unbedarft so lange, bis er die Gewissheit hat, dass sie sein Gehirn gespeichert hat und in der Folge ganz automatisch abhakt? Oder findet er das Thema so unwichtig, um es spätestens an dieser Stelle abzuschließen?

Ich schlage drei Dinge vor:

- Die Beliebtheit von Checklisten in die Beweissammlung aufnehmen, dass Kunden jeder Zielgruppe gerne Sicherheit haben und ihnen dieses gute Gefühl bei allen möglichen Gelegenheiten auch bieten.
- Checklisten bei Bedarf als Marketinginstrument einsetzen, spannender inszenieren und in eine neue Geschichte verpacken.
- Den Anhang des Buches aufmerksam studieren, mit bereits Bekanntem vergleichen und Checklisten schreiben, die zu den eigenen Verhaltensmustern, Begrifflichkeiten, Vorlieben und Missbilligungen passen.

EXKURSION 11:

Das menschliche Gehirn ist zwar ein Datenverarbeitungssystem, aber deswegen noch lange kein Computer. Vor allem legt es gespeicherte Informationen nicht als fest geschriebene Bücher in ein Archiv ab, aus dem wir sie bei Bedarf unversehrt wieder hervorholen können. Da unser Gehirn auf die soziale Natur des Menschen und das Anpassen an die Umwelt ausgelegt ist, hätte ein solches Archiv auch keinen Sinn. Wenn sich dauernd alles verändert, ist es besser, die für eine Entscheidung benötigten Informationspakete beim Abruf neu zusammenzustellen.

Daher schickt das Gehirn Erregungen auf viele parallele Bahnen und in die verschiedensten Archive, um nach Informationen zu suchen, die für eine Entscheidung von Bedeutung sein könnten. Dabei werden Beiträge des bewusst arbeitenden Arbeitsgedächtnisses ebenso berücksichtigt wie Ereignisketten, die nur dem Unbewussten zugänglich sind. Im limbischen System wird dann abgewogen, wie Wünsche und Handlungspläne mit emotionalen und sozialethischen Kriterien zu vereinbaren sind, mit welchen Risiken zu rechnen ist, ob die Belohnung groß genug ist und etwaige Fehler korrigiert werden können.

Wenn bei solchen Neuordnungen Checklisten zum Einsatz kommen, stehen auf ihr keine Begriffe oder Zahlen, sondern eher Überschriften bereits erlebter Geschichten, die unser Gehirn in Form neuronaler Muster notierte. Um das Erkennen solcher Muster und deren Übersetzung in sprachliche Metaphern und konkrete Anwendung geht es im Storytelling. Checklisten dieser Marketingmethode sind demnach Zeichensammlungen des Unbewussten, die uns beim Konzipieren der Kerngeschichte und der Gestaltung von Varianten unterstützen können.

---

4 Die Feinde und Freunde – Wo Sie Storytelling einsetzen können

4.1 Ein Hans im Glück – Warum wir auf Zufall bauen sollten

Wenigstens war es eine Schokoladenfabrik, die der junge Kreative besichtigen musste. Aber dass sie zu dritt die Reise von Frankfurt nach Lörrach in Kauf nahmen und sich durch die süßlichen Werkshallen führen ließen, gehörte einfach zum Business. Und vielleicht fand man ja dort irgendwo die Idee, um der Milka-Schokolade mehr Freunde zu verschaffen. Seit sich in der Werbebranche die Legende verbreitet hatte, wie der weltbekannte Designer Raymond Loewy bei einer Werksbesichtigung auch gleich noch den Slogan für Lucky Strike kreierte, laufen externe Firmenbesichtigungen unter interner Weiterbildung. Loewy, der 1955 auch den neuen Größen der Coca-Cola-Flaschen ihre unverwechselbaren Formen gab, brachte fünfzehn Jahre früher Tabak mit Indianern in Verbindung, indem er Häuptling Wahunsonacock als stilisiertes Porträt auf der Packung verewigte. Fehlte nur noch der Slogan. Auf den stieß Loewy, als er bei einer Betriebsbesichtigung von einem Mitarbeiter wissen wollte, was er da treibe. Und als ihm dieser treuherzig antwortete, alle Zigaretten müssten doch geröstet werden, war der Slogan „It's toasted" geboren.

Doch dem Trio aus Frankfurt schienen die Fabrikhallen eine zündende Idee zu verweigern. Außer dass es irgendein Irrer überaus originell fand, alles Mögliche und Unmögliche lila anzustreichen, blieb vom Besuch wenig haften. Meinten sie zumindest. Denn als sie bereits wieder im Zug nach Norden saßen und beim Blick aus dem Fenster das Gefühl hatten, die grasenden Kühe würden den Kreativitätsstau vorbeiflitzender Zugpassagiere verhöhnen, meldete sich das Unbewusste. Dort Lila und Schokolade bis zum Abwinken, hier die wiederkauenden Produzenten der dazugehörigen Milch. Okay, dann machen wir die Kuh eben auch noch lila. Die Idee war geboren, jetzt musste sie nur noch verkauft werden.

Bei der Präsentation in den Teppichetagen von Suchard setzte man auf das bewährte System „Hochglanzpolierter Favorit plus rostiger Notnagel", färbte Alpenwelt-Utensilien lila ein, pries die farbige Kuh als Megastar der Zukunft und wechselte beim Alternativkonzept „Herr Suchard ist noch immer ein Held" in einen weniger begeisternden Tonfall über. Wie das Management entschied, ist inzwischen so bekannt, dass die Frage von enttäuschten Japantouristen, warum die Schweizer Kühe nicht lila seien, mit einem Standardbrief beantwortet wird. Geplant war dieses farbige Outfit einer Milchkuh nicht.

Wie der geneigte Leser und künftige Meister im Storytelling ja inzwischen weiß, ist die Kunst des Geschichtenerzählens uralt und völlig unabhängig von dem, was die Hirnforscher in ihren Labors treiben. Und der Einsatz von Tieren für Selbstdarstellungen und Verführungskonzepte musste ebenfalls nicht wissenschaftlich abgesegnet werden. Da die Übertragung ihrer Eigenschaften auf Menschen, Produkte und Unternehmen so gut funktioniert, erhalten sie in unzähligen Geschichten eine Hauptrolle. Wer letztlich eine Bühnenrolle erhält, steht aber beim Beginn des Drehbuchschreibens oft nicht fest. Was uns die Geschichte der „Lila-Kuh" lehrt, ist eher die Regel als die Ausnahme. Wo vieles möglich ist, redet der Zufall gerne mit, auch wenn dies den Verfassern von Best-Practice-Büchern und 7-Schritte-Programmen nicht gefällt. Und weil finanzielle Entschädigungen in engem Zusammenhang mit Erfolgsausweisen stehen, sind vom Glück Begünstigte gerne dazu bereit, Entstehungsgeschichten in gute Marketing- und Werbekonzepte umzudeuten.

Nicht aus strategischen oder psychologischen Gründen ziert ein Kamel mit nur einem Höcker die Packung eines Konkurrenzprodukts von Lucky Strike. Der Tabakproduzent Joshua Reynolds fand 1913 ganz einfach kein leibhaftiges Kamel, sondern nur „Old Joe", ein Dromedar im Besitz des Wanderzirkus Barnum & Bailey. Und weil „Camel" in Amerika auch als Gattungsname für beide Tiere durchgeht, wurde Old Joe eben zum Kamel.

Auf die coole Kulisse der Campari-Kampagne für die Yuppies der Achtzigerjahre kamen die Macher nur, weil sie die vorgesehene Location in einem chaotischen Zustand antrafen, worauf der um die vereinbarte Miete zitternde Hotel-Manager, das ganze Shooting-Team in einen neuen Kongressbau führte und der Fotograf dort zufälligerweise eine pinkfarbene Bar in der Ecke entdeckte.

Der kuschelige Flat Eric, eine überaus gelungene Mischung aus Bär, Frosch und Hund, durfte die Umsatzzahlen der Levis-Jeans nach oben biegen, weil ein 24-jähriger Franzose sein Lieblingskuscheltier vom Dachboden holte und es bei einem Essen in London den Managern und Werbern vorführte.

Ikea hatte keineswegs vor, sich mit einem Elch zu schmücken. Als aber 1974 in Eching der erste Laden außerhalb Skandinaviens eröffnet wurde, verblödelte jemand den Standort zu Elching, was ein anderer aufnahm und das bekannte Wappentier kreierte.

Die Mainzelmännchen waren bei ihrer Entdeckung noch Heinzelmännchen, weil der Grafiker Wolf Gerlach offenbar so vom emsigen Treiben der ZDF-Mitarbeiter beeindruckt war, dass ihm die drolligen Figuren vom Zufall eingeflüstert wurden.

Für Marlboro stand 1954 fest, dass Rauchen ein Symbol gegen die Wohlstandsverweichlichung sein musste und Männlichkeit wichtiger war als Freiheit. Doch weil Leo Burnett seine Ideen in Texas testen wollte, mussten Bauarbeiter und Fliegerhelden schließlich einem Cowboy den Vortritt lassen. Der wurde allerdings wieder abgesetzt und durfte erst wieder aufs Pferd steigen, als Illusionen wichtiger wurden als Produkteigenschaften.

Die Geburt des Michelin-Männchens war laut Firmenlegende ebenfalls nicht geplant, aber immerhin von den Firmengründern André und Edouard Michelin in die Wege geleitet worden, als sie auf einer Messe den Reifenstapel am eigenen Stand als menschenähnliche Figur ohne Arme wahrnahmen.

▶ **AUSFLUG**

Wählen Sie aus Ihrem Schatz von Verführungsgeschichten eine aus, bei der Sie glauben, sie sei nur aufgrund minutiöser Planung geglückt. An welchen Stellen hätte sie auch völlig anders verlaufen können, wenn der Zufall eingegriffen hätte?

❗ **WICHTIG**

Marketing spielt sich in einem Umfeld ab, das durch so viele Variablen beeinflusst wird, dass detaillierte Wegbeschreibungen zum Ziel nicht möglich sind. Setzt man die Ressourcen vor allem dafür ein, die tragende Idee einer Geschichte zu finden und Grobskizzen für deren Inszenierung zu entwerfen, fördert dies auch die Bereitschaft und Flexibilität, zufällig eintretende Ereignisse zu berücksichtigen.

Best-Practice oder der Bionade-Plan

Warum wir auf den Zufall bauen sollten und wie Vertreter traditioneller Marketingstrategien Zufälliges in Geplantes umdeuten, zeigt uns die Geschichte des Kultgetränks Bionade auf unübertreffliche Weise. Als ideales Lehrstück dient diese Erfolgsstory auch deshalb, weil ihre Entstehung, Verbreitung und Mythisierung gut erfasst und öffentlich zugänglich ist, sei es auf der Website des Unternehmens, wo Sie alle Presseartikel seit 2003 herunterladen können, sei es im Buch der Wirtschaftsjournalistin Bettina Weiguny. Nicht zuletzt deshalb erlaubt Ihnen dieses

Beispiel, das dynamische Zusammenspiel von Dichtung und Wahrheit anhand Ihrer eigenen Wahrnehmung nachzuverfolgen.

Wie es sich für einen richtigen Helden-Mythos gehört, streiten sich die Chronisten der Bionade bereits über die genaue Datierung ihrer Geburt. Da ein guter Storyteller aber nur eingreift, wenn Unsicherheiten oder Varianten den Kern seiner Geschichte gefährden, wird auf die Herausgabe einer offiziellen Urkunde verzichtet. Im Gegenteil, wo kleine Verwirrungen und Rätsel das Weitererzählen einer Geschichte fördern, darf man sogar ein bisschen nachhelfen.

An den Beginn unserer kurzen Zusammenfassung des Bionade-Lehrstücks setzen wir das Datum 1994. In diesem Jahr wurde die Wunderbrause in serienreife Flaschen abgefüllt und kistenweise in die Lagerhalle gekarrt. Zuvor mussten die Testtrinker von Ostheim v. d. Rhön ihren Geschmacksnerven einiges zumuten. Nun aber, nach acht Jahren Entwicklungsarbeit, war man mit dem Resultat so zufrieden, dass der geplanten Eroberung des Weltmarktes nichts mehr im Wege stand.

Der Plan: Großbrauereien als Lizenzpartner gewinnen, Sportler, Ärzte, Kliniken, Gastrobetriebe und den Handel für sich, dann ganz Deutschland, Europa und schließlich die ganze Welt. Da diesem schönen Plan aber niemand folgte, ließ er sich auch nicht umsetzen, obwohl zehn Jahre später diese Bilderbuchgeschichte den Best-Practice-Missionaren als Beweisstück dienen sollte, wie bei der Markteinführung eines neuen Produkts vorgegangen werden muss. Auf deren Powerpoint-Folien lesen wir so kluge Fragen wie:

- Ist der Markt für mein Produkt bereits gesättigt?
- Bin ich mit meinem Sortiment mittelfristig wettbewerbsfähig?
- Kann ich die Entwicklung von Innovationen finanzieren?
- Ist mein Produkt eine echte Neuheit?
- Welchen Mehrwert bietet mein Produkt?
- Kenne ich das Marktsegment, in das ich eindringe?
- Muss ich eine neue Zielgruppe erschließen?
- Bleibt mir meine alte Zielgruppe treu?
- Welche Alternativprodukte liebt meine Zielgruppe?
- Kann ich zum echten Trendsetter werden?
- Welche Bedürfnisse befriedigt mein Produkt?
- Kann ich meine alten Vertriebswege nutzen oder muss ich neue erschließen?
- Muss und kann ich mein Produkt durch Patente schützen lassen?
- Welche Marketingmaßnahmen sind sinnvoll und finanzierbar?

Gut möglich, dass sich die Mitglieder der Familie „Bionade" ebenfalls einige dieser Fragen stellten. Gewichtet man aber ihre Aussagen über die frühen Jahre mehr als spätere Rückblenden, so deutet wenig auf ein Vorgehen nach Checklisten hin. Lernen können wir aber aus der Bionade-Geschichte viel über den Umgang mit dem Zufall. Daher greife ich im Folgenden einige seiner Auftritte heraus, nachdem der Prototyp der Bionade endlich da war.

Namensfindung

„Getränke ohne jeglichen Alkohol" führt, wenn man die Anfangsbuchstaben nimmt, zu „Goja". Aber intuitiv spürt der Bionade-Erfinder Dieter Leipold, dass mit diesem Namen kein Weltmarkt zu erobern ist. Also sucht er nach Varianten, die seine Entdeckung beschreiben. Statt nur Limo könnte man ja auch nur „Nade" sagen. Aber da Leipold stolz auf sein biotechnologisches Brauverfahren ist, fügt er die Vorsilbe „Bio" hinzu, ohne auch nur daran zu denken, das ließe sich als Bekenntnis zum Ökotrend auslegen. Wie wichtig diese Eingebung für den Erfolg von Bionade ist, sollte sich erst später erweisen. Zu Beginn erweist sich das ungewollte Ökolabel eher als Nachteil.

Merke: Ein Wort erhält seine Bedeutung auch durch die Geschichte, in die es eingebettet ist.

Produktentwicklung 1

Da Bierbrauer Leipold ein Erfrischungsgetränk will, das auch geschmacklich neu ist, kommen Zitrusfrüchte nun wirklich nicht infrage. Auf die asiatische Kirsche stieß Leipold nach eigenen Aussagen auf einem Weihnachtsmarkt. Dass er ausgerechnet in Würzburg an so vielen Duftfläschchen roch und bei einem mit der Aufschrift „Litschi" hängen blieb, gibt dem Zufall eine besondere Note. Da der Eintritt in den Limowettbewerb mit zwei Geschmacksrichtungen geplant ist, die sich auch farblich klar unterscheiden lassen, testet Produktentwickler Leipold ziemlich alle Früchte durch, die rot, sexy und ungiftig sind. Doch offenbar neigt alles Brauchbare zum Eintrüben. Hätte Leipold die Marktforscher gefragt, ob ein junges Zielpublikum für ein Getränk aus Holunderbeeren zu gewinnen sei, wäre diese Geschmacksrichtung kaum die gefundene Lösung gewesen.

Merke: Auch wenn Chemiker zu den Vertretern der sogenannten exakten Wissenschaften gehören, gehen sie nicht immer nach Plan vor.

Glaubensanhänger

Nach Lehrbuch müsste ein Produkt, das mit „Bio" beginnt und mit „Nade" aufhört, der Zielgruppe Ökofreaks angeboten werden. Aber da Herr Leipold und seine Getreuen der Ökobewegung etwa so nahe stehen wie Models der gutbürgerlichen Küche, setzt man lieber auf Gesundheit. Nur zeigt sich einmal mehr, dass Bekenntnisse weniger bedeuten als Taten. Es brauchte einen Gesundheitsfanatiker wie den Getränkehändler Karl Degenhart aus Passau, um endlich größere Mengen des neuen Getränks abzusetzen.

Merke: Bevor eine Geschichte den Bestsellerstatus erreicht, wird sie nur von einem kleinen Kreis Eingeweihter erzählt, den wir sorgsam pflegen sollten.

Vereinfachen

Mit Herrn Degenhart ließ sich stundenlang über gesundheitliche Details diskutieren. Für chemische Begriffe und spezielle Herstellungsmethoden interessierte sich der Getränkehändler aber wenig. Hauptsache das Ding schmeckt. Hätte es Dieter Leipold besser ertragen, dass ihn der Marktforscher Günter Birnbaum schonungslos an die Prioritätenliste menschlicher Bedürfnisse erinnerte, wäre der Vertrieb vielleicht nie an Peter Kowalsky und seine Mutter übergegangen. Die beiden geben nun dem Getränke-Spezialisten aus Nürnberg recht und freunden sich mit der einfachen Botschaft „Schmeckt gut" an.

Merke: Zufällige Begegnungen, die eine Geschichte vereinfachen, können wir als willkommenen Wink des Schicksals sehen.

Helfer 1

Jede gute Geschichte bestätigt die Lehre, dass ein erfolgreicher Held die richtigen Helfer braucht. Mit der traurigen Tatsache konfrontiert, dass ihre Bionade eher die Tendenz zum Ladenhüter als zum Weltmarktführer hat, holt sich die Familie einen Bekannten als Berater ins Haus. Er verspricht viel, senkt den Preis und wirft Mutter und Stiefvater der beiden Kowalsky-Söhne aus dem Geschäft. Als die extern ausgeheckten Pläne das Unternehmen an den Abgrund führen, der unglückliche Berater auf seinen finanziellen Forderungen besteht und die verbliebenen Angestellten zu meutern beginnen, greift die Mutter wieder ins Geschehen ein.

Merke: Von Helfern, die den Helden nicht ergänzen, sollte man sich wieder trennen, auch wenn für die Scheidung ein Preis zu bezahlen ist.

Helfer 2

Kurz vor dem endgültigen Bankrott meldet sich 1997 ein Herr Wimmer aus Manila. Der deutsche Auswanderer hatte auf den Philippinen im „Biergroßhandel" einen wohlmeinenden Artikel über die neue Limonade gelesen und war an einer Lizenz interessiert. Wimmer lädt „die beiden Alten" zehn Tage ins Märchenland ein, beeindruckt das am Abgrund stehende Paar mit Luxus und bietet neben einer Lizenzgebühr 1,2 Millionen Euro als Garantiehonorar ein paar Millionen Dollar für die nächsten zehn Jahre und bei Vertragsverlängerung weitere 35 Millionen Dollar.

So wird am 14. Juli 1997 der Vertrag unterschrieben, der außer in Europa die weltweite Vermarktung regelt. Die Million aus Manila bewahrt das „Limoschiff" zwar vor dem Untergang, ändert aber nur wenig am Schlingerkurs, denn Mister Wimmer wird Opfer eines politischen Richtungswechsels auf den Philippinen und kann seinen Nachfolger nicht davon abhalten, die Produktionsanlagen zu schließen. Doch einen Aufhebungsvertrag will niemand unterschreiben, obwohl Frau Leipold nochmals nach Manila flog.

Merke: Wenn Helfer vor allem mit dem Werkzeug Geld hantieren, sollten nicht gleich alle Pläne neu geschrieben werden.

Helfer 3

Im Juli 1997 ist die asiatische Million bereits weg und der Schuldenberg wieder da. In diesem Sommer gibt es in Ostheim v. d. Rhön aber glücklicherweise ein Ereignis, dessen Eintreten zwar viele erhoffen, aber kaum je erleben, da die Wahrscheinlichkeit etwa eins zu 140 Millionen beträgt: Die Brauereierbin hat einen Sechser plus Superzahl im Lotto und gewinnt genau 1.386.271 Mark und 60 Pfennig. Damit zahlt man den in Ungnade gefallenen Vertriebschef aus, tilgt aber nicht die Schulden der Söhne, denn das restliche Geld soll in den Betrieb fließen. Man kann weitermachen.

Merke: Es ist nicht ausgeschlossen, dass man auch dort gewinnt, wo viele mitmachen. Aber weil die Wahrscheinlichkeit sehr klein ist, muss der Zufall zu Hilfe eilen.

Neue Kulisse

So wie die innovative Limo bisher daherkommt, deutet nichts auf ein revolutionäres Getränk hin. Selbst Erfundenes in Ehren, aber geschwungene Hügelketten unter einer blassgelben Sonne sind nicht unbedingt das, was in fernen Landen im Gedächtnis haften bleibt. Möglich, dass dies der Bionade-Erfinder Leipold ebenfalls so sieht, weil ihn die Lektüre des Branding-Klassikers „Hässlichkeit verkauft sich schlecht" des Lucky-Strike-Designers Raymond Loewy stark beeindruckte. Jedenfalls will Leipold den roten Punkt von Loewys Zigarettenpackung auch auf dem Etikett seiner Limo sehen. Doch statt diesmal selbst herumzuprobieren, engagiert die Familie eine kleine Agentur in Fulda. Von einem Auftrag erhofft man sich als Gegenleistung, in die Werbeprospekte der Biohandelskette tegut zu kommen, was jedoch abgelehnt wird. Trotzdem nicht abzuspringen, lohnt sich in diesem Fall. Das neue Label mit dem coolen Schriftzug ist ein großer Wurf, der den provinziellen Anstrich endgültig ablegt. Ausgerechnet ein deutsches Unternehmen kopiert mit dem roten Punkt, umgeben von einem weißen und blauen Kreis, das Logo der Royal Air Force.

Merke: Gute und freche Ideen können auch in der Provinz entstehen. Und gewitzt abkupfern ist meist besser als angestrengt neu erfinden.

Produktenwicklung 2

Am Markennamen zu rütteln geben die Werber aus Fulda auf, als sie merken, dass dies nur über die Leiche seines Erfinders möglich ist. Doch solche Skrupel sind Feinden und Bürokraten egal. Die Ökobauern erinnern Kowalsky an EU-Verordnungen zur Verwendung der drei Buchstaben „BIO" auf Produkten. Aber da die Ostheimer ihren Namen inzwischen ins Herz geschlossen haben und sich einen neuen gar nicht leisten können, bleibt ihnen nichts anderes übrig, als Zutaten und Produktion auf „Bio" umzustellen. Obwohl das alles andere als einfach und günstig ist, wird die Newcomer-Limo zur Jahrtausendwende das erste Softgetränk mit Bio-Siegel.

Merke: Vom Schicksal Aufgedrängtes verdient oft mehr Beachtung als in der eigenen Küche Ausgehecktes.

Helfer 4

Eine Gelegenheit, sein Produkt dort vorzustellen, wo Zuschauer und Käufer identisch sind, sollte man sich nicht entgehen lassen. Das denkt auch Peter Kowalsky, als ihm sein Passauer Händler einen Auftritt bei der Sitzung des deutschen Getränkeverbandes in Aussicht stellt. Richtig zu begeistern vermag er aber nur den Geschäftsführer des Hamburger Großhändlers Göttsche. Der ist allerdings nicht irgendwer, sondern beliefert gut zwei Drittel der Hamburger Lokale und ist auf Dauersuche nach Trendigem. Seine Empfehlungen sind für die Szene schon beinahe Gesetz. Auch für den Wirt der Gloria-Bar, in der Medien- und Werbeleute alte Geschichten austauschen und nach neuen gieren. Nomen est omen, was in der Gloria-Bar schick ist, lässt sich auch bei Rosi, Hansi und sonst wo verkaufen, solange Coolness angesagt ist.

Merke: Weil sich der Ausbruchsherd eines Virus schlecht voraussagen lässt, empfiehlt es sich, jede Gelegenheit zu nutzen und die Reaktionen zu beobachten.

Neue Kulisse 2

Die neue Limonade ist in Hamburg zwar schon Szenegespräch, hat aber noch immer einen provinziellen Beigeschmack. Das ändert sich erst, als in der Hansestadt eine Fehllieferung mit 2.000 ungarisch bedruckten Etiketten eintrifft. Die stellte man in Ostheim her, als ein gewisser Szabo der Brauereibesitzerin weismachen konnte, in Ungarn würden sich Touristen am Plattensee bestimmt um die neue Limo reißen. Von der Vorstellung einer schnellen Osterweiterung geblendet, winkt man Lkw und Fahrer beim Losfahren noch freudig nach, um dann umso enttäuschter feststellen zu müssen, dass hinter der Grenze beide wie vom Erdboden verschluckt sind. Die 2.000 übrig gebliebenen Etiketten trotzdem nicht weggeworfen zu haben, sollte sich als Glück im Unglück erweisen. Denn dank des Missgriffs eines Mitarbeiters hat man in Hamburg nun das Gefühl, ein ungarischer Betrieb, der nach Deutschland liefere, müsse ein internationales Unternehmen sein.

Merke: Kleider machen Leute — und Kulissen machen Unternehmen.

Helfer 5

Gegenüber Interessenten und Versprechen inzwischen etwas vorsichtiger geworden, hält es Peter Kowalsky nicht für dringlich, einen gewissen Budnikowsky sofort zurückzurufen. Erst als ihm ein neuer Zettel signalisiert, dass diese Drogerie 80 Filialen umfasst, fährt man wieder einmal nach Hamburg. Und zurück in Ostheim wächst zum ersten Mal der Glaube, der Durchbruch sei wirklich zu schaffen.

Merke: Was ein Helfer tut, ist wichtiger als sein Aussehen und sein Name.

Sponsoring 1

Die erste Begegnung mit dem Marketinginstrument „Sponsoring" ist für den Bionade-Chef Peter Kowalsky eher eine der merkwürdigen Art. Weil er die eben aufkommende Legende vom unbekannten Großkonzern nicht zerstören will, sagt er einer Anfrage nicht ab, um dann im letzten Moment wenigstens noch die Bionade gratis zu liefern. Leere Kästen nach zwei Stunden überzeugen ihn aber, dass sich gezielte Unterstützung von Straßenfesten, Sport-Events und Festivals lohnen kann.

Merke: Nicht jedes Marketinginstrument muss genau so geplant und durchgeführt werden, wie es in den Lehrbüchern steht.

Helfer 6

Im Laufe der nächsten Jahre nimmt die Zahl der Helfer in einem Maße zu, wie es nur möglich ist, wenn ein Unternehmen und seine Produkte zu Sinnstiftern und Kunden zu Glaubensanhängern werden. Illegale Partys an verbotenen Orten und nur Bionade als Getränk, das sind Geschichten, die sich von selbst verbreiten. Weil das neue Kultgetränk bei den Kids so gut ankommt und ältere Stars inzwischen auf ihre Gesundheit achten wollen, kommen die Brauselieferanten ganz ungeplant zu Empfehlungen prominenter Zeitgenossen, Testimonials, für die andere Unternehmen ihre Marketingbudgets strapazieren müssen.

Merke: Wenn man dem Zufall ein bisschen nachhilft, übernehmen Helden auch Gewohnheiten des Fußvolks.

Nachdem sich die Umsatzzahlen der neuen Limo in den ersten vier Jahren des 21. Jahrhunderts versiebenfachten und die Firma 2007 gut 200 Millionen Flaschen verkauft hatte, ging das Familienunternehmen anfangs 2012 an die Radeberger Gruppe und damit an den Dr. Oetker-Konzern. Ob der Ansatz der ehemaligen Kultlimonade weiterhin abbröckelt, wird sich zeigen. Es wäre nicht das erste Mal, dass sich die Marketingabteilung eines Großkonzerns schwer damit tut, eine erfolgreiche Geschichte neu zu erzählen. Fundiertere Kenntnisse in Storytelling hätte auch L'Oréal brauchen können, als dieser Global Player 2006 von Anita Roddick „The Body Shop" übernahm. Zumal der größte Kosmetikhersteller der Welt eng mit Nestlé verbandelt ist und dem Publikum irgendwie erklären muss, warum es noch immer an die ethischen Grundsätze der Firmengründerin glauben kann. Aber das Aufeinanderprallen von Geschichtensammlungen mit ziemlich verschiedenen Inhalten wäre ein eigenes Buch wert.

AUSFLUG

Recherchieren Sie im Internet die Erfolgsstory von Harley-Davidson, Apple oder Red Bull und suchen Sie nach Zufällen, die den Weg in den frühen Jahren dieser Unternehmen wesentlich beeinflussten.

WICHTIG

Auch wenn es sich lohnt, bei der Gründung eines Unternehmens oder bei der Einführung eines neuen Produkts intensiv nach einer tragenden Geschichte zu suchen, sollte man sich auch der Beobachtung von Zufällen widmen und im ersten Entwurf des Drehbuchs nicht schon jedes Detail festhalten wollen.

Zur oft lästigen Funktion der Sprache, Theorien für die Legitimierung des eigenen Verhaltens zu erfinden, gehört der Glaube, man sei die berühmte Ausnahme von der Regel. Mögen andere ihr Leben lang auf den großen Lottogewinn warten, ich gehöre zu den Glücklichen. Spricht die Statistik auch klar dafür, dass Raucher früher sterben, ich bin ein zweiter Helmut Schmidt oder Keith Richards. Selbst wenn sich komplexe Systeme mit vielen unbekannten Variablen nicht planmäßig steuern lassen, trifft dieses Faktum in meinem Fall bestimmt nicht zu. Und weil viele Marketingverantwortliche Ausbildungen durchlaufen haben, in denen das lückenlose Erstellen von Plänen über das Bestehen der Abschlussprüfung entscheiden kann, wird eisern am Ursache-Wirkung-Mythos festgehalten. Damit muss sich ein Storyteller nur bedingt abfinden. Schließlich steht die Wirklichkeit auf seiner Seite. Aber es ist von Vorteil, wenn er einige gute Beispiele vortragen kann, um die Fronten aufzuweichen.

EXKURSION 12:

Wir glauben an die Planbarkeit komplexer Vorgänge, weil unser Gehirn darauf programmiert ist, nicht an Zufälle zu glauben. Denn mehr Gewissheit zu haben, als eigentlich möglich ist, erlaubt uns Orientierung. Doch mehr Präzision braucht mehr Rechnerleistung. Wenn unser mentales Datenverarbeitungssystem jede Ungenauigkeit vermeiden wollte, würden wir handlungsunfähig — oder die Resultate kämen so spät, dass wir sie längst nicht mehr brauchen könnten.

Aber selbst wenn unser Gehirn menschliches Verhalten voraussagen könnte, bliebe ein unlösbares Problem übrig, nämlich das der Rückkoppelung. Wie wir aus eigener Erfahrung bestens wissen, verändern wir einen Zustand, wenn wir ihn beobachten. Anders gesagt, das Verhalten einer Person A ist immer auch abhängig vom Verhalten der Person B. Und meist sind in Vorhersagen oder Plänen mehr als nur zwei Personen verwickelt. Der einzige Ausweg aus diesem Dilemma sind Berechnungen von Wahrscheinlichkeiten aufgrund von Mustern, die ihrerseits auf der Berechnung von Wahrscheinlichkeiten beruhen. Dieses System funktioniert immerhin so gut, dass wir den Alltag einigermaßen bestreiten und kurzfristige Prognosen treffen können.

Im Prinzip spricht also nichts gegen Pläne, auch im Marketing nicht. Nur sollten wir lediglich dort in die Details gehen, wo die Ordnungsmuster relativ konstant sind und sich mit hoher Wahrscheinlichkeit wiederholen. Wenn diese Muster in eine Geschichte eingebettet sind, erkennt das Gehirn gefährliche Abweichungen und sinnvolle Ergänzungen oder Varianten schneller.

4.2 Ein Mann für alle Fälle – Warum Storytelling so anwenderfreundlich ist

„Ich möchte Sie ja nicht mit unseren familiären Eigenheiten langweilen oder den Eindruck erwecken, mich der Verantwortung zu entziehen. Aber in diesem speziellen Fall muss ich vom Ausnahmerecht Gebrauch machen, denn meine 12½-minütige Verspätung geht nun mal leider voll auf eine Verkettung unglücklicher Zufälle." Der Geografielehrer runzelte die Stirn, wohl ahnend, was auf ihn und die Klasse zukommen würde, wenn er mir das Wort weiterhin erteilt. Aber da er mir die Redeerlaubnis nicht ausdrücklich entzog, betrachtete ich dies als stillschweigende Einwilligung, mich weiter erklären zu dürfen. Zumal meine Klasse dies aufgrund früherer Vorkommnisse geradezu erwartete.

„Wissen Sie", fuhr ich als fort, „wenn es nach mir ginge, würde in meinem Zimmer noch immer ein Wecker stehen, dessen Funktionsfähigkeit auf dem kleinen menschlichen Beitrag beruht, dass irgendwer eine Spiralfeder spannt. Aber nein, weil meine Mutter der Meinung ist, das Pflichtgefühl ihres Sohnes habe sich noch nicht über das pubertäre Stadium hinausentwickelt, stellte sie mir einen dieser neumodischen Dinger auf die Bettumrandung, für deren Energieversorgung zwei kleine Batterien zuständig sind. Ahnend, dass die Schwachstelle dieser Erfindung in der Unsichtbarkeit der Batterieentladung liegt, was im dümmsten Fall dazu führte könnte, dies als Begründung für eine Verspätung anführen zu müssen, stemmte ich mich gegen diese Neuanschaffung. Aber sei es, weil wir im Religionsunterricht kurz zuvor die Zehn Gebote Gottes durchgenommen haben oder weil ich einfach nicht über die notwendige Durchsetzungskraft verfüge, der Wecker wurde angeschafft und die Batterien nahmen ihre Arbeit auf. Wie lange, können Sie sich ja vorstellen …"

Herr Zimmermann hob die Augenbrauen, was kein gutes Signal war. Also fügte ich hastig hinzu: „Das ist natürlich keine geeignete Entschuldigung. Wenn sich das Schicksal heute Morgen nicht derart launisch gezeigt hätte, wäre ich beim Klingeln der Glocke an meinem Platz gesessen. Schuldig fühle ich mich, weil ich gestern nach dem Fußballtraining sofort ins Bett ging. Da meine Mutter diesen Verstoß gegen die internen Hygieneregeln mitbekam, bestand sie trotz des Vorfalls mit dem Wecker darauf, das Versäumte nachzuholen, ganz nach dem Prinzip „So geht keines meiner Kinder zur Schule!" Diese ehrenwerte Grundhaltung stößt seit einiger Zeit bei meinem Vater und mir auf Widerstand, da wir nur ein Badezimmer haben, auf das meine vier Jahre ältere Schwester einen, wenn auch nicht verbrieften Besitzanspruch erhebt.

Obwohl das eigentlich hier nicht zur Debatte steht, möchte ich erwähnen, dass ich wegen ihrer anatomischen Veränderungen aus dem gemeinsamen Zimmer verjagt wurde und meine Fluchtburg nun mit dem Schreibtisch meines Vaters teilen muss." Das Gekicher der Klasse erinnerte unseren Geografen daran, dass er sein Lektionsziel wohl kaum erreichen wird, wenn er mich jetzt nicht unterbricht. Aber der „Point of no Return" schien ohnehin bereits überschritten zu sein, so dass ich fortfahren durfte. „Da ich eine künftige Allianz gegen meine Eltern nicht gefährden wollte, ließ ich meine Schwester gewähren und bereitete unterdessen alles andere vor. Das wollte ich zumindest. Aber als oben die Tür aufging, brach ich mein Frühstück ab, tastete mich durch das Nebelgemisch aus Dampf und Haarspray, wählte das Kurzprogramm ohne Shampoo und war schon fast aus der Duschkabine, als ich um ein Haar auf der Seife ausrutsche, die meine Schwester offenbar liegen gelassen hat.

Verärgert nahm ich das aufgeweichte Stück in die Hand und legte es in ihren Beautycase. Doch die Götter schenken ihre Gunst offenbar lieber pubertierenden Weibern als eiligen Jungs. Denn nicht daran denkend, dass die schlechten Sichtverhältnisse einen physikalischen Grund haben, rieb ich mir bei der Suche nach dem Handtuch die Augen, was bei seifigen Fingern selten Klarheit bringt. Da diese Verzögerung ein normales Frühstück endgültig unmöglich machte, begnügte ich mich mit einer Ovomaltine, packte Feststoffiges in eine Tüte, schnallte das Ganze auf den Gepäckträger meines Fahrrads und gab Gas. Als sich die blöde Tüte vor ihrem Transportmittel löste — in Sichtweite der Schule — und auf die Straße fiel, hatte ich die Gewissheit, dass dies nicht mein Tag ist. Joghurtbecher kaputt, Inhalt auf öffentlichem Grund verteilt, Schuhe im Waldbeeren-Look — und nur zwölf Minuten zu spät. Entschuldigen Sie bitte."

Müßig zu sagen, dass mir nach diesem Redeschwall eine Strafe erspart blieb. Selbst wenn der Lehrer meine Geschichte nicht glaubte, was wahrscheinlich ist, wäre es beim Publikum schlecht angekommen, wenn er nicht bereit gewesen wäre, für die kleine Performance einen Preis zu bezahlen, der in diesem Fall die Absolution war. Seinen üblichen Plan, Zuspätkommende mit einer saftigen Hausaufgabe zu bestrafen, hätte er nur einhalten können, wenn er mich unterbrochen hätte. So sehen es die kulturellen Muster vor.

Die oft gestellte Frage zu beantworten, wo Storytelling einsetzbar sei, fällt mir zwar nicht schwer, ist mir aber leicht peinlich. Denn die Antwort kann nicht anders lauten als: „Überall!" Unangenehm ist mir diese Behauptung, da mir in lebhafter Erinnerung blieb, wie der Art-Director meines ersten Arbeitgebers ausflippte, wenn jemand die Zielgruppe für ein Produkt oder einen Dienstleistung mit „alle" beschrieb. Aber ob ich vom Verkaufsgegenstand oder der Methode spreche, ist eben nicht dasselbe. Wie wir nun wissen, ist Storytelling eine Metapher zur Beschreibung neurologischer Informationsverarbeitung. Und weil dabei immer und in jeder Situation Elemente des Geschichtenerzählens beteiligt sind, ist Storytelling tatsächlich überall einsetzbar.

▶ **AUSFLUG**

Versuchen Sie eine Situation der Informationsvermittlung zu konstruieren, bei der Storytelling keine Rolle spielt. Geht es beim gefundenen Beispiel um Marketing und Beeinflussung menschlichen Wahlverhaltens? Und wenn ja, ist vielleicht doch eine kurze Geschichte darin verborgen?

❗ **WICHTIG**

Die Methode Storytelling ist deshalb so anwenderfreundlich, weil sie zur Grundausstattung jedes Menschen gehört und bei jedem Akt des Verführens und Beeinflussens automatisch zur Anwendung kommt.

„Pretty Woman" in der Geschäftskorrespondenz

„Würden Sie für unser internes Weiterbildungsprogramm auch einen Kurs in Geschäftskorrespondenz anbieten?" Als ich diese Anfrage erhielt, musste ich zunächst einmal leer schlucken. Denn schließlich habe ich mich nicht für das freie Unternehmertum entschieden, um Arbeiten zu erledigen, die mich an öde Schulstunden erinnern. Aber da dieser Kunde zu den Unternehmen gehört, die sich modernes und innovatives Marketing auf die Fahnen schreiben und dessen Grundregeln verinnerlicht haben, sagte ich zu, allerdings unter der Bedingung, dass ich den Kurstag nach meinen Vorstellungen gestalten darf und nicht als menschlicher Ersatz für PC-Rechtschreibeprogramme dienen muss. Storytelling statt Textbausteine schien mir ein interessanter Anwendungsbereich. Da er aber für mich ebenfalls neu war, wollte ich mindestens zwei Auflagen des Kurses durchführen, was mir ebenfalls zugestanden wurde, falls sich genügend Teilnehmer finden.

Im Folgenden die weibliche Form zu benutzen, drängt sich auf, weil am Kurstag unter den vierzehn Weiterbildungswilligen kein einziger Mann zu sichten war, obwohl ich bei der Ausschreibung das Wort „Sekretärin" vermied und ausdrücklich auf Textsorten hinwies, die vom vorwiegend männlichen Kader ebenfalls beherrscht werden sollten. Aber diese Geschlechterverteilung ist nicht nur ein Spiegel gängiger Stellenprofile, sondern auch der Erfahrung, dass Frauen dem Storytelling tendenziell mehr Sympathien entgegenbringen.

Die erste Geschichte, die in den obligaten Kursbewertungsfragebögen Spuren hinterließ und weitererzählt wurde, beweist einmal mehr, wie wichtig der Anfang einer Story ist. Statt der üblichen Vorstellungsrunde und peinlichen Erhebungen persönlicher Erwartungen stieg ich gleich mit der Frage ein, wer den Film „Pretty Woman" gesehen habe. Resultat: 100 Prozent, davon 85 Prozent Wiederholungstäterinnen. Storytelling ist eben auch anwenderfreundlich, weil es das bekannteste aller Instrumente ist. Selbst in der modernen pluralistischen, globalisierten und individuell atomisierten Gesellschaft findet sich immer eine Geschichte, die alle kennen, und sei es die Weihnachtsgeschichte.

▶ **AUSFLUG**

Sollten Sie ebenfalls zu den Glücklichen gehören, die Richard Gere und Julia Roberts in diesem Liebesfilm aus dem Jahre 1990 gesehen haben, dann ist nun Ihr Erinnerungsvermögen gefragt:
Was passiert in der allerersten Szene des Films? Und was in der allerletzten?

❗ **WICHTIG**

Um die Methode Storytelling einzuführen, empfiehlt es sich, an eine Geschichte anzuknüpfen, die bei der entsprechenden Zielgruppe einen sehr hohen Bekanntheitsgrad hat. Das muss nicht zwingend ein Blockbuster aus Hollywood sein, sondern kann auch zum Geschichtenschatz eines Unternehmens gehören.

Und? Welche Szene hat Ihnen Ihr Gedächtnis zusammengestellt? Wie sicher sind Sie, dass Ihnen die neuronalen Verbindungen das richtige Resultat geliefert haben? Ihr Schlussbild? Sahen Sie eine weiße Stretch-Limousine vorfahren, in der ein gut aussehender Mann aufrecht in der geöffneten Dachluke steht und einer Frau zuwinkt, die aus dem Fenster eines billigen Mietshauses schaut? Klettert der Milliardär Edward Lewis, alias Richard Gere, nach dem Anhalten übers Wagendach auf den Bürgersteig, in der einen Hand einen Regenschirm, in der anderen rote Rosen? Erinnerten Sie sich sogar daran, dass der Traummann unter Höhenangst leidet und sich überwinden muss, die Feuerleiter hochzuklettern? Ja, Julia Roberts als Vivian kommt ihm schließlich entgegen, Richard Gere nimmt den Rosenstrauß aus seinem Mund, umarmt seine Vivian und sagt: „Und was passiert, nachdem der Prinz die Prinzessin aus dem Turm gerettet hat?" Vivian: „Die Prinzessin rettet daraufhin sein Leben."

Und die Anfangsszene? Setzt Ihre Erinnerung bei Richard Geres ruppiger Fahrt im Lotus Esprit seines Anwalts ein? Oder schon bei der vorangegangenen Party, die er vorzeitig verlässt? Vielleicht beeindruckte Sie aber auch der Mord an einer Prostituierten so stark, dass Sie den Filmbeginn gleich im Rotlichtmilieu ansetzen, wo Edward Lewis auf dem Weg nach Beverly Hills unfreiwillig landet, stehen bleibt, den ersten Gang nicht mehr reinkriegt und so zum ersten Mal Vivian sieht, die sein Anhalten als Anmache auffasst. Eine Kursteilnehmerin war der festen Überzeugung, der Film setze in der Wohnung von Vivian und ihrer Freundin ein, eine andere hingegen vermutete, es sei die Szene mit dem Revierkampf der Prostituierten. Mehrheitlich wurde jedoch die Party und die folgende Irrfahrt von Richard Gere als Prolog genannt.

Als ich dann mit einer Mischung aus Schadenfreude und Genugtuung sagte: „Alles falsch!" und die tatsächlichen Anfangs- und Schlussszenen schilderte, bestanden einige der Frauen noch immer auf ihrer Version. Da solche Ausblendungen der Wirklichkeit oder das Zurechtbasteln einer eigenen Fassung für Bedeutung und Anwendung von Storytelling wichtig sind, verrate ich Ihnen gerne, wie „Pretty Woman" beginnt und aufhört.

Erste Szene: Großaufnahme von vier Händen. Ein Mann führt zwei Frauen Zaubertricks mit Münzen vor und spricht im Off-Ton: „Ladys, egal was ich euch sage. Es geht immer nur um Geld. — Stellen Sie sich vor, Sie sind Kreditsachbearbeiterin." Und er fährt fort, während er Münzen verschwinden lässt: Eins, zwei, drei … sehen Sie … Sie haben alles, und ich habe nichts. — Sie haben alle vier Münzen." Etwas später hat der Anwalt von Edward Lewis, alias Richard Gere, seinen ersten unsympathischen Auftritt mit der Bemerkung, was denn wohl der Rest einer Frau kosten würde, wenn man ihr einen Penny aus dem Ohr ziehen könne. Dann kommt Richard Gere ins Bild, als er mit seiner Frau telefoniert, die ihm am Schluss des Gesprächs sagt, dass sie aus dem gemeinsamen Haus ausziehe. Das erste zufällige Aufeinandertreffen von Richard Gere und Julia Roberts sehen wir erst nach zwölf Minuten.

Letzte Szene: Schön, die Prinzessin hat ihren Märchenprinzen gefunden und ihm versprochen, sein Leben zu retten. Doch das ist nicht der Schluss der Films. Denn danach fährt die Kamera zurück und wir sehen den gleichen unbekannten Mann wieder über die Straße gehen, der bereits zu Beginn des Films einen kurzen Auftritt bekam. Und aus dem Off hören wir: „Willkommen in Hollywood! Wovon träumen wir? Irgendwann kommt jeder hierher. Das ist Hollywood, das Land der Träume. Manche Träume erfüllen sich — und andere nicht. Also hört nicht auf zu träumen!"

Da ich den Teilnehmerinnen des Geschäftskorrespondenzkurses diese Szenen vorführe, müssen sie sich wohl oder übel mit der Erkenntnis abfinden, dass sie sich ihrerseits ihre eigenen Versionen von Geschichten zusammengestellt hatten. Ob aus Enttäuschung darüber oder aus echtem Interesse kommt danach sicher die Frage, was denn „Pretty Woman" mit Korrespondenz zu tun habe. Jemandem mitzuteilen, er müsse sich eine halbe Stunde vor dem vereinbarten Termin bereits im Büro 203 einfinden, sei weder eine Liebesgeschichte noch ein erzählenswertes Abenteuer. Nein, davon handeln solche Briefe in der Regel nicht. Aber Geschichten sind sie trotzdem. Daher folgen auch sie einer Struktur, haben Anfang, Mittelteil und Schluss, docken gewollt oder ungewollt an andere Geschichten an, möchten einen passenden Titel und stimmiges Personal, handeln von Problemen und ihren Lösungen, spielen sich vor einer Kulisse ab und lassen sich gezielt ausschmücken. Daher sprechen wir über diese Elemente, suchen sie in „Pretty Woman" auf und ersetzen sie, forschen nach Ersterlebnissen vergleichbarer Situationen, schreiben nützliche Stichworte auf und konzipieren eine erste Rohfassung, kämpfen um Formulierungen und reduzieren, wo immer es geht.

Dieser für einen Korrespondenzkurs ungewohnte Eifer kommt vielleicht auch daher, dass die Teilnehmerinnen plötzlich begreifen, worum es im Marketing geht und dass sie diese Geheimwissenschaft ja schon lange ausüben, ohne davon gewusst zu haben. Sie betrieben Marketing und erzählten Geschichten, als sie in ihrer Kindheit ihr Spielzeug gegen das einer Freundin tauschen wollten, als sie bei den Eltern ihr Urlaubsziel durchsetzten oder es später schafften, dass ihr Mann keinen Porsche, sondern einen Familien-Van kaufte.

Sie können von der Metapher „Pretty Woman" ableiten, dass sich das Verkaufen einer Dienstleistung nicht einfach an eine Marketingabteilung delegieren lässt, sondern nur im Zusammenspiel vieler Personen und Handlungen funktioniert. Und sie kommen ganz von selbst darauf, dass etwas so scheinbar Banales wie ein Brief bei seinem Empfänger immer etwas auslöst, ob das nun bewusst geschieht oder nicht. Und selbstverständlich wissen sie sehr wohl, dass ein Brief viel weniger kostet als eine Broschüre, ein Inserat oder ein Werbefilm. Und wenn sie sich daran erinnern, welche erhaltenen Briefe bei ihnen für Aufmerksamkeit sorgten, dann tauchen fast nur negative Beispiele auf. Jedoch erstaunte es mich wenig, dass jede Frau von einem Brief berichten konnte, der deshalb so außergewöhnlich war, weil er eine Geschichte erzählte. Und die meisten konnten sogar den Absender nennen. Storytelling macht Mitarbeitende zu Marketingspezialisten.

Von den drei Briefen, die mir jede Kursteilnehmerin eine Woche vorher zukommen ließ, wählte ich fünf als Übungsmaterial aus. An ihnen wurde erprobt, was nach einer Stunde „Theorie" künftig umgesetzt werden sollte.

Beim Beispiel mit dem vereinbarten Termin und dem Büro 203 begannen wir mit der Beschreibung des Publikums, nachdem wir beschlossen hatten, das Wort „Zielgruppe" aus unserem Vokabular zu streichen. Auf der ausgeteilten Liste mit Adjektiven aus der klassischen Markt- und Meinungsforschung fanden die Frauen ihre eigenen Ordnungsmuster nur teilweise, so dass der Vorschlag einer Kollegin angenommen wurde, doch an das gleiche Publikum zu denken, das auch „Pretty Woman" mag. Selbst für mich war das eine erstaunliche Beschreibung, schrammt sie doch haarscharf am Unwort „alle" vorbei. Doch der Einwand, an Kulturpäpste und Ewiggestrige wollten sie sich nicht anpassen und viele Fremdwörter würden selbst die Ärzte nicht verstehen, wog schwer und definierte eine Gruppe, die durch ihren Ausschluss die Gesamtmenge „alle" verhinderte.

Der nächste Begriff, der an diesem Kurstag seinen Abschied feiern musste, war der ehemals berühmte „Betreff". Ihn ersetzten wir durch den Titelvorschlag für die erzählte Geschichte. Da ich mir vor dem Kurs bei den Marketingverantwortlichen des Unternehmens die Erlaubnis eingeholt hatte, die Betreffzeile radikal ändern zu dürfen, fielen Vorschläge wie „Ihr Termin am 8. Januar um 08.30 Uhr" sofort unter die Zensur. Von solchen Floskelfesseln befreit, kamen schnell so viele Ideen zusammen, dass genügend Material vorlag, um Qualitätsmerkmale einer guten Headline herauszuarbeiten. Ihre Zusatzinvestition: 30 Minuten.

Im Detail wurden dann diskutiert: Nummern gibt es bei uns nur bei der Bürobeschriftung. — Sie möchten etwas von uns, und wir von Ihnen. — Eine halbe Stunde zusätzlich für Ihre Gesundheit. — Sie geben uns 30 Minuten und wir unsere Zeit. — Worüber man vorher spricht, muss man später nicht streiten. Den Vorschlag „Wer zu spät kommt, den bestraft das Leben" fanden zwar alle ziemlich unpassend für ein Krankenhaus, er führte aber außer zu einer Auflockerung des Kurses zur Frage, ob man sich mit fremden Federn schmücken und Zitate verwenden darf. Ob Arbeitstitel oder definitive Fassung, gute Überschriften sind Kurzgeschichten. Sie geben daher dem eigentlichen Brieftext bereits eine gedankliche Struktur.

Da es in diesem Buch in erster Linie um einen Propaganda-Feldzug für Storytelling und nicht um die detailgetreue Wiedergabe eines Korrespondenzkurses geht, muss der Leser dessen Fortsetzung selbst spinnen. Aufgrund des bisher Vernommenen darf er annehmen, dass beim Element Held nicht nur über Personen gesprochen wurde und Folgefragen nach den Widersachern und den Helfern nicht ausblieben. Es wird ihn zudem kaum überraschen, dass wir über eine Stunde lang Varianten der Grußformel „Mit freundlichen Grüßen" diskutierten. Denn wer dieses Brief-Element ebenfalls als Kurzgeschichte betrachtet, kommt wie von selbst auf originellere und persönlichere Verabschiedungen.

▶ **AUSFLUG**

Machen Sie es sich zum Hobby, Briefe von Unternehmen nach der Qualität der erzählten Geschichte zu bewerten. Oder beginnen Sie ohne große Ankündigung Ihre eigene Weiterbildung in Storytelling beim Formulieren Ihrer Geschäftskorrespondenz. Noch fallen Sie damit bestimmt auf.

❗ **WICHTIG**

Weil Storytelling das Marketinginstrument mit der größten Anwenderfreundlichkeit ist, kann seine Wirksamkeit überall dort erprobt werden, wo Informationspakete geschnürt werden, vor allem wenn man eine Bottom-up-Strategie für erfolgreicher hält als von oben verordnete Verhaltensänderungen.

Das Unbewusste lügt nicht

Geschichten verführen. Und da die Angst vor dem Verführtwerden tief sitzt und eine moralische Komponente hat, überlässt man dieses Geschäft gerne anderen. Dieses Delegieren ist sicher einer der Gründe, weshalb die Werbebranche in der Öffentlichkeit einen schlechten Ruf hat, obwohl Berufe in Marketing und Werbung bei vielen Jungen als cool gelten. In den alljährlich erhobenen Studien zum Berufsimage müssen Werbegestalter regelmäßig mit Plätzen in den untersten Regionen vorliebnehmen, und als ob das nicht schon genug wäre, sind ihre Nachbarn im Ranking Fußballspieler, Gewerkschaftsführer, Autoverkäufer und Politiker. Doch wie das Beispiel des Pfarrerberufs zeigt, ist es nicht unmöglich, mit guten Geschichten ganz nach oben zu kommen, denn Seelsorger belegen hinter Ärzten den zweiten Platz, den die Österreichische Apothekenkammer allerdings für ihre Mitglieder reklamiert.

Wie auch immer solche Statistiken erhoben und gedeutet werden, fest steht, dass sie gegen die Abwehr von Storytelling beitragen. Das Prädikat „anwenderfreundlich" verdient Storytelling aber gerade deshalb, weil es die Kunst des Geschichtenerzählens wieder aus den Klauen derer befreit, die sich an ihrem schlechten Ruf mitschuldig machten — nicht nur was moralisch-ethische, sondern auch was ökonomische Aspekte betrifft. Es ist längst kein Geheimnis mehr, dass mit Awards ausgezeichnete Werbespots auch denen einen Gewinn bringen, die sie in Auftrag geben und bezahlen. Würden die Jurymitglieder von Cannes und anderen Austragungsorten solcher Wettbewerbe streng nach den Regeln für Storytelling bewerten, kämen viele Beiträge nicht mehr in die Ränge.

Beispiel gefällig? Zwei Studenten aus Stuttgart, die eine Diplomarbeit über Werbespots verfasst haben, baten mich darum, ihre drei Lieblings- und Referenzbeispiele durch die Brille eines Storytellers zu beurteilen. Ihr klarer Favorit, der Spot eines weltweit tätigen Sportartikelunternehmens, gefiel so vielen Experten, dass die Liste der gewonnenen Preise in der Branche für Neid und Aufruhr sorgte. Vielleicht erinnern Sie sich an den Film, der kurz zusammengefasst etwa so ablief:

Zwei spanisch sprechende Kinder, José und Pedro, stellen auf einem staubigen Hinterhofplatz in einem Vorstadtquartier ihre Fußballmannschaften zusammen. Statt Kinder aus ihrer Schule oder aus der Nachbarschaft wählen sie internationale Spitzenspieler aus Gegenwart und Vergangenheit aus. Aus ihrer Traumvorstellung wird Realität, als bei jedem aufgerufenen Namen auch tatsächlich der Star auf dem Platz erscheint. Das größte Spiel ihres Lebens beginnt. Am Schluss des Zwei-Minuten-Spots sieht man, wie José von seiner Mutter zum Essen gerufen wird. Er nimmt mit einem etwas gequälten Lächeln dem Torwart Oliver Kahn das runde Leder aus den Händen und verschwindet mit dem Ball aus dem Bild.

Als ich den beiden Studenten mitteilte, dass ich den aufwendig gemachten Spot nicht so doll finde, konnten sie es kaum fassen. Aber als ich sie bat, den Schluss nochmals genau zu betrachten und sich an ihre eigene Kindheit zu erinnern, kamen genau die negativen Gefühle von damals wieder hoch. Das Unbewusste hatte nicht vergessen, wie beschämend es ist, wegen etwas so Banalem wie Nahrungsaufnahme aus dem Spiel mit seinen Freunden gerissen zu werden.

Es ist anwenderfreundlich, den Schluss einer Geschichte mit der einfachen Frage überprüfen zu können, an welche Kindheits- oder Ersterlebnisse die Szene erinnert. Die gefundenen Antworten sind wesentlich wichtiger und aussagekräftiger als die Resultate klassischer Befragungsmethoden. Denn diese waren in unserem Beispiel ausgezeichnet. Aber als ich der Sache genauer nachging, war die Fehlerquelle schnell eruiert. Im Auswertungsbericht war zwar zu lesen, dass alle Ziele der Kampagne übertroffen wurden, ohne jedoch zwischen den zahlreichen Marketingmaßnahmen und der eigentlichen Wirkung des Spots zu differenzieren.

Doch das Unbewusste lügt nicht, wie Professor Christian E. Elger sagt, wenn er die neuronale Verarbeitung von Werbegeschichten im Kernspintomografen untersucht. Um der Political Correctness gerecht zu werden, mögen Testpersonen die Alltagsmodels der Dove-Kampagne zwar ebenso schön finden wie von Visagisten und Fotografen aufgepeppte Frauen. Aber müssen sie im Hirnscanner zu solchen Vergleichen Stellung beziehen, kommt ein anderes Resultat heraus. Das heißt wiederum nicht, dass die gezeigte Geschichte an sich schlecht ist. Aber es ist sicher kein Beweis dafür, dass wir die Grundregeln eines guten Drehbuches ohne negative Folgen vernachlässigen dürfen.

Baupläne im Verkehrshaus

Wenn Produkte als anwenderfreundlich bezeichnet werden, deren mehrsprachige Gebrauchsanweisungen den Umfang von Tolstois „Krieg und Frieden" erreichen, ist eine kurze Begriffserklärung wohl angesagt. Ich meine, dass wir dann von „Anwenderfreundlichkeit" sprechen können, wenn den bewusst arbeitenden Gehirnarealen ebenso Rechnung getragen wird wie denen, auf die unsere Vernunft keinen Zugriff hat. Oder anders gesagt: Ein anwenderfreundliches System schwingt zwischen einfacher und intuitiver Bedienbarkeit.

Wie wir gesehen haben, basieren traditionelle Marketinginstrumente auf einem Ursache-Wirkung-Modell, das dynamischen Systemen, wie es der Mensch in seinem sozialen Umfeld eines ist, nicht gerecht wird. Ihre Anwendbarkeit ist nur scheinbar leicht, wie die konkrete Praxis immer wieder beweist, jedoch ist der Wunsch nach einfachen Rezepten so stark, dass mechanistische Modelle wohl immer eine Vorzugsstellung genießen werden.

Um sie zu rechtfertigen, werden naturwissenschaftliche Erkenntnisse so stark banalisiert und zurechtgebogen, bis sie als Belege taugen. Wozu das führt, kennen wir aus der Ratgeberliteratur, die vor allem beim Thema Liebe seltsame Blüten treibt und ein Verständnis der Gene in die Welt hinausträgt, das mit Wissenschaft oft nicht einmal mehr am Rande zu tun hat, sondern lediglich dazu führt, Verhaltensmuster zu festigen, das menschliche Bedürfnis nach Sicherheit zu befriedigen und das Leben rückwärts zu erklären.

Aber selbst wenn sich solche populärwissenschaftlichen Bücher millionenfach verkaufen, erhöht dies ihren Wahrheitsgehalt nicht. Es gibt weder ein Gen für schlechtes Einparken noch eines für räumliches Orientierungsvermögen. Und sollten unsere Gene tatsächlich zu 98 Prozent mit denen von Affen übereinstimmen, wofür es keinerlei wissenschaftliche Beweise gibt, hieße das noch lange nicht, nur häufige Zoobesucher seien als Marketingfachleute geeignet. Um dieses Buch lesen zu können, benötigen Sie zwar ein gewisses Erbgut. Aber wie Sie es lesen, wahrnehmen, interpretieren und umsetzen, hängt von neuronalen Vorgängen ab, die nicht von den Genen gesteuert werden.

Es gibt kein Gen, das einen Chinesen daran hindern würde, ein „R" zu rollen. Er hat dieses Muster einfach nicht gelernt, solange das Zeitfenster dazu offen stand. Gene brauchen jemanden, der sie aktiviert, sonst verharren sie in Passivität. Sie können „antworten", wenn sie von Proteinen „gefragt" werden. Nur ein kleiner Teil der über 25.000 Gene in jeder menschlichen Zelle ist aktiv. Gene sind keine Architekten, sondern Baupläne, die je nach Situation zur Anwendung kommen — oder eben nicht.

Bei Storytelling verhält es sich ähnlich. Mit dieser Methode werden Baupläne geliefert, die in groben Zügen vorgeben, was möglich ist und in einem bestimmten Umfeld die beste Lösung sein könnte. Wer genau den Befehl zur Aktivierung gegeben hat und warum die Ausführung so und nicht anders erfolgte, lässt sich später meist nicht mehr eruieren. Das ist dem Gesamtsystem zwar egal, könnte jedoch zu den Gründen gehören, warum Storytelling bei Marketingverantwortlichen noch nicht die Wertschätzung hat, die ihm zusteht.

An die Anwenderfreundlichkeit und Wirksamkeit von Storytelling glaubte 2005 ein Ausstellungsmacher beim Verkehrshaus Luzern, der zur Projektgruppe gehörte, die diese schweizerische Institution fürs Jubiläumsjahr 2009 fit machen sollte. Und da man zum 50-jährigen Bestehen mehr wollte als nur ein Infrastrukturprogramm zur Steigerung der Attraktivität, sah das Budget außer baulichen Veränderungen auch eine multifunktionale Arena für Sonderausstellungen sowie eine neue Halle für die Themenwelt „Straßenverkehr" vor.

Der Auftrag an mich als Storyteller war einfach und knapp gehalten: Schlüsselsätze und übergeordnete Botschaften formulieren — Stärken und Schwächen des Konzepts benennen — Bildwelten als Assoziationsfelder konkretisieren.

Aufgrund der Gespräche gingen wir bei der Suche nach einer möglichen Geschichte von folgenden Voraussetzungen aus:

- Einstellungswandel: Nur noch seiende oder potenzielle Großväter, sprich Besucher ab 45 Jahren aufwärts, erlebten den Aufbruch in die Mobilität und ihre Vehikel als ergreifendes Faszinosum technischer Möglichkeiten. Jüngere Jahrgänge haben ein nüchterneres Verhältnis zum Verkehr.
- Zielgruppen: Kinder mit Lehrern, Eltern, Großeltern, Patenonkel und -tanten sowie Organisationen und Unternehmen, die ihre Veranstaltungen in den neu

geplanten Event-Räumlichkeiten durchführen möchten und keine Abneigung gegen die Verkehrsthematik haben.

- Bildungsauftrag: Als pädagogische Außenstationen getarnte Museen stoßen eher auf Abneigung als auf Sympathie. Verführung durch Geschichten ist besser als Hinführung zu Wissen.
- Übersättigung: Die Fun- und Eventkultur ohne erkennbare Sinnvermittlung neigt sich ihrem Ende entgegen. Ohne außergewöhnliche Ideen und Budget geht man in dieser Kultur unter.
- Marketing: Tun, was zum Pflichtteil gehört, und erzählen, was an starke Geschichten andockt.

Nach sinnvollen Ordnungsmustern zu suchen, drängt sich beim Thema Straßenverkehr ohnehin auf, da es eine ganze Welt umfasst, durch die Besucher geleitet werden wollen. In den verabschiedeten Empfehlungen des Vorprojekts stand daher: „Geschichten: Storytelling ist keine neue Mode, die Infotainment, Infomotion oder Infoventure ersetzen soll. Storytelling ist lediglich die konsequente Berücksichtigung des Umstands, dass Menschen Informationen als Geschichten wahrnehmen, strukturieren und in Erinnerung behalten. Da die Elemente einer starken Geschichte bekannt sind, lassen sie sich als Richtlinien für Konzepte auch formulieren und weitergeben."

Zum Ordnungsmuster „Helden" hieß es: „Jeder Wahrnehmungsprozess spielt sich zwischen den beiden Fragen „Wer bin ich?" und „Wer ist der/das andere?" ab. Da es von untergeordneter Bedeutung ist, ob das Objekt der Außenwelt belebt oder unbelebt ist, gilt diese Regel auch für Ausstellungen. Mit der Auswahl und Präsentation der „Helden" lassen sich Geschichten strukturieren und Wahrnehmungsprozesse steuern." Das Denken in eine gemeinsame Bahn zu lenken, sollte das dritte verbindliche Suchkriterium „Sinn" folgendermaßen bewirken: „Als Anpassungsfaktor zweier Geschichten definiert, ist dem Sinn hohes Gewicht beizumessen. Das heißt für Ausstellungskonzepte des Verkehrshauses, dass die Auswahl und Präsentation der Objekte auf verschiedene Helden und Geschichten unterschiedlicher Besuchergenerationen anzupassen ist. Dabei steht die Frage im Vordergrund, was und wer in den Erinnerungen von Kindern, Jugendlichen, Lehrern, Familienvätern und Großeltern stark verankert ist." Zum vierten und letzten Kriterium, dem Spiel, hieß es: „Im Spannungsfeld zwischen Zufall und Notwendigkeit steht das Spiel. Einfache Veranschaulichungen technischer Lösungsstrategien stoßen daher auf großes Interesse. Die Sichtweise, dass viele Schlüsseltechnologien des 20. Jahrhunderts Produkte der menschlichen Suche nach Überwindung von Raum und Zeit sind, verbindet Mobilität mit Spiel und Alltag."

Verschiedene Merksätze, die sich aus den Diskussionen, Kriterien und Grundregeln guter Geschichten ergaben, verdichteten das Wesentliche nochmals und machten es besser vermittelbar, transportfähig. Sie heißen:

- „The power of steering": Individualverkehr als Differenzierungsmerkmal zu allen Verkehrsträgern. Selbst Pilot sein als Qualität und übergeordneter Leitgedanke.
- Straßenverkehrs-Haus: Das Ausland produziert Fahrzeuge — das Verkehrshaus deren Geschichte.
- System Straße: Die Straße ist mehr als ein Verkehrsweg. Sie hat weitergehende Bezüge, auch „offroad". Daher beginnt die Geschichte der neuen Ausstellungs- halle bereits bei den Zufahrten zum Verkehrshaus, bei den Straßenschildern, beim Parkplatz, bei der Arena.
- Kernkompetenz Verkehrshaus: Zwei Qualitäten stützen den Besuchererfolg: ein Stück eigener Kindheit wieder zu erleben und unterhaltsame Ordnungsan- gebote. (Nur wer seine Vergangenheit kennt, kann sich im Heute orientieren, um die Zukunft zu gestalten.) Zwei Qualitäten führen das Verkehrshaus an die Spitze: die bessere Sammlung und die besseren Geschichten.
- Alles, was uns bewegt: breites Themenverständnis — Kulturraum Straße. Vom Schuh bis zum Raketenauto.
- Infoventure: die Gratwanderung zwischen Museum und Themenpark als Kern- kompetenz des Verkehrshauses. Nach Infotainment und Infomotion folgt In- foventure. Menschen, Geschichten, Erlebnisse. Haptische und audiovisuelle Erfahrungen als Mehrwert für Besucher.
- Spaß am intelligenten Umgang mit Technik: mit der Technik- und Mobilitäts- geschichte der Schweiz zur erfolgreichsten musealen Besucherattraktion. Technik als Lösungsstrategie, Ausstellung als Orientierungshilfe, Mobilität als Schlüsseltechnologie des 20. und 21. Jahrhunderts.
- Event zieht — Inhalt bindet: „The first cut and the last cut" sind die entschei- denden Erinnerungsfaktoren.

Storytelling ist anwenderfreundlich, lautet die These dieses Kapitels. Darunter ver- stehe ich einfache und intuitive Bedienbarkeit. Das wiederum — und dieser Vorteil kann nicht genug betont werden — befreit Auftraggeber vom dauerhaften Be- gleitservice durch Berater, denn sind Grundgedanke, Regeln und Kerngeschichte einmal gesetzt, ergibt sich vieles wie von selbst. Der externe Storyteller kann die Bühne wieder verlassen, wenn ein interner Regisseur die Verantwortung für die In- szenierung übernommen hat. Zwar wird er oft noch als Sparringspartner und Kont- rolleur angegangen oder punktuell hinzugezogen — aber unbedingt notwendig ist dies nicht. Anwenderfreundlichkeit heißt eben auch möglichst große Autonomie.

▶ **AUSFLUG**

Sollten Sie von der Projektgruppe des Verkehrshauses Luzern den Auftrag erhalten, die Fassade der neuen Halle für Straßenverkehr zu gestalten, welche Idee käme Ihnen aufgrund der Voraussetzungen in den Sinn?

! **WICHTIG**

Zu den Kriterien für eine anwenderfreundliche Methode gehört die Möglichkeit, auf den eigenen Erfahrungsschatz zurückzugreifen oder prägende Geschichten der Hauptzielgruppen leicht finden und abrufen zu können.

Nachdem mein Auftrag beim Verkehrshaus Luzern erfüllt war und die Projektverantwortlichen sich für Storytelling als gangbaren Weg zum Ziel entschieden hatten, war ich bis kurz vor der Eröffnung der neuen Hallen und Infrastrukturen nicht mehr vor Ort. Umso größer war meine Überraschung, als ich anlässlich eines Referats die gefundene Lösung sah.

So oft sich das Projekt in diesen vier Jahren auch verändert hatte, die Idee, mit einer Geschichte an Kindheits- und Ersterlebnisse der Besucher anzuknüpfen, ging offenbar nicht mehr verloren. Wer künftig über den großen Platz und in die Richtung der neuen Halle blickt, wird emotional berührt. Das heißt auch, dass ihm die Konfrontation mit einem drei Stockwerke hohen Parkhaus erspart bleibt.

Zwischenfrage: Was haben Sie im Alter zwischen fünf und sieben Jahren bei Familienausflügen im Auto gemacht, um sich die Zeit zu vertreiben? Und was noch? Versuchten Sie nicht, die Buchstabenfolgen auf den vielen Schildern zu entziffern, die links und rechts an den Fenstern vorbeisausten? Gab es zwischen Ihren Eltern nie Streit, weil die Abzweigung oder die Ausfahrt zur Raststätte verpasst wurde? Oder kam jemand Ihrer Familie ebenfalls auf die Idee, Ortsnamen rückwärts zu lesen? Haben Sie keine schlechte Stimmung in Erinnerung, weil kurz vor dem Ziel noch eine Umleitung in Kauf genommen werden musste? Autobahn oder Nebenstraße? Jetzt schon über die Grenze oder erst später? Ist das schon ein französischer oder noch immer ein deutscher Name? Die Sackgasse war doch ausgeschildert oder nicht? Lässt sich eine Route noch blöder ausschildern oder ist das ein Trick des örtlichen Tourismusbüros? Wieso ist „Uscita" auf unserer Karte nicht eingezeichnet? Wie hoch ist unser Camper noch mal?

An all diese Geschichten knüpft nun die Fassade der neuen Halle im Verkehrshaus Luzern an. Etwa 300 Schilder, große und kleine, bekannte und exotische, quadratische und eckige, mit und ohne Pfeile oder Piktogramme, tragen nun die Botschaft „Das bewegte (m)ich" über den großen Platz. Oder wie es ursprünglich hieß: „Alles, was uns bewegt." Storytelling hinterlässt so tiefe Spuren, dass diese früher oder später zum Ziel führen. Wer sie legte, ist von der Sache her ebenso irrelevant wie eventuelle Fehltritte unterwegs. Wenn der Beginn stimmt, ist die Wahrscheinlichkeit groß, dass die Geschichte ein gutes Ende hat.

Schauspieler als Diener

Der Erfolg von Apple-Produkten hat viele Väter. Einer von ihnen trägt den Namen „Einfachheit". Denn zu unseren Kindheitserinnerungen gehört auch die Erfahrung, dass lange Erklärungen mit der Möglichkeit des Scheiterns verbunden sind. Wenn ich bei einem Softwareprogramm nur zwei Prozent aller Optionen benutze, dann möchte ich mein Pflichtprogramm möglichst ohne Fremdhilfe erlernen können, zum Beispiel indem mich die verwendeten Begriffe und Icons an meine bisherigen Gewohnheiten erinnern. Anwenderfeindliche Modelle tragen wesentlich dazu bei, dass beim Dienstleistungsmarketing so vieles schief läuft.

Die Landkarten der Servicewüsten wurden in den letzten Jahren so oft und detailliert gezeichnet, dass ich sie als bekannt voraussetzen darf. Interessanter ist die Frage, wie sich ihre weitere Ausbreitung verhindern lässt oder wie Teilgebiete als Oasen zurückerobert werden können. Denn immerhin steht und fällt der Erfolg einer Volkswirtschaft mit den Erfolgen im Dienstleistungssektor. Wir können es uns daher gar nicht erlauben, auf den Einsatz eines so anwenderfreundlichen Instrumentes wie Storytelling zu verzichten. Mit einem Beispiel aus der Gastronomiebranche möchte ich im Folgenden zeigen, dass Anwenderfreundlichkeit auch bedeutet, weitgehend auf das Erteilen von Lektionen mit moralischen Inhalten zu verzichten.

Wir erinnern uns, dass die primäre Funktion von Sprache nicht darin besteht, Verhaltensänderungen durch Einsicht zu bewirken, vor allem, wenn man nicht über eine große Deutungsmacht verfügt, was bei kleineren und mittleren Betrieben wohl kaum je der Fall sein wird. Dienen ist unpopulär, und zwar nicht erst seit gestern oder vorgestern. Angestellte können sich dem Chef und dem Frieden zuliebe zwar zum Dienen bekennen, aber das heißt noch lange nicht, dadurch würden sich eingeschliffene Verhaltensmuster ändern. Weder Kinder noch Pubertierende finden Dienen besonders cool.

Was wir aber schon als Kinder liebten, sind Rollenspiele. Und das, obwohl sie zu einem biologischen Programm gehören, das alles andere als freiwillig ist. Wieso also nicht an dieses Programm anknüpfen, wenn es während der prägenden Zeitfenster Spaß machte? Ist das nicht anwenderfreundlicher als Umerziehungsmaßnahmen, die ohnehin wenig fruchten oder nur so lange funktionieren, wie versprochenen Belohnungen ausgeschüttet werden? Ich will Storytelling nicht idealisieren. Jedes Drehbuch sieht Szenen vor, in die sich ein Schauspieler schicken muss, Szenen, die Überwindung brauchen und eigenen Vorstellungen zuwiderlaufen können. Aber Faktum ist, dass alle Menschen gerne Geschichten erzählen und auch verinnerlicht haben, was eine Inszenierung ist.

▶ | **AUSFLUG**

Suchen Sie in Ihrem Erinnerungsschatz nach der Inszenierung, die am meisten mit der Rolle eines Dieners zu tun hatte und die Ihnen trotzdem Spaß machte. Können Sie rekonstruieren, was damals den Ausschlag gab, dass Sie beim Spielen dieser Rolle nicht das Gefühl hatten, sie sei Ihrer Persönlichkeit unwürdig? Gibt es dienende Rollen, die Sie auch als Erwachsene noch immer gerne übernehmen? Warum ist das so?

❗ | **WICHTIG**

Wie ich ein Verhaltensmuster nenne und auf welcher Bühne ich es beschreibe, hat einen Einfluss auf seine emotionale Markierung. Daher kann Storytelling auch die sogenannte intrinsische Motivation, also das Handeln von innen heraus, fördern.

Glaubt man den betriebswirtschaftlich geschulten Beratern, so haben es kleinere Hotels im Familienbesitz besonders schwer, im harten Geschäft der globalisierten Tourismusbranche zu überleben. Betrachten wir aber gezielt Unternehmen, die trotz dieser düsteren Einschätzung schwarze Zahlen schreiben und ein stetiges Wachstum vorweisen, dann treffen wir unweigerlich auf Elemente von Storytelling. Ob dabei das gleiche Vokabular wie in diesem Buch verwendet wird, ist nicht von Bedeutung. Auch dieser Vorteil gehört in das Kapitel Anwenderfreundlichkeit. Aber wenn die Mitarbeitenden einen gemeinsamen Wortschatz haben und einige verbindliche Grundregeln befolgen müssen, ist die Wirkung stärker und schneller.

Da sich Geschichten je nach Publikum und Ort ihrer Aufführung verändern, gibt es keine Beispielvorlage, die sich übernehmen lässt. Ich stelle daher im Folgenden die Storytelling-Arbeit mit einem Hotel vor, das zwar fiktiv, aber aus realen Einzelelementen zusammengesetzt ist.

Drehortbesichtigung

Zu Beginn jeder gemeinsamen Arbeit an einem Drehbuch für Storytelling steht selbstverständlich der Besuch des Schauplatzes und des Produzenten, sprich Auftraggebers. Dank Internet ist die Vorbereitung heute wesentlich einfacher. Zudem komme ich bereits mit einer Geschichte zum Kunden, die ich mit seiner Version vergleichen kann.

Wenn ich etwa sehe, dass sich der Produzent verzweifelt bemüht, einen schlechten Standort zu beschönigen, ist das ein möglicher Einstieg in die Diskussion, denn Geschichten können zwar vieles, aber nicht alles. Zweite Reihe bleibt zweite Reihe, und wenn ein Hotel unter der Anflugschneise des nahegelegenen Flughafens in einem hässlichen Vorort liegt, dann streiche ich die Szene von der traumhaften Lage lieber radikal zusammen und nutze den Platz für Attraktiveres. Ist die Geschichte einer Oase gut genug, nimmt das Publikum auch die Wüste in Kauf. Storytelling arbeitet mit Illusionen, aber nur mit solchen, an die wir glauben können und wollen.

Namen

Das traditionelle Marketing neigt dazu, Namen und deren visuelle Darstellungen zu überschätzen. Im Verbund mit dem häufigen Wechsel von Marketingverantwortlichen führt dies oft dazu, dass der Fokus gleich zu Beginn einer Konzeptentwicklung zu stark auf die Verpackung statt auf den Inhalt gerichtet ist. Daher hat ein Storyteller in seinem Gepäck eine Liste mit Beispielen von Unternehmen, die trotz schlechter oder durchschnittlicher Namen und Logos erfolgreich sind, wobei auf dieser Liste auch Geschichten von Stars , Bestsellern oder Produkten zu finden sind.

Ist die erzählte Geschichte gut genug, wird auch der Name aufgewertet. Das „Hotel zum schwarzen Pudel" braucht keinen neuen Namen, sondern eine passende Geschichte. Und würde bei Nestlé nicht die Philosophie vertreten, dass Marketing Chefsache ist, hätten sich schon unzählige Agenturen damit beschäftigt, das Logo mit dem Vogelnest durch etwas Branchenüblicheres, Moderneres, Lehrbuchmäßigeres zu ersetzen.

Kerngeschichte

Sind die Voraussetzungen und Glaubensbekenntnisse für den Einsatz von Storytelling geklärt und von allen Beteiligten akzeptiert, beginnt die Suche nach dem

Plot, also nach der Handlung, die sich in wenigen Zeilen zusammenfassen lässt. Dazu eignet sich die uralte Methode von Kreativitätstrainings „Was wäre, wenn …?": Woran denken Sie, wenn ihr Hotel ein Held wäre, ein Tier, ein Medium, ein Feind, ein Helfer, ein Fahrzeug? Fragen nach Elementen, die zum Grundinventar einer guten Geschichte zählen, gehören zum Pflichtprogramm. Ergänzt werden sie durch weitere Ordnungsmuster, von denen sich eine Auswahl im Anhang befindet.

Zielpublikum

Die Mühen, Drehbuchautoren davon zu überzeugen, weniger ans Publikum und mehr an ihr Stück zu denken, halten sich beim Storytelling-Ansatz in Grenzen, und vorhandene Widerstände lösen sich schnell auf, wenn ich mit einigen Beispielen an eigene Verhaltensmuster erinnere. Wird die Geschichte von Wellness und Gesundheit inszeniert, sitzen vielleicht die gleichen Zuschauer im Saal, die am nächsten Abend der Erzählung lauschen, wie sie sich auch auf einer Geschäftsreise am besten erholen können oder im Familienurlaub weniger Knatsch mit ihren Kindern haben.

Wie der Kompass ausgerichtet werden muss, um bei der Orientierung an Zielgruppen die Übersicht nicht zu verlieren, wird bei der Umsetzung der verabschiedeten Geschichte besprochen, allerdings immer davon ausgehend, dass Mitarbeitende in der Regel ein gutes Gefühl für die Unterschiede menschlicher Biografien haben. Und dort wo spezielles Wissen zu einer besseren Intuition führt, wird es über Erfahrungsberichte eingebracht. Wer schon einmal einen schweren Unfall überlebte oder im Entwicklungsdienst war, kann Eigenheiten besser vermitteln als Checklisten, Ratgeber und Konzeptstudien. Wenn im „Hotel zum schwarzen Pudel" vorwiegend die Geschichte von Seminaren und Einmalübernachtungen in Flughafennähe erzählt wird, tauchen auch die passenden Bilder vom Publikum vor dem geistigen Auge auf. Zudem gehört zur Anwenderfreundlichkeit von Storytelling ja die schöne Eigenschaft, dass Geschichten an ihren Rändern immer offen für weitere Andockstellen sind.

Klein-Hollywood

So wie einige Psychiater ihren Patienten geeignete DVDs mit Filmen nach Hause mitgeben, um die Gespräche zu fokussieren, wird auch beim Storytelling nach passenden Vorlagen gesucht, was beim Thema Hotel einfach ist. Denn „passend" heißt ja nicht „identisch", sondern beinhaltet lediglich ein Grundmodell, das als

Vorlage für das Zeichnen eigener Baupläne geeignet ist. Ob das nun „Hotel New Hampshire" von John Irving, „Menschen im Hotel" von Vicky Baum oder „Hotel Savoy" von Joseph Roth sein soll, entscheidet der Storyteller. Und sollte er nicht fündig werden, dann sucht er in seinem Geschichtenschatz nach einer Anthologie, in der weitere, auch nicht verfilmte Vorlagen sind. In meinem Fall ist das ein Buch von Lis Künzli, in dem Dutzende von Schriftstellern über ihre Erfahrungen in Hotels berichten.

Anwenderfreundlich ist ein Instrument, wenn es jeder in die Hand nehmen will, ohne sich um die Gebrauchsanweisung zu kümmern. Es erstaunt daher nicht, dass in dieser Entwicklungsphase des Marketingkonzepts alle Beteiligten Ideen einbringen, aus denen sich schließlich ein Drehbuchskript für das eigene Hotel schreiben lässt.

Rollenverteilung

Mitsprache ist bekanntlich nicht dasselbe wie Mitbestimmung. Da aber Verwechslungen noch immer an der Tagesordnung sind, stehen spätestens nach dem Vorliegen des Drehbuch-Entwurfs die Themen Aufgabenverteilung und Verantwortlichkeiten auf der Tagesordnung. Wer kann ein Lieblingsbuch oder einen Lieblingsfilm nennen, bei dem mehrere Regisseure beteiligt waren? Freunde flacher Hierarchien können eventuell den Titel eines Kriminalromans oder eines Autorenfilms aus den Sechzigerjahren nennen. Aber mehr ist in der Regel nicht drin. Von Kollektiven verfasste Drehbücher oder Theaterstücke schaute man sich damals nur an, um die Sympathie seiner Peergroup nicht zu verlieren. Ausnahmen von der Regel haben meist benennbare Gründe.

Storytelling geht von klaren Rollenverteilungen aus, was aus Sicht der Organisationspsychologen für seine Anwenderfreundlichkeit spricht. Was eine Rolle beinhaltet und wer mit seiner Erfahrung und seinem Können zu einer guten Inszenierung beiträgt, weiß jeder Kinobesucher, der am Ende des Films nicht gleich aus dem Saal hastet, sondern sitzen bleibt, die Musik bis zu Ende hört und sich auch den Abspann ansieht. Zudem suchen Mitarbeiter auf einer solchen Zusammenstellung intuitiv oder bewusst nach ihren eigenen Fertigkeiten und Spezialisierungen, zumal allen klar ist, dass sich kaum ein Unternehmen so viele Experten leisten kann oder will. Vielfach entschließt sich ein Unternehmen aufgrund seiner Erfahrungen mit Storytelling dazu, die Aufgaben- und Stellenprofile seiner Mitarbeitenden völlig neu zu formulieren. Es ist also kein Zufall, dass Storyteller immer häufiger von Personalabteilungen angeheuert werden.

Kindheit, Pubertät und Ersterlebnisse

Ein Storyteller hat selbstverständlich immer eine Brille auf, durch die er jede Idee und jedes Informationspaket auf ihre Anteile an starken Prägungen prüft. Dennoch lohnt es sich, bei der Erarbeitung des Drehbuches diesen Aspekt in einem eigenen Modul zu behandeln. Das verbessert die Wahrnehmung aller Beteiligten und generiert automatisch viele brauchbare Vorschläge für die spätere Umsetzung. Dass dieses Abtauchen in die frühen Jahre des eigenen Lebens Spaß macht, unterstreicht die Anwenderfreundlichkeit von Storytelling. Falls der Einwand fallen sollte, ein Hotel für Geschäftsreisende sei kein Ort für Familien mit kleinen Kindern, ist dies eine willkommene Gelegenheit, um an die prägenden Spuren früher Erlebnisse für das Erwachsenenverhalten zu erinnern. Zudem sind Analogieschlüsse noch immer die beste Art des Denkens.

Wer als Kind gerne einen Stuhl hatte, um bequem zu essen, möchte dies als Erwachsener wahrscheinlich ebenso. Und ein Hotel, das sich stolz kinderfreundlich nennt, wird nach solchen Diskussionen vielleicht seine Empfangstheke so abändern lassen, dass die Kinder das erste Mal das Gefühl haben, der Erstkontakt gelte auch ihnen. Ob das nun mit einem kleinen Siegerpodest, einer Himmelsleiter oder einem Einschnitt in der Theke geschieht, wird den kleinen Gästen egal sein. Hauptsache, das inszenierte Stück hält, was sein Titel verspricht. Das Versprechen, in einem Öko-Hotel zu nächtigen, löst auch der Regisseur ein, der die frisch gewaschene Bettwäsche flatternd im Wind trocknen lässt. Denn dieses Bild der Kindheit, nicht grüne Punkte auf Waschmittelpackungen, haben wir abgespeichert. Und sollten wir diese Szenerie schon bei der Anfahrt wahrnehmen, ist der gute Beginn einer Geschichte bereits gesichert.

Storytelling verändert Unternehmen weder in sieben Schritten noch in einer Nacht. Aber sie sehen mit dieser Methode ihre Produkte, Dienstleistung und Kunden bestimmt aus einer neuen Perspektive, und das bringt langfristig meist mehr als die mühselige Umsetzung von Konzepten, die viel zu wenig berücksichtigen, was menschliches Verhalten wirklich prägt und steuert.

Kulissen, Requisiten und Nebenrollen

Wenn die Kerngeschichte definiert und der Grobentwurf des Drehbuchs inklusive Benennung der Hauptdarsteller skizziert ist, können Überlegungen zur eigentlichen Inszenierung angestellt werden. Das heißt, dass wir nun die Variante einer bereits bekannten Geschichte schreiben. Storytelling geht ja davon aus, dass alle guten Geschichten schon verfasst wurden und es lediglich darum geht, eine neue Version zu finden, die für Aufmerksamkeit sorgt.

Stil, so haben wir gesehen, ist die erste Wirkung, die das Zusammenspiel unzähliger Zeichen bei uns auslöst. Daher finden wir es stillos, wenn der Indianerdarsteller in einem Western vergisst, seine Armbanduhr abzulegen. Wir betrachten es auch als Mangel an Stil, wenn in einem Designerhotel Cliparts aus dem Wordprogramm auf eine Mitteilung gedruckt werden. An unserer Sensibilität für Stilbrüche ändern auch Gästefragebögen nichts. Wir haben die Brüche zwar registriert, halten uns aber davor zurück, sie zu äußern. Warum sollten wir auch? Was ist unser Nutzen? Vielmehr würden wir durch eine solche Kritik an unsere eigenen Versäumnisse in Stilfragen erinnert. Doch Stilbrüche lassen sich eher vermeiden oder aufdecken, wenn der Regisseur und seine Schauspieltruppe einem verbindlichen Drehbuch folgen. Fehlt im Designhotel ein Schirmständer, wird sich selbst der Haustechniker davor hüten, einen roten Plastikeimer hinzustellen, oder dies als absolute Notlösung betrachten. Oder der kunstgeschichtlich bewanderte Rezeptionist rettet den Stilbruch mit einem Post-it, auf dem „Leihgabe aus dem Dada-Museum" steht.

Storytelling ist anwenderfreundlich, weil es Wahrnehmung und Handeln an Bildern orientiert, die sich nicht beliebig deuten und verändern lassen, ob das nun die Gestaltung der Kulissen, die Auswahl der Requisiten oder die Auftritte der Inhaber von Nebenrollen betrifft.

Umgang mit Feinden

Durch den Aufruf „Der Kunde ist König!" wird die Servicewüste nicht grüner. Eher führt dieser Hilfeschrei dazu, die Mitarbeiter zu demotivieren, indem man ihnen damit zeigt, ihr eigenes Innenleben nicht ernst zu nehmen. Sich für die Inszenierung einer stilvollen Geschichte zu entscheiden, bedingt Grenzziehungen. Ein Kunde, der sich für Storytelling entscheidet, kann nur König sein, wenn er die Grundregeln dieser Methode akzeptiert. Macht er das nicht, nützt ihm sein Titel nichts.

Kein Regisseur wird sich dazu bereit erklären, sein Drehbuch völlig umzuschreiben, nur weil aus einer Ecke des Publikums dauernd Zwischenrufe kommen. Bernd Reutemann, Drehbuchschreiber und Regisseur im Mindness Hotel Bischoffschloss fand, dass die nüchternen, kommunikationshemmenden Aufzüge nicht zur Geschichte seines Unternehmens passten. Also änderte er die Kulisse und lässt heute den Aufzug als fiktive Duschkabine hoch und runter fahren. Das gefällt offenbar manchen Gästen so gut, dass sie es weitererzählen und einige Zuhörer das seltsame Hotel nur deswegen besuchen wollen. Aber als sich ein Gast darüber so aufregte, dass er Herrn Reutemann mit leicht angefärbtem Gesicht fragte, ob er einen solchen Aufzug vielleicht lustig fände, beging der Regisseur dem König zuliebe keinen Verrat an der eigenen Geschichte, sondern entgegnete dem aufgebrachten Gast lachend. „Ja, ich finde das lustig!"

Beim Storytelling beschäftigt man sich bewusst mit den Feinden einer Geschichte. Gegen wen muss der Held antreten? Wie lässt sich direkte Konfrontation mit dem Drachen vermeiden? Und was muss er tun, wenn er dem Kampf nicht ausweichen kann? Sich mit solchen Szenen des Drehbuchs intensiv zu beschäftigen, führt zu Miniscripts, die Sicherheit geben, in Notsituationen abrufbar sind, die Grenzen des abgesteckten Gebiets festigen und den Stil einer Geschichte bewahren.

Erzähler finden

Ob der schlechte Ruf der Werber gerechtfertigt ist und wie deren Selbstbeschreibungen lauten, kümmert einen Storyteller wenig. Er hat ohnehin sein eigenes Bild von diesem Beruf. Für einen Geschichtenerzähler gehören Werber zum Kreis der Helfer, die ihn bei der Verbreitung seiner Geschichte wirkungsvoll unterstützen können. Bei dieser Aufgabe stehen sie allerdings nicht zuoberst auf der Liste. Nicht etwa, weil sie ihr Geld nicht wert wären, sondern weil über Inszenierungen vor allem die sprechen sollten, die sie selbst erlebt haben, also das Publikum. Was in der Branche unter Empfehlungsmarketing läuft, delegiert ein Regisseur nicht einfach an jemanden, der nur selten im Saal sitzt und nicht direkt hört, welche Szenen der Aufführung beklatscht werden oder verlegenes Räuspern provozieren.

Statt auf der Checkliste das Feld „Auftrag für Give-away erteilt" abzuhaken, sieht er zuerst genau hin, was vor, während und nach seinem Stück passiert. So kam der Regisseur eines renommierten Luxushotels zu einem überaus beliebten und günstigen Give-away, als er entdeckte, dass seine Gäste die kleinen Aschenbecher mit dem eingebrannten Goldlogo des Fünfsternehauses gerne in ihre Koffer packten. Da es keine Markt- und Meinungsforschung braucht, um die Begehrtheit dieses Mitbringsels zu beweisen, gab der Regisseur dem Requisitenmeister den Auftrag, einen günstigen Produzenten in China ausfindig zu machen. Und so stehen diese auf edel gemachten Billigaschenbecher heute auch an Orten, wo Gäste sie gefahrlos in die Taschen stecken können. Verschwinden sie auf wundersame Weise, werden diese nützlichen Werbeträger ohne Aufhebens und umgehend ersetzt. Müßig zu sagen, dass ein solches Give-away mit mehr Emotionen verbunden ist als ein Billigkugelschreiber.

Was Empfehlungsmarketing im Sinne von Storytelling bedeutet, begriff auch der Regisseur, der Ansichtskarten seines Hotels als schöne Erinnerungen an eine gute Geschichte und nicht als zusätzliche Einnahmequelle sieht. Auf den möglichen Einwand, Postkarten seien im Zeitalter der Digitalkameras und Smartphones nicht mehr gefragt, geht er als guter Beobachter und Kenner menschlicher Verhaltensweisen gar nicht ein. Oder er verweist in seinen Entgegnungen auf frühe Prägungen, Sammlergewohnheiten, das fotografische Können seiner Gäste und die Freude am Beschenktwerden. Zudem beeindruckt ihn die Zahl der im 21. Jahrhundert verschickten Postkarten, die noch immer im Briefkasten und nicht in der Mailbox landeten. Denn das sind in Europa jährlich über 400 Millionen.

Ist der Hotel-Regisseur dem Ratschlag gefolgt, für die visuelle Weiterverbreitung seiner Geschichte eine eigene Bildsprache zu entwickeln, liefert ihm ein guter Fotograf bereits so viel gutes Material, dass er lediglich die Qual der Wahl hat. Wenn nicht, ist dies der geeignete Zeitpunkt, um einen solchen Auftrag zu erteilen. Das ist zwar eine Investition, die teurer scheint, als einer Bildagentur Nutzungsrechte zu bezahlen. Aber auf Dauer rechnen sich die Ausgaben für einen professionellen Fotografen nicht nur wegen der größeren Wirkungskraft und ewiger Nutzungsrechte. Das Gleiche gilt für die Gestaltung. Nur in Ausnahmefällen findet sich unter den Mitarbeitern eines Unternehmens jemand, der genügend Erfahrung und künstlerisches Flair hat, um einen externen Grafiker überflüssig zu machen. Denn wer sein Handwerk wirklich beherrscht, kennt sich in so vielen Stilrichtungen aus, dass er auch verschiedene Serien von Ansichtskarten vorlegen kann, kitschige, gestylte, nostalgische oder originelle.

Bei der Frage, wie viel seine Gäste für diese schönen Karten bezahlen müssen, denkt der Hotelier inzwischen ganz wie ein guter Storyteller. Wer anderen Menschen mitteilen will, wo er an einer besuchenswerten Aufführung teilgenommen hat, soll dafür nicht bestraft werden. Also kann er seine Grußbotschaft an der Rezeption in einen Briefkasten einwerfen, auf dem geschrieben steht, dass die Frankierung das Hotel übernimmt. Danke für die Aufmerksamkeit, danke für die Werbung.

▶ **AUSFLUG**

Gehen Sie davon aus, dass es beim Storytelling die Rolle des Dieners nicht mehr gibt, und betrachten Sie alle an einer Aufführung beteiligten Personen als Schauspieler. Wie sähen dann die Funktionsbeschreibungen der Mitarbeiter aus? Welche Stellenprofile müssten überarbeitet werden? Gibt es Rollen, für die jemand Neues gesucht werden muss?

> **WICHTIG**
>
> Besonders in Unternehmen des Dienstleistungssektors empfiehlt es sich, bei der Einführung von Storytelling auch die Anforderungs- und Stellenprofile der Methode anzupassen. Und da es zu Beginn genügt, bestehende Kriterien durch Rollenbeschreibungen zu ergänzen, wird ein solcher Schritt von den Mitarbeitenden in der Regel akzeptiert, meist sogar begrüßt.

Wie sich aus den vorgestellten Beispielen leicht erahnen lässt, hilft Storytelling beim Festlegen der Prioritäten. Wenn wir einmal verinnerlicht haben, dass unser Gehirn den Anfang und den Schluss einer Geschichte stärker gewichtet als den Mittelteil, können wir sowohl die ganze Aufführung als auch einzelne Szenen nach diesem Kriterium überprüfen. Was spricht dagegen, einen Parkplatz zu personalisieren und dem Gast schon vor der Anreise mitzuteilen, welches Feld für ihn reserviert ist? Digitalisierte Anzeigetafeln machen auf Blöderes aufmerksam als auf einen solchen Service.

Haben nur Esoteriker Freude daran, wenn Sie am Empfang gleich ihren Glücksstein auswählen dürfen oder die Zusammenstellung der obligaten Früchteschale selbst bestimmen können? Was denkt ein Gast, wenn er sich nach einer langen Reise frisch macht und zum ersten Mal erlebt, dass jemand daran dachte, wie verloren ein Brillenträger unter der Dusche ist, wenn er Shampoo und Badegel unterscheiden soll? Bleiben klar unterscheidbare Flakons oder Etiketten nicht in bester Erinnerung? Wie empfindet ein Gast den Schluss unserer Inszenierung, wenn er beim Wegfahren die kürzlich erlebte Kulisse nochmals durch eine frisch geputzte Frontscheibe sieht und auf der Ansichtskarte unter den Scheibenwischern liest, dass wir ihm eine gute Heimfahrt wünschen?

Ja, Storytelling ist anwenderfreundlich. Nein, diese Anwenderfreundlichkeit ist nicht gratis zu haben. Wenn zum Beispiel eine Mitarbeiterin, die mit der Rolle der Innenarchitektin von Gästezimmern beauftragt ist, ein neues Requisit möchte, ist das eventuell mit Mehrkosten verbunden. Aber eine farbig geringelte Zuckerstange auf dem weißen Kopfkissen statt der üblichen Mini-Schokolade oder der Gummibärchen wird im Storytelling eben unter dem Posten Werbung verbucht. Denn schließlich können Ausgaben für weitererzählte Geschichten bei den Posten für Anzeigen und umfangreiche Dokumentationen in Abzug gebracht werden. Und weil Storytelling ansteckend ist, ergeben sich auch neue Formen der Zusammenarbeit.

Muss man den Aufwand für eine kleine Hühnerfeder neben dem Frühstücksei zuerst noch selbst leisten, wird ihn schon bald der Lieferant übernehmen, wenn er merkt, dass dieses Detail auch andere Kunden von der Frische seiner Produkte überzeugt. Wieso sollte Storytelling in einem Unternehmen anderen Gesetzen gehorchen als im privaten Kreis? Erzählt jemand eine gute Geschichte, fühlen wir uns geradezu dazu gedrängt, mit eigenen Beiträgen das Ende der Aufführung zu verzögern. Nur ist es von Vorteil, wenn jemand dafür sorgt, dass aus einer Komödie keine Tragödie und aus einem Märchen kein Dokumentarfilm wird. Doch dazu mehr im nächsten Kapitel.

EXKURSION 13:

In vielen Fällen mögen wir es bedauern, dass Menschen so gerne an ihren gewohnten Verhaltensmustern haften bleiben. Aber ganz offensichtlich schätzt die Evolution den Nutzen von Beharrlichkeit höher ein als schnelle Veränderungen bestehender Baupläne. Das Neue weckt neben Aufmerksamkeit auch Widerstand. Die neuronale Datenverarbeitung kann nämlich als Differenzbereinigungssystem betrachtet werden, das darauf ausgerichtet ist, Abweichungen vom Gewohnten möglichst schnell zu erkennen, aber nicht sofort zu integrieren. Die Wahrscheinlichkeit, dass unser Gehirn neue Informationspakete verarbeitet, ist viel größer, wenn diese an bereits gespeicherte mit ähnlicher Struktur andocken können. Die effiziente Arbeitsweise des Gehirns bevorzugt Daten, die es nicht zuerst aufarbeiten muss, falls Alternativen vorliegen, die den gleichen Vorteil bringen. Daher stößt der Begriff Storytelling auf höhere Akzeptanz, führt zu mehr Assoziationen und wirkt motivierend.

4.3 Ein Regisseur in Aktion – Warum Gemeinschaftswerke langweilig sind

Fünfzehn Personen drängelten sich um den ovalen Tisch, um darüber zu befinden, welche Geschichte das mittelständische Mode- und Schuhhaus künftig seinen Kunden erzählen soll, obwohl im Vorfeld ausgemacht war, wir würden diese Entscheidung zu dritt treffen, nämlich der Inhaber, seine Marketingleiterin und der externe Drehbuchschreiber. Zudem hatte man sich im kleinen Kreis bereits auf einige Titel einigen können, die der verabschiedeten Ausrichtung des Unternehmens mögliche Bezeichnungen gaben. Sie lauteten:

- Kostüme für Ihren Auftritt
- Requisiten für Rollenspiele
- Für Stars im Alltag
- Jeder ein Star
- Lieblingsgeschichten tragen
- Mode ist ein Spiel
- Style and Stars

Ob aus einem dieser Arbeitstitel ein Slogan oder Claim werden sollte, blieb offen, da in dieser ersten Phase strategisch-konzeptionelle Aspekte im Vordergrund standen. Aber immerhin waren wir der Meinung, die wenigen Worte würden das Set möglicher Geschichten genügend eingrenzen, um Beliebigkeit zu verhindern. Ein Blick in die Runde und schon ließen die ersten Voten die Befürchtung aufkommen, unser Konzept werde ein Opfer der kollektiven Intelligenz. Das traf nach drei Stunden dann auch tatsächlich ein. Mit zehn gegen fünf Stimmen verabschiedeten die Anwesenden eine Geschichte mit dem Titel „House of Brands". Ende der Geschichte.

Wie gering die Vertreter traditioneller Marketingansätze den Einfluss einer Methode auf die Organisations- und Führungsstruktur schätzen, zeigt ein Blick in ihre Lehrbücher. So suchen wir im Stichwortregister des 1.260 Seiten dicken Wälzers „Marketing-Management" von Philip Kotler und Friedhelm Bliemel vergeblich nach den Begriffen Team, Mitbestimmung, Führung, Verantwortung oder Hierarchie. Und schlagen wir nach, was zum Stichwort „Entscheidungsträger" steht, erfahren wir lediglich, dass die Autoren darunter eine Person verstehen, die über Produktbedarf und/oder Lieferanten entscheiden darf. Wenn Marketingpäpste nichts mehr zum Thema der Entscheidungsfindung beizutragen haben, darf sich niemand wundern, wenn es mit der Umsetzung ihrer Theorien hapert.

Einem Unternehmen, das sich für den Einsatz von Storytelling entscheidet, bietet sich die Gelegenheit, Entscheidungsfindungen und Führungsstrukturen aus einem anderen Blickwinkel zu betrachten. Storytelling basiert ja auf den Annahmen, dass menschliches Verhalten nicht primär von der Vernunft gesteuert wird und dass bei der Lösung komplexer Probleme auf den Beitrag der Intuition gehört werden soll. Mit der Frage, wie weit sich die traditionellen Konzepte für Prozesse der Entscheidungsfindung noch halten lassen, beschäftigt sich der amerikanische Wissenschaftler Gary Klein seit über dreißig Jahren, also schon lange, bevor Neurowissenschaftler die Ergebnisse seiner Feldforschungen belegten.

Wurde der 1944 in New York geborene Psychologe jahrelang von der offiziellen Lehre belächelt und eher als Spinner denn als seriöser Wissenschaftler betrachtet, gibt es heute kaum eine Fluggesellschaft, die ihre Piloten nicht nach den Trainingsprogrammen von Gary Klein ausbildet. Und auch die amerikanische Armee, die NASA oder große Feuerwehrkorps rufen gerne Kleins Erfahrungsschatz ab, wenn sie ihre Führungsstrukturen überprüfen und neuen Gegebenheiten anpassen wollen. Kritiker von Gary Kleins Modellen führen unter anderem an, sie hätten sich nur in solchen Entscheidungsprozessen bewährt, bei denen es um Leben und Tod ginge. Eine solche Argumentation ist nicht nur Unsinn, sondern spricht viel eher dafür, sich intensiver mit diesen Modellen zu beschäftigen.

▶ **AUSFLUG**

Gibt es in Ihrem Unternehmen außer einem Organigramm auch Regeln zur Entscheidungsfindung? Wenn ja, nach welchen Gesichtspunkten wurden sie aufgestellt? Inwiefern berücksichtigen sie Aspekte des Unbewussten und der Intuition? Wer weiß von diesen Regeln und wie wurden sie den Mitarbeitenden bekannt gemacht?

! **WICHTIG**

Da Intuition, mentale Simulation und Geschichten auch Quellen der Macht sind, müssen ihre Eigenschaften beim Entwerfen von Führungsmodellen und Festlegen von Entscheidungsprozessen berücksichtigt werden, um ihre volle Wirkungskraft entfalten zu können.

Was ein Team ist

Ein Team garantiert Artenvielfalt. Daher kann es Geschichten inszenieren, für die es eines Ensembles bedarf. Weil die heutige Arbeitsteilung den One-Man-Shows nicht sehr entgegenkommt, ist die Bedeutung von Teams von vornherein offenkundig. Zudem mag das Publikum Abwechslung.

Ein Team ist ein intelligentes Wesen mit einem Erfahrungsschatz, der klar größer ist als der einer Einzelperson. Aber Erfahrung an sich ist noch keine Qualität. Ist die Summe der Einzelerfahrungen nicht auf ein bestimmtes Ziel ausgerichtet, ist sogar ein negatives Resultat möglich.

Ein Team besteht aus verschiedenen Einzelelementen, die nach Orientierung und Sicherheit suchen. Daher werden durch dynamische Prozesse automatisch die besonderen Zuständigkeiten, Verantwortlichkeiten und Hierarchiestufen ausgehandelt, ob bewusst oder unbewusst. Solange die Rollenverteilung und die Führungsstruktur unklar sind oder nicht akzeptiert werden, geht Energie verloren.

Ein Team ist ein Kollektiv auf Zeit und verändert sein Wesen schneller als ein einzelner Mensch. Da dies jedes Teammitglied in seinem Unbewussten abgespeichert hat, braucht es ein starkes kollektives Nutzenversprechen, um individuelle Bedürfnisse in Schach zu halten.

Ein Team hat einen Geist, der dem eines Individuums ähnlich ist. Das heißt, dass sein Kurzzeitgedächtnis beschränkt ist, Informationen für einen späteren Abruf gespeichert werden müssen, die volle Aufmerksamkeit nur auf ein bestimmtes Objekt konzentriert werden kann, Informationen gefiltert werden und mehr Effektivität entwickelt werden muss.

Ein Team ist ebenso ein irrationales Wesen wie der einzelne Mensch es ist. Daher erliegt es ebenfalls der Illusion, seine eigenen Gedanken und seine Handlungen kontrollieren zu können, und erfindet Geschichten, um das vom Unbewussten gesteuerte Verhalten zu rechtfertigen.

Ein Team entwickelt ein Set grundlegender Kompetenzen und Routinen und gibt sich eine Identität, indem es sich abgrenzt und diese Grenzen meist informell seinen Mitgliedern aufzwingt.

Es ist gut möglich, dass Beschreibungen dieser Art überzeugte Anhänger der Teamarbeit und eifrige Leser entsprechender Ratgeber befremden. Aber Teams so zu sehen, kann befreiend und hilfreich sein: Befreiend, weil dieser Blickwinkel die Sicht über ideologische Mauern hinweg erleichtert, und hilfreich, weil er uns vor überzogenen Erwartungen an Teams schützt, die sie gar nicht erfüllen können. Doch um Missverständnissen schon im Ansatz zu begegnen, halte ich nochmals klar fest, dass ohne Teamarbeit keine Geschichte so aufgeführt werden kann, dass Marketingkonzepte ihre gesteckten Ziele erreichen. Die Frage ist nur, welche Rollen, Funktionen und Entscheidungsbefugnisse dem Team zustehen. Und um meiner Antwort eine Basis zu geben, sind einige Gedanken über Experten unumgänglich.

Was ein Experte ist

Die populärwissenschaftliche Aufarbeitung von Erkenntnissen der Hirnforschung hat in den letzten Jahren wesentlich dazu beigetragen, den Glauben an Genies zu erschüttern. Die Nachricht, dass es keine Gene gibt, die aus einem Menschen ein Genie formen, hat etwas Beruhigendes und öffnet den Blick auf einen Verwandten des Genies, den Experten. Zu wissen, was ihn auszeichnet, könnte die Akzeptanz erhöhen, bei der Einführung von Storytelling nach solchen Experten zu suchen und sie als Regisseure einzusetzen. Danach ist der Weg frei, um über die Aufgabenteilung im modernen Marketing zu sprechen. Doch welchen Anforderungen ein Experte genügen muss und wie er zu diesen Kompetenzen kommt, soll uns Gary Klein erzählen.

Feindliche Rakete oder eigenes Flugzeug? Um diese überlebenswichtige Frage zu beantworten, hatte der britische Luftwaffenoffizier Michael Riley am frühen Morgen des 25. Februar 1991 weniger als zwei Minuten Zeit. Von dem, was in den neunzig Sekunden bis zur Entscheidung geschah, erfuhr ein Jahr später auch Gary Klein.

Und weil im Untersuchungsbericht der Militärs stand, die zur Verfügung stehenden Informationen hätten keine Unterscheidung zwischen Rakete und Flugzeug erlaubt, rollte Gary Klein den Fall nochmals auf.

Die Fakten waren klar. Der britische Flottenverband, zu dem auch der Zerstörer HMS Gloucester gehörte, lag knapp vierzig Kilometer vor der kuwaitischen Küste und war in höchster Alarmbereitschaft. Denn um die Mission der Marines auf dem Festland zu unterstützen, führten Hubschrauber und Landungsschiffe einen Scheinangriff auf den feindlichen Militärstützpunkt am Erdölhafen Shuaiba durch. Michael Riley beobachtete seit Mitternacht die Radarschirme, als die alliierten Schiffe um 5.00 Uhr morgens die ersten Granaten abfeuerten.

Sechzig Sekunden später entdeckte Riley ein Signal auf dem Radar und war überzeugt, dass dies nichts anderes sein konnte als eine Silkworm-Rakete der Iraker. Er beobachtet den Punkt vierzig Sekunden lang genau und erteilte dann den Befehl, Abwehrraketen abzufeuern. Neunzig Sekunden nach dem ersten Radarzeichen verschwand der Punkt auf dem Bildschirm und das unbekannte Objekt stürzte knapp einen Kilometer vor dem amerikanischen Schlachtschiff USS Missouri ins Meer. Als kurz danach der Kapitän in den Radarraum stürzte und wissen wollte, wer den Vogel abgeschossen hatte, sagte Riley: „Wir waren das, Sir." Und auf die Frage, warum er so sicher sei, eine irakische Rakete und kein amerikanisches Flugzeug abgeschossen zu haben, antwortete er: „Ich weiß es eben."

Warum es Michael Riley „wusste", interessierte den Experten für Entscheidungsfindung, Gary Klein, brennend, hat doch eine Rakete auf dem Radarschirm den gleichen Leuchtpunkt wie ein Flugzeug und ist etwa mit der gleichen Geschwindigkeit wie die zurückkehrenden amerikanischen A-6-Bomber unterwegs. Auf die Position des Objekts konnte sich Riley ebenfalls nicht verlassen, da die Piloten entgegen der Abmachungen über das Gebiet der Silkworm-Abschussrampen und sogar über die eigenen Schiffe flogen. Um der Entdeckung durch den Feind zu entgehen, schalteten zudem viele Piloten den Identifikationsradar und das spezielle IFF-System zur elektronischen Ortung aus. Blieb noch die Beobachtung des Flugverhaltens. Denn eine Silkworm-Rakete nähert sich ihrem Ziel auf etwa 1.000 Fuß Höhe, während eine A-6 normalerweise auf 2.000 bis 3.000 Fuß fliegt. Dumm war nur, dass die auf der Gloucester eingesetzten Radarsysteme die Flughöhe sich nähernder Objekte nicht bestimmen konnten und sie sogar erst erfassten, wenn sie das Festland verließen. Das System 909, das Auskunft über die ungefähre Flughöhe geben kann, tastet den Luftraum in horizontalen Streifen ab und liefert erst 30 Sekunden nach Inbetriebnahme zuverlässige Informationen. Unglücklicherweise hatte der Waffenleiter bei der Eingabe der Tracknummer noch zweimal einen Fehler gemacht, so dass Riley erst vierzig Sekunden nach der Entdeckung des unbekannten Flugobjekts wusste, dass es auf 1.000 Fuß flog. Und dennoch sagte er später aus, er habe seit dem ersten Radarsignal vermutet, dass es sich um eine Rakete handeln müsse. Er habe das Gefühl gehabt, das Objekt beschleunige fast unmerklich, während es sich von der Küste entferne. Die A-6 hingegen fliegen mit konstanter Geschwindigkeit. Mit dieser Erklärung kam der Fall zu den Akten.

Gary Klein, auf der Suche nach dem Geheimnis von Expertenwissen, misstraute dieser Begründung. Denn allzu oft hatte er schon erlebt, wie sich das Bewusstsein die Dinge zurechtlegt, um sich danach in Ruhe anderen Aufgaben zuzuwenden. Wollte er seine Trainingsprogramme verfeinern und die Kompetenz seines Unternehmens erhöhen, durfte er sich nicht allein auf Befragungen Betroffener verlassen. Also schaute er sich mit den zugezogenen Experten die Bandaufzeichnungen nochmals genau an. Und wie er vermutet hatte, waren während der fraglichen Zeit nicht die geringsten Anzeichen auf den Radarschirmen zu erkennen, die auf eine Beschleunigung hindeuten.

Selbst wenn es solche Zeichen gegeben hätte, wären sie von Riley nicht erkannt worden, bevor ihm drei Radar-Sweeps zur Verfügung gestanden hätten. Aber dass er das Objekt bereits beim zweiten Signal identifizierte, war zweifelsfrei belegt. Rileys eigene Erklärung für seine Gewissheit konnte demnach nicht stimmen. Was den Offizier wirklich dazu veranlasst hatte, den Abschussbefehl zu erteilen, entdeckte erst Rob Ellis, ein erfahrener Experte von der Defence Research Agency in Farnborough, als er mit Gary Klein die Aufzeichnungen immer und immer wieder ansah. Hilfreich war dabei, dass Ellis von der Erklärung Rileys ausging, er habe eine Beschleunigung wahrgenommen, obwohl dies objektiv nicht der Fall war.

Ellis fragte sich also, warum eine Spur trotz konstanter Geschwindigkeit den Eindruck einer Beschleunigung erwecken konnte. Seine Antwort: Weil Bodenechos die niedriger fliegende Rakete für das Radar längere Zeit unsichtbar machten, tauchte sie auf dem Schirm später auf als die 2.000 Fuß höher fliegenden Bomber. Es war also nicht die vermeintliche Beschleunigung, die bei Riley die Alarmglocken klingen ließ, sondern eine Störung im gewohnten zeitlichen Ablauf. Die Rakete wurde etwa acht Sekunden später auf dem Radar sichtbar, als er dies vom Erscheinungsbild der A-6-Spuren gewohnt war. Diese Abweichung vom Muster signalisierte ihm das Unbewusste.

Gerne würde ich in diesem Kapitel auch dramatische Geschichten erzählen, in denen die Helden keine Uniformen oder weiße Kittel tragen, sondern über Marketingkonzepte brüten. Aber aus verständlichen Gründen befassen sich Forscher wie Gary Klein oder Gerd Gigerenzer lieber mit Situationen, bei denen es um Leben und Tod geht. Zwar kann eine verfehlte Marketingstrategie ein Unternehmen ebenfalls in den Untergang führen, aber wo dies tatsächlich eintritt, nimmt man es mit der Ursachenforschung doch nicht so ernst wie auf anderen Gebieten.

Doch die Heuristiker, also Wissenschaftler wie Gary Klein und seine Kollegen, teilen die Ansicht der Hirnforscher, dass Analogieschlüsse durchaus erlaubt sind. Wir dürfen daher davon ausgehen, dass im Kopf eines Marketingverantwortlichen die gleichen neuronalen Prozesse ablaufen wie im Gehirn eines Piloten — oder eines Schach-Großmeisters. Denn auch deren Denk- und Handlungsmuster wurden in unzähligen Studien genau analysiert. Mit anderen Worten: Was Gary Klein über die Eigenschaften von Experten herausgefunden hat, gilt auch für Geschichtenerzähler, Drehbuchschreiber, Regisseure und letztlich für alle Menschen, wenn sie Entscheidungen fällen müssen.

Experten nehmen Informationspakete wahr, die andere gar nicht erreichen. Sie achten auf feine Unterschiede, Musterfolgen sowie mögliche, aber nicht eingetretene Ereignisse.

Experten können selbst unter Druck verschiedene Handlungsmöglichkeiten simulieren, miteinander vergleichen und bewerten.

Experten greifen bei ihren mentalen Simulationen auf Situationen zurück, in denen es um die Organisation ähnlicher Ereignisse ging, und übertragen das in der Mustervorlage zum Vorschein kommende Geflecht von Ursache und Wirkung auf die gegenwärtige Entscheidungssituation.

Experten verzichten auf die Durchführung detaillierter Analysen, wenn der Datenbestand nicht ausreicht oder zu viele Variablen enthält.

Experten können vorübergehende und unbedrohliche von echten, die Lösung gefährdenden Anomalien unterscheiden.

Experten gehen davon aus, dass es mindestens 10.000 Stunden Erfahrung braucht, um Handlungsmuster so zu verankern, dass diese intuitiv relevant sind und in Entscheidungssituationen automatisch abgerufen werden.

Experten blicken auch nach innen, erkennen die eigenen Grenzen, treten beim Verschwimmen des großen Bildes einen Schritt zurück, nehmen Korrekturen vor und holen sich die geeigneten Helfer.

Auf welchem Gebiet betrachten Sie sich als Experte? Gab es Situationen, in denen Sie einem Team kampflos die Entscheidung überließen, obwohl Sie sich als Experte sahen und eine andere Lösung bevorzugt hätten? In welchen der aufgeführten Experteneigenschaften möchten Sie sich noch verbessern?

Experten zeichnen sich weniger durch ihre fachlichen Kenntnisse aus als durch die Art ihrer Entscheidungsfindung. Dank ihrer Erfahrung auf ihrem Spezialgebiet sind ihnen Muster vertraut, die andere nicht wahrnehmen oder weniger gewichten. Indem Experten die gewählte Option als Geschichte sehen, erkennen sie eher deren Schwächen und können nachkorrigieren.

Im Marketing führen Lösungen, die durch Mehrheitsentscheide zustande kamen, höchst selten zu lebensbedrohlichen Situationen. Aber oft zur Langeweile. Und die kann im Zeitalter der knappen Aufmerksamkeit ebenfalls tödlich sein. Zumindest für ein Unternehmen.

Jede Geschichte treibt ihre eigenen Blüten. Darin liegt ihr wichtigster Vorteil bei der Verarbeitung unzähliger Zeichen, die jede Sekunde auf das menschliche Gehirn einprasseln. Nur so gelang es der menschlichen Spezies, ein Gleichgewicht zwischen Individualität und Gemeinschaft zu erreichen. Nur weil sich jeder seine eigene Version zusammenbasteln kann, die zu seiner Biografie passt, nimmt er das Angebot einer Geschichte überhaupt an. Doch um der Beliebigkeit nicht Tür und Tor zu öffnen, braucht es den berühmten Kern, der das Wesentliche einer Botschaft transportiert und unverrückbar ist. Und ist dieser Kern einmal gefunden, muss ein Aufpasser bestimmt werden, der ihn so hütet, wie es uns die Geschichte vom Heiligen Gral lehrt. Diese Aufgabe meint der langjährige und überaus erfolgreiche CEO von Nestlé, Helmut Maucher, wenn er eisern am Glauben festhält, dass Marketing Chefsache sei. Wenn aus diesem Glaubenssatz abgeleitet wurde, ein CEO müsse täglich in der Marketingabteilung vorbeischauen und sich ins Tagesgeschäft einmischen, ist das natürlich Unsinn. Aber bei wesentlichen Änderungen am Drehbuch oder an seinem Titel und bei der Vertragsunterzeichnung für den Regisseur ist der oberste Verantwortliche eines Unternehmens dabei.

Als bekannt wurde, dass Steve Jobs aus gesundheitlichen Gründen eine Auszeit nehmen muss, reagierte die Börse mit Zahlen und das Personal mit Betroffenheit. Aber als der CEO von Apple am 15. Januar 2009 in einem offenen Brief erklärte, er werde in diesem halben Jahr weiterhin über die Geschichte von Apple und die strategischen Entscheidungen wachen, glätteten sich die Wogen. Tim Cook, der in Jobs Abwesenheit das Ruder übernahm, sagte seinerseits in einem Interview, Mitarbeiter und Führungscrew von Apple hätten die Idee ihres Unternehmens so verinnerlicht, dass sie auch ohne die Anwesenheit von Steve Jobs getragen werde.

EIN SPATZ IN DER
DER HAND IST BESSER
ALS EINE TAUBE AUF DEM DACH

Entdecken Sie an diesem Satz etwas Ungewöhnliches? Wenn nicht, dürfen Sie nochmals genau hinschauen. Sollte Ihnen kein Fehler auffallen, sind Sie in guter Gesellschaft, ist doch das menschliche Gehirn darauf programmiert, eigenständiges Denken zu unterlassen, wenn es nicht dazu gezwungen wird. Bestehende Theorien, bekannte Erzählungen und praktische Vorurteile zu verwerfen, kostet Energie. Wie gerne wir die sparen, zeigt sich auch bei den Versuchen von Marketingabteilungen und Medien, die breite Bevölkerung an der Suche nach neuen Ideen teilnehmen zu lassen. So fühlte sich der ehemalige Stadtpräsident von Zürich, Elmar Ledergerber, nach seiner Wahl zum Tourismusdirektor des Schweizerischen Bankenplatzes reflexartig dazu gedrängt, den Slogan „Downtown Switzerland" zu ersetzen. Klar, dass die größte Tageszeitung diesen Wunsch aufnahm und ihre Leser zum munteren Nachdenken aufforderte. Auch wenn „Downtown Switzerland" weder ein berauschender Spruch noch eine faszinierende Geschichte ist, fand sich erwartungsgemäß unter den Hunderten von Ideen keine, die das Prädikat „herausragend" verdient hätte. Und auffallend war, wie viele der gemeldeten Slogans schon von anderen verwendet wurden oder schlechte Varianten waren.

Sollte Ihre Konzentration beim Lesen nachgelassen haben, weil Sie noch immer mit dem Spatz und der Taube beschäftigt waren, dann betrachten Sie den Satz nochmals und achten darauf, ob wirklich alle „der" notwendig sind. Das kleine Experiment aus der Hirnforschung dient übrigens nicht dazu, den Gegnern flächendeckender Mitbestimmung Argumente in die Hand zu liefern, sondern um die Funktionsweisen der linken und rechten Gehirnhälfte besser zu verstehen. Aber die Zweckentfremdung scheint mir erlaubt, weil sich die Hirnforschung ebenfalls mit dem Zustandekommen von Mehrheitsmeinungen und dem kreativen Output von Gruppen beschäftigt. Und zahlreiche Ergebnisse lassen aufhorchen, weil sie Erfahrungswissen bestätigen und ideologische Behauptungen widerlegen.

So führt, was wir in der Alltagspsychologie Gruppendruck nennen, eben tatsächlich dazu, dass Meinungen bevorzugt werden, die bei der Gaußschen Normalverteilung der Kurve ihre Glockenform geben. Was als abweichend wahrgenommen wird, findet keine Mehrheit. Gruppendruck oder Herdentrieb sind Phänomene, die sich mit dem Belohnungssystem des Gehirns erklären lassen. Eine soziale Gruppe, die sich nicht mit der Frage beschäftigen muss, warum eines ihrer Mitglieder ausschert, belohnt die gesparte Arbeit mit Anerkennung von Wohlverhalten. Anerkennung ist für den einzelnen Menschen ein ebenso starker Reiz, wie wir ihn vom Suchtverhalten her kennen. Um unseren Platz in der Welt zu finden und möglichst umsorgt aufzuwachsen, schüttet unser Gehirn schon in unserer frühen Kindheit den Botenstoff Dopamin aus, der Glücksgefühle bewirkt.

Weniger glücklich ist ein Experte, wenn er seine Idee der Gruppe zuliebe aufgeben muss. Meldet ihm sein intuitives Wissen, dass seine Lösung mit seinem Erfahrungsschatz zu vereinbaren ist, löst Anpassung unangenehme Gefühle aus. Die Belohnung eines Drehbuchautors, der sich für den Kern seiner Geschichte verantwortlich fühlt, besteht in der Sicherung und Bewahrung seiner Idee.

▶ **AUSFLUG**

In welchen Gruppensituationen leisten Sie Widerstand gegen die Mehrheitsmeinung? Welche Mustervorlage könnte dafür verantwortlich sein, dass Sie das Gefühl haben, Sie würden für diesen Kampf belohnt, egal wie er ausgeht?

! **WICHTIG**

Fühlen wir uns auf einem bestimmten Gebiet als Experte, richtet unser Belohnungssystem seinen Fokus auf die Durchsetzung oder Bewahrung der intuitiv zustande gekommenen Lösung. In solchen Fällen wiegt der Verlust sozialer Anerkennung weniger als der Gewinn persönlicher Autonomie, die im Dienste einer Idee steht.

Die ideale Organisations- und Führungsstruktur eines Unternehmens, das Storytelling einsetzt, gibt es nicht. Es wäre auch Zeitverschwendung, nach ihr zu suchen, da jedes System seine eigene Geschichte und Berechtigung hat. Aber betrachten wir Eigenheiten komplexer Systeme und die Eigenschaften von Experten, so verwundert es nicht, wenn bei erfolgreichen Inszenierungen von Geschichten die Aufgabenteilung einem gewissen Muster folgt. Am Auffälligsten ist das Bestreben, klarer als gewohnt zwischen Mitsprache und Mitbestimmung zu unterscheiden.

Das Team hat die Fähigkeit, bei der Entwicklung von Ideen die Möglichkeiten aller einzelnen Teammitglieder zu übertreffen. Aber da die Kompetenz eines Teams von den Voraussetzungen abhängt, die seine Mitglieder mitbringen, ist es wichtig, dass das gesamte Team mit den Grundlagen von Storytelling bekannt gemacht wird. Meist geschieht dies mit einem Workshop, bei dem die Teammitglieder auch die besondere Bedeutung der Rollenzuschreibungen und Verantwortlichkeiten kennenlernen. Bei Teams, die schon lange zusammenarbeiten, mit spezifischen Aufgaben betraut sind und eine starke Identität haben, ist die Akzeptanz neuer Tätigkeitsbeschreibungen in der Regel größer als bei neu formierten Teams, deren Mitglieder noch stark mit der Suche nach ihrem Platz beschäftigt sind. Bewährt hat sich der Gebrauch von Begriffen, die bei künstlerischen Inszenierungen von Geschichten verwendet werden. Die Diskussion solcher Metaphern kann zudem Aufschluss geben, wie hoch das Reflexionsniveau des Teams ist und wie es mit Ungewissheit umgeht.

Ein Team mit Storytelling bekannt zu machen, bietet Gelegenheit, über Meta-Kognition zu sprechen und diesen Begriff gleichzeitig im ganz gewöhnlichen Alltag zu verankern. Denn über die eigenen Denkstrategien nachzudenken, ist heute sogar in Schulen üblich, die nicht reformdurchgeschüttelt sind. Gerade weil Storytelling eine Metapher für die Arbeitsweise des Gedächtnisses ist, liegen Diskussionen über verschiedene Lernstrategien und deren Besonderheiten nahe. Ein Team, das sich seiner eigenen Stärken und Schwächen bei der Verarbeitung von Informationen mehr bewusst ist, erhöht seine Leistungsfähigkeit beträchtlich.

Wer nicht weiß, was er nicht weiß, kann auch nicht sehen, was er übersieht. Daher setzt Gary Klein beim Training dort an, wo es um Strategien und Kompetenzen geht. So gehen Regisseure ebenfalls vor, wenn sie die Leistung eines Ensembles beurteilen und verbessern müssen. Sie identifizieren und analysieren Funktionen und Handlungen, die ein Team in bestimmten Situationen beherrschen soll, machen mögliche Schwachstellen aus und entwickeln Übungen, um das Erfahrungswissen zu vergrößern. Obwohl sie sehr viel von Training halten — oder gerade deshalb —, machen sie auf ihren Beurteilungsbögen immer zwei Spalten. Eine für Fertigkeiten und eine für Persönlichkeitseigenschaften. Stellen sie dann fest, dass ein Teammitglied die Voraussetzungen für eine bestimmte Rolle bei wichtigen Aufführungen nicht mitbringt, setzen sie es nicht ein. Diese Kompetenz lassen sie sich ungern oder gar nicht nehmen.

Als Projektleiter für den Messeauftritt einer staatlichen Organisation fehlte mir diese Kompetenz bei der Rekrutierung des Standpersonals. Das war umso bedauerlicher, weil sich der Auftraggeber mit der Ansicht durchsetzte, seine Geschichte könnten nur die eigenen Mitarbeiter erzählen. Das war insofern ein Irrtum, als wir uns offiziell auf die Geschichte „Aschenputtel" geeinigt haben. Denn der vorbereitenden Gruppe war klar, dass ihr Amt ein schlechtes Image hat, zu dem außer unangenehmen Kontrollen auch viele Beamte an der Front beitrugen. Überraschend und vor einer ungewöhnlichen Kulisse auf einer Fachmesse aufzutreten, wurde daher als gute Möglichkeit gesehen, einen ersten Schritt zur Verbesserung des angekratzten Ansehens zu unternehmen. Da über meinen Vorschlag, für den Erstkontakt zu den Messebesuchern zwei professionelle Hostessen anzustellen, abgestimmt wurde, war er von vornherein chancenlos. Die Hürde war allzu groß, mir Recht zu geben, dass mit detaillierten und sachkundigen Auskünften nicht die meisten Sympathiepunkte gesammelt werden.

Immerhin war man sich einig, dass sich die gut informierten Beamtinnen und Beamten in ihre schönsten Kleider stürzen, ihre Schuhe putzen und vor ihrem Auftritt zum Friseur gehen sollten. Und nachdem die Geschichte sowie ihre wichtigsten Dialoge nochmals schriftlich in einem Briefing festgehalten wurden, war ich ziemlich zuversichtlich, ein schlechtes Schülertheater vermeiden zu können. Zumal ich mit dem harmlosen Vorschlag durchdrang, während der zwei Tage die Bar zu betreuen. Dass sich dahinter die Absicht verbarg, die Aufführung aus dem Hintergrund zu steuern und zwischendurch zu demonstrieren, wie man auf Menschen zugehen kann, behielt ich selbstverständlich für mich.

Der erste Tag verlief denn auch so gut, dass die Staatsangestellten am Abend schon vom nächsten Jahr sprachen. Und einige konnten sich sogar eingestehen, dass sie den Aspekt „Genaue Informationen aus erster Hand" tatsächlich überschätzten. Wie wichtig es aber ist, einen Regisseur mit Kompetenzen zu versehen, zeigte sich am zweiten Tag. Denn als ein hoher Chefbeamter keine Anstalten machte, seine knallrote Langlaufweste durch eine Anzugjacke zu ersetzen, und ich ihn darauf aufmerksam machte, meinte dieser: „Das macht doch jung und kommt bei den Jungen gut an. Und meine Kinder haben mir gesagt, dass mir dieses sportliche Outfit steht." Ich verschwieg meine Zweifel, ob ein sechzigjähriger Mann mit schütterem Haarwuchs und einer Figur, die vom jahrzehntelangen Sitzen geprägt ist, in einer roten Sportjacke bei den Jungen Begeisterungsstürme auslöst. Aber ich sagte ihm klar, dass sein Kostüm nicht zur vereinbarten Geschichte passt. Ergebnis: Zum unpassenden Outfit kam noch ein beleidigtes Gesicht dazu, wahrscheinlich durch den Gedanken hervorgerufen, ein Chefbeamter müsse sich von einem bezahlten Projektleiter nicht sagen lassen, was Stil sei und was nicht.

EXKURSION 14:

Das menschliche Gehirn hat die Fähigkeit, Differenzen wahrzunehmen, zu bereinigen und Sinnlücken zu füllen. Das dient zwar den evolutionären Zielen der Fortpflanzung, des Anpassens und des Überlebens, hat aber den Nachteil, dass Menschen Wahrscheinlichkeit oft mit Wahrheit verwechseln. Im Gehirn gibt es ein mesolimbisches System, das überprüft, ob die Belohnungserwartungen auch tatsächlich eintreten, die wir an unsere Handlungen knüpfen. Die Ergebnisse dieser Kontrolle werden dann im Belohnungsgedächtnis gespeichert, das unsere Motivation wesentlich beeinflusst.

Weil soziale Anerkennung eine starke Belohnung ist, übernehmen wir gerne die Wahrheit einer Gruppe. Dieser Mechanismus fördert zwar die Balance zwischen Individualismus und Gemeinschaft, kann aber zu Problemen führen, wenn es um das Finden und die Vermittlung von Stil geht. Denn damit das Zusammenspiel unzähliger Zeichen funktioniert, braucht es eine übergeordnete Idee, eine Klammer, die Einzelteile zusammenhält und das Ganze wahrnehmbar macht.

Mit der Metapher Stil können wir auch die Eigenschaft des menschlichen Gehirns bezeichnen, Außergewöhnlichem und Großartigem mehr Beachtung zu schenken, Disharmonien zu vermeiden und der Kontinuität den Vorzug zu geben. In diesem Sinne ist ein Experte jemand, dem ein gewisser Stil so wichtig ist, dass sein Belohnungszentrum dann aktiviert wird, wenn sein Verhalten diesen Stil durchsetzen und bewahren kann.

Der Abspann – Was beim Storytelling wichtig ist und was Sie vermeiden sollten

Orte für Aufführungen – Wo Geschichten ihren Ursprung haben

Wenn aus einem 15-jährigen Hippie, der die Schule früh verlassen hat und weder einen Studienabschluss noch Marketingdiplome vorweisen kann, einer der erfolgreichsten Unternehmer der letzten Jahrzehnte wird, beginnt unweigerlich die Suche nach seinem Erfolgsrezept. Die Rede ist von Sir Richard Branson, dem Gründer und Vorstandsvorsitzendem der Virgin Group. Lange Jahre weigerte sich der englische Shooting-Star, über sein Erfolgsgeheimnis zu sprechen. Und noch heute ist er der Meinung, wer nach kopierbaren Rezepten suche, stochere im Dunkeln.

Aber als begnadeter Marketer weiß er natürlich, dass jede weitererzählte Geschichte seinem Unternehmen dient. Und wenn die Medien schon so gerne über seine Abenteuer zu Wasser und in der Luft berichten, dann ist es sicher von Vorteil, wenn der Held sich selbst zu Wort meldet. Also schrieb Richard Branson 1998 im Alter von 48 Jahren seine Autobiografie unter dem Titel „Losing My Virginity. How I've Survived, Had Fun and Made a Fortune Doing Business My Way". Während Bransons Fangemeinde Spaß an den vielen Geschichten hatte, waren die Anhänger von Best-Practice-Ratgebern enttäuscht. Denn die zehn Regeln von Richard Branson waren ihnen entweder bekannt oder zu schwammig. Sie lauten:

1. Die Großen herausfordern.
2. Immer locker bleiben.
3. Feilschen, was das Zeug hält: Alles ist verhandelbar.
4. Arbeit muss Spaß machen.
5. Pfleglich mit der Marke umgehen.
6. Bitte lächeln!
7. Lieber Leitwolf als Leithammel sein.
8. Blitzschnell handeln.
9. Klein, aber fein.
10. Ein normaler Mensch bleiben.

Auf der verzweifelten Suche nach Beweismaterial für ihre Rezepte hatten die Vertreter des traditionellen Marketings übersehen, dass Richard Branson ein feuriger Vertreter von Storytelling ist. Nur ist er sich dessen nicht bewusst und nennt es daher auch nicht so. Bransons Regeln sind ebenso Destillate seiner Geschichten wie Regeln für gute Geschichten. Und die Rolle des Regisseurs mit Vetorecht ließ sich Branson selbst dann nicht nehmen, als sein Imperium bereits Dutzende von Unternehmen verschiedenster Branchen umfasste.

Überlesen hatten die Anhänger übertragbarer Modelle auch all die Geschichten von Richard Bransons Mutter, die ihren Sohn so prägten, dass deren Botschaften Teil seiner Persönlichkeitsstruktur wurden. Und wenn Richard Branson seinen Mitarbeitern, Kunden oder externen Dienstleistern erklären will, worum es in seiner Firma geht, drückt er ihnen keine Broschüre mit austauschbaren Leitsätzen in die Hand, sondern erzählt Geschichten. Unter anderem die von seiner Mutter, als sie Pilotin werden wollte.

Wir schreiben das Jahr 1939. England steht kurz vor dem Kriegseintritt und rekrutiert Piloten für die Luftwaffe. Eve Branson kann zwar nicht fliegen, sieht nun aber die Gelegenheit, ihren Wunsch mit einem Beitrag zur Verteidigung ihres Landes verbinden zu können. Also geht sie zum Flugplatz Huston, der in der Nähe ihres Wohnorts liegt, fragt um einen Job und erkundigt sich, ob sie ebenfalls Pilotin werden könne. Obwohl sie das klare Nein nicht überrascht, lässt sich Frau Branson nicht von ihrem Ziel abbringen. Sie befolgt den Rat eines Fluglehrers, sich als Mann zu verkleiden, was bei einer Tänzerin mit blonden langen Haaren nicht gerade einfach ist.

Trotzdem besorgt sie sich eine der typischen Fliegerjacken, versteckt ihre Haarpracht unter einem Lederhelm und übt sich im Sprechen mit tiefer Stimme. Eve Branson bekommt den Job, lernt Segelfliegen und bildet die jungen Männer aus, die mit ihren Kampfflugzeugen die Schlacht um England mitentscheiden. Mit der gleichen Hartnäckigkeit und Kreativität schafft sie es nach dem Krieg, Stewardess zu werden, obwohl sie weder das verlangte Spanisch spricht, noch ein Diplom als Krankenschwester vorzeigen kann. Ein Nachtportier der British South American Airways setzt sie einfach heimlich auf die Liste.

Wenn Richard Branson seinem Buch den Titel „Screw it, let's do it: Lessons in Life" gibt, ist das nicht die gleiche Geschichte, die der Übersetzer der deutschen Ausgabe mit „Geht nicht, gibt's nicht!" erzählt. Es ist auch nicht dasselbe, ob ich von Adidas seit 2004 „Impossible is nothing" höre oder von Nike „Just do it". Selbst Richard Branson machte schon als Kind die Erfahrung, dass nicht alles möglich ist. Der Wunsch nach Märchen heißt nicht, Behauptungen in die Welt zu stellen, denen das Unbewusste nicht glaubt. Dass wir weniger zögern, unsere Ängste überwinden und einfach mal anpacken sollten, verbinden wir eher mit positiven eigenen Erlebnissen als die pädagogisch besetzte Formel „Geht nicht, gibt's nicht!"

Ein Geschichtenerzähler achtet auch sorgfältig auf Satzzeichen. Das wurde mir zu Beginn meiner Texterkarriere klar, als ich einen Slogan mit Ausrufezeichen absegnen lassen wollte und zu hören bekam: „Ein Texter hat in seinem Leben genau drei Ausrufezeichen zur Verfügung. Willst du tatsächlich schon eines davon verwenden oder nicht doch lieber nach einer Geschichte suchen, die ohne Ausrufezeichen stark genug ist?" Storytelling als Ausbildungsinstrument.

▶ **AUSFLUG**

Welche Geschichte ist Ihnen sympathischer? „Nichts ist unmöglich" oder „Pack's einfach an." Gibt es eine Geschichte aus Ihrer Kindheit, die zu Ihrem Unternehmen oder Ihrem Produkt passen würde, die Sie aber wegen ihrer negativen Besetzung nicht verwenden? Ließe sich diese Geschichte so verändern, dass die schlechten Erinnerungen aufgehoben werden und verschwinden?

! **WICHTIG**

Bei der Suche nach einer Mustervorlage für Storytelling sollten wir nach einer Geschichte Ausschau halten, die mit Erlebnissen der Kindheit oder der Pubertät verbunden und positiv besetzt ist. Die stärksten Geschichten sind immer die selbst erlebten.

Unternehmer wie Richard Branson als Naturtalente oder Genies zu bezeichnen, hilft denen wenig, die noch auf den untersten Sprossen der Erfolgsleiter stehen. Solche Klassifizierungen entmutigen und nähren zudem den Mythos, Erfolg sei eine Frage der Gene. Dem ist laut neuesten Forschungen nicht so. Und vieles im Marketing ist auch Handwerk, von dem die sogenannten Genies nur nicht wissen, wie gut sie es bereits beherrschen. So spricht Richard Branson ganz nebenbei davon, wie er Plattformen schafft, damit Menschen ihre eigenen Geschichten austauschen. Aber was für ihn eine Selbstverständlichkeit zu sein scheint, können Storyteller auch ganz gezielt in ihre Strategien aufnehmen.

Hier wird erzählt

„Wir erzählen uns Geschichten, um zu leben." Mit diesem Buchtitel nimmt die amerikanische Schriftstellerin Joan Didion das Grundthema von „Tausendundeine Nacht" wieder auf, das ja inzwischen auch Gegenstand neurowissenschaftlicher Untersuchungen geworden ist. Dass Geschichten ganz offensichtlich eine Art Bindeglied zwischen dem Bewussten und dem Unbewussten sind, gibt dem Wort „mitteilen" eine zusätzliche Bedeutung. Und wenn das Marketing schon immer von der Befriedigung menschlicher Bedürfnisse spricht, sollten sich die Verantwortlichen überlegen, wo, wie und wann sie Plattformen für den Austausch von Mitteilungen schaffen können. Kurz: Storytelling heißt nicht nur Geschichten erzählen, sondern auch Geschichten ermöglichen. Das Schicksal, neben oder gegenüber dem falschen Gesprächspartner zu sitzen, hat schon jeden von uns ereilt. Wenn wir ausgerechnet auf einem Langstreckenflug von solchen höheren Mächten eingeholt werden, hilft es wenig, sich an die Strapazen zu erinnern, die unsere Vorfahren erdulden mussten. Zu wissen, dass Goethe wochenlang in einer Kutsche durchgeschüttelt wurde, bis er endlich in Rom angelangte, und dass nicht jeder die Fahrt nach Amerika auf Segelschiffen überlebte, tröstet die wenigsten Flugpassagiere. Was uns freut oder ärgert, wird von mentalen Ankern bestimmt, die ihre Position aus Vergleichen der Gegenwart und der sozialen Nähe beziehen. Als Richard Branson auf einem Atlantikflug in seinem Sitz festsaß, obwohl er eigentlich gerne mit einem hübschen Mädchen im nächsten Gang gesprochen hätte, brachte ihn dieses unangenehme Erlebnis auf die Idee, in den Flugzeugen seiner Gesellschaft Stehbars einzuführen. Die Möglichkeit, auch in einem Flugzeug mit Menschen, die man mag, Geschichten austauschen zu können, gehörte laut Branson zu den wichtigsten Verkaufsargumenten, bevor sich andere Airlines ebenfalls mit Storytelling beschäftigen.

Es ist zweifellos schön, mit dem Internet eine Plattform zu haben, auf der sich Menschen an alle zu allem austauschen können. Aber virtuell bleibt virtuell. Internetforen, Blogs, Kommentarfunktion, Bewertungssysteme und elektronische Gästebücher werden den persönlichen Kontakt nie ersetzen können. Einmal mehr ist das keine Frage des Entweder-oder, sondern des Sowohl-als-auch. Selbstverständlich befasst sich ein Storyteller mit allen Möglichkeiten von Erzählplattformen, die das Internet bietet. Aber dafür gibt es inzwischen eine ganze Reihe nützlicher Ratgeber, die uns bei dieser Aufgabe unterstützen. Hier soll eine Lanze für Orte des realen Austausches von Geschichten gebrochen werden, zum Beispiel für die Aufwertung von Wartezonen.

Würde sich jemand die Mühe machen, die Wartezimmer von Dienstleistern zu sichten und nach den Kriterien von Storytelling zu bewerten, wäre das Ergebnis vernichtend. Von wenigen Ausnahmen abgesehen, unterscheiden sich die verschiedenen Angebote dieser Wohlfühlzonen lediglich in der Auswahl der Zeitschriften, der Ergonomie des Mobiliars und dem Wandschmuck. Dem entspricht die Stimmung an diesen Orten von Erstkontakten. Statt den neu Eintretenden die Kontaktaufnahme mit den bereits Anwesenden zu erleichtern, scheinen die Gestalter potenzieller Erzählräume alles zu unternehmen, die Besucher an peinliche und unangenehme Situationen ihrer Kindheit zu erinnern. Dort, wo auch Kinder erwünscht oder geduldet sind, wird dieses Gefühl durch die abgegriffenen Bilderbücher und den unangenehmen Lärm von Bauklötzen noch verstärkt.

Was in Wartezonen passiert, oder eben nicht passiert, muss auch den Vertretern traditioneller Marketingmethoden angelastet werden. Frage ich bei Gastvorlesungen Studenten im vierten Jahr ihrer Ausbildung zu Marketingprofis nach Ideen für die Umgestaltung eines Wartezimmers, verstehen viele nicht einmal die Frage. Sind sie aber bereits ein wenig mit den Metaphern von Storytelling und Bühneninszenierungen vertraut, werden kreative Blockaden schnell überwunden, auch weil solchen Studenten die Bedeutung eines Prologs klar ist. Je früher ich mit dem Kern einer Unternehmensgeschichte in Kontakt komme, desto stärker beeinflusst er meine Wahrnehmung für die Fortsetzungen, was wiederum eine höhere Fehlertoleranz bewirkt.

Mein Friseur, dem ich seit Jahrzehnten einen Teil meines Aussehens anvertraue, gilt in seiner Branche nicht als fachliches Ausnahmetalent, war aber inzwischen in mehr Magazinen präsent als die meisten seiner berühmten Kollegen. Nicht wegen seiner Berufskunst, sondern weil sein Warteraum voller Geschichten ist und seine Besucher geradezu zum Austauschen eigener Geschichten zwingt. Zwar schneidet auch Frankie B. Haare auf Termin. Aber die meisten seiner Kunden finden sich lange vor der vereinbarten Zeit bei ihm ein.

Sie toben sich am Flipperkasten aus, blättern ohne Scham in den verruchtesten Männermagazinen, nehmen sich ein Bier oder ihr im Kühlschrank zwischengelagertes Spezialgebräu, wundern sich über die neusten exotischen Mitbringsel anderer Kunden, suchen an der Wand mit den unzähligen Ansichtskarten nach der ihrigen, pinnen ihre Suchanzeigen auf das Riesenposter mit der knackigen Tennisspielerin, hören sich die neuesten Coiffeurwitze an, quatschen mit Leuten von der Gasse, die sich dort wohlfühlen und höchst selten die Haare schneiden lassen, erfreuen sich an der Anwesenheit noch nicht maximal emanzipierter Frauen, studieren die verschiedenen Währungen der von ausländischen Kunden hinterlassenen Banknoten an der Wäscheleine, helfen Schlüsselkindern aus der Nachbarschaft bei den Hausaufgaben und teilen die Ansicht eines emeritierten Professors, dieser Friseur habe eigentlich Anspruch auf Gelder aus dem staatlichen Sozialtopf. Frankie B. ist ebenso ein Storyteller wie mein neapolitanischer Freund Vittorio.

Weniger begabt ist offenbar der Psychologe, zu dem ich im zarten Alter von fünfzig Jahren zur Abklärung einer Erwachsenen-ADHS ging. Aufgrund seiner Spezialisierung hatte ich die Erwartung, dass mir der Warteraum eine Geschichte vom Zappelphilipp erzählt, wenn möglich eine, die mit einem Happy End schließt. Aber bereits die erste Szene ließ nichts Gutes erwarten. Meine Anfangsfreude über den Kaffeeautomaten verschwand schnell, als mir die krakelige Schrift auf dem Schild mitteilte, ohne den Einwurf einer Geldmünze gebe der Apparat nichts her. Als ich der Sekretärin etwas unwirsch sagte, sogar mein Automechaniker mit seinem deutlich geringeren Stundenlohn biete mir einen Gratiskaffee an, erhielt ich noch unwirscher zur Antwort, ein Psychologe sei kein Mechaniker.

Dafür waren die Diplome und Auszeichnungen meines Begutachters von Blattgold umrandet und die letzten Jahrgänge einer christlichen Familienzeitschrift auf einem Plastiktischchen aufgelegt. Mehr war in dem weiß gestrichenen Raum mit den unbequemen Discountstühlen nicht drin, was die kurz danach eintretende Mutter mit ihren zwei Kindern ebenfalls zur Kenntnis nahm. Müßig zu sagen, dass nach dieser Einstimmung keine guten Fortsetzungsgeschichten folgten, sondern Testbatterien, Fragebögen und die Hausaufgabe, mein bisheriges Zappelleben auf drei Seiten zu beschreiben. Was mir beim Nachhausefahren noch als lästige Pflichtübung schien, fand ich später so spannend, dass meine Selbsterkundung schließlich fünfzig Seiten umfasste.

Weil die Zappelphilipp-Abklärung für Erwachsene laut schweizerischer Gesundheitsverordnung auf Kosten der Neugierigen geht und ich den Stundensatz des Experten bereits wusste, konnte ich in etwa abschätzen, wie viel mir der Gutachter für die Lektüre meiner ausführlichen Selbstdiagnose in Rechnung stellen würde. Da ich der Meinung war, eine solche Geschichtensammlung habe auch für Experten einen Wert, wollte ich mich vor dem Abschicken vergewissern, dass ich lediglich die Lesezeit für die verlangten drei Seiten bezahlen müsse. Da ich seine Antwort schon ahnte, huschte mir beim Zusammenfassen meiner ersten Autobiografie ein Lächeln übers Gesicht. Geschichten haben einen Wert, ob wir sie selbst erzählen oder erzählt bekommen.

▶ AUSFLUG

Gibt es in Ihrem Unternehmen oder bei Ihren Tätigkeiten Orte, an denen Menschen auf den Beginn oder die Fortsetzung Ihrer Geschichte warten müssen? Wie lässt sich ein solcher Ort zur Bühne machen, auf der Ihre Kunden den Kern ihrer Geschichte wahrnehmen und selbst in die Rolle des Geschichtenerzählers schlüpfen?

! WICHTIG

Ob Wartezonen als Orte der Stille dienen sollen, bestimmen die Wartenden. Ist die Wahrscheinlichkeit groß, dass diese das Angebot annehmen möchten, dann sollten geeignete Signale auf die Inszenierung von Stille hinweisen. Kann davon ausgegangen werden, dass das Erzählen oder der Austausch von Geschichten erwünscht ist, sollten ein passendes Drehbuch geschrieben und die geeignete Bühnenausstattung konzipiert werden.

Um stille Örtchen geht es auch im Folgenden. Denn obwohl Marketingspezialisten traditioneller Art bei Zielgruppen sofort an Bedürfnisse denken, ist es doch erstaunlich, wie wenig sie sich um Bedürfnisanstalten kümmern. Zugegeben, dieser deutsche Begriff weckt andere Assoziationen als „Toilette", bei dem frankophonen Geschichtenerfindern aufregende Erzählungen über Schlösser, französische Hofdamen, Liebesabenteuer und Intrigen in den Sinn kommen. Wer eher an Bedürfnis denkt, kommt auch leichter auf die Idee, mich an diesem Ort mit vermieteten Werbeflächen daran zu erinnern, dass ich eventuell zur Zielgruppe der Prostatageschädigten gehöre.

Mit der Erwähnung dieses speziellen Aufenthaltsortes will ich Sie aber nicht mit dem Gemeinplatz langweilen, dass Sauberkeit zu den Zeichen gehört, die wir stark beachten. Auch wenn auf diesem Gebiet noch immer Handlungsbedarf besteht. Nein, WCs oder eben Toiletten sind ein schönes Beispiel dafür, was ein Storyteller beobachtet, wo er Möglichkeiten für die Inszenierung von Geschichten sieht und wann ihn ein Unternehmen als Experte beiziehen kann. Wäre Marketing ein Gesamtkunstwerk und daher auch für Architekten verbindlich, so hätte sich das Problem der längeren Warteschlangen vor Frauentoiletten längst gelöst. Aber da bei der Planung von Toiletten offenbar nur an Wasseranschlüsse, Hygienestandards und Budgets gedacht wird, erschöpft sich die Differenzierung an diesen Orten auf die Art der Duftspender, die Farbe der Fliesen, die Wahl der Armaturen und die Beschriftung der Eingangstüren.

Für „Checklisten-Abhaker" ist es unvorstellbar, dass Menschen eine Bar oder ein Restaurant zu ihrem Stammlokal wählen, weil die Toiletten ein Ereignis sind. Aber liest man die Besucherkommentare einer Londoner Bar, muss dem wohl so sein. Das ist auch nicht verwunderlich, wenn sich die Frauen dort wie in einer Hollywood-Garderobe fühlen, neben sich einen Drink und die Freundin auf dem Plüschhocker, mit der sie über Männer und die ganze Welt sprechen können. Diese ungewöhnliche Plattform für Geschichten veranlasste Szenenkenner bereits zur Aussage: „Der Treffpunkt der Zukunft ist eine Toilette mit Bar". Selbst wenn dies wohl etwas übertrieben formuliert ist, deuten solche Statements auf eine Entwicklung hin, die das traditionelle Marketing übersieht, weil es dem Austausch von Geschichten zu wenig Bedeutung zumisst oder ihn lieblos ins Internet verlagert.

Toiletten können eine eigene Geschichte sein, Bühnen für Geschichten oder Bestätigungen der Kerngeschichte, wie das folgende Beispiel zeigt: Im Zürcher Luxusrestaurant Sonnenberg, in dem der Starkoch Jacky Donatz und sein Team Gäste des Weltfußballverbands FIFA und andere Prominente oder Betuchte verwöhnt, wird mit der fantastischen Aussicht, der berühmten Küche und dem speziellen Ambiente die außergewöhnliche Auszeit im Alltag zelebriert. Eine zusätzliche Aktivierung erfährt das Belohnungssystem durch das Gefühl, auf Kosten anderer bei einer hochpreisigen Aufführung dabei sein zu dürfen. Jedenfalls blieb auch bei mir eine Fehlermeldung des Gewissens aus, als mich ein Kunde zum Briefing in den Sonnenberg einlud. Nur, was mir von diesem Geschäftsessen in Erinnerung blieb, werden die wenigsten glauben. Außer natürlich der Chef selbst, den ich darauf ansprach. Einmalig in diesem Restaurant ist das Toilettenpapier! Und weil ich noch nie im Leben ein so flauschiges Papier in den Händen hatte, fragte ich den Starkoch, woher er diese wolkigen Rollen beziehe. Und was sagte er? „Sie sind nicht der Erste, der das wissen möchte, aber das bleibt ebenso ein Geheimnis wie das Rezept meiner berühmten Koteletts." Das ist Stil.

Was zum Stil eines exklusiven Dessousgeschäfts gehört, vernahm ich von einer Kollegin, die sich ihre Leidenschaft für schönes Darunter einiges kosten lässt. Das war während der zwei Jahre, in denen sie als Zeremonienmeisterin auf dem englischen Landsitz eines reichen Arabers wirkte, kein Problem. Nur war sie immer wieder erstaunt, wie wenig Beachtung selbst Geschäfte an erster Adresse den Umkleidekabinen schenken. Licht, das die Kundinnen eher an Aufenthalte in gerichtsmedizinischen Instituten als an die Karibik erinnert, Ablageflächen wie in einem Kinderbuggy und ein Raumgefühl wie in einem nachträglich eingebauten Lift.

In das Geschäft, in dem sie endlich eine erzählenswerte Alternative erlebte, geht sie noch mindestens einmal pro Jahr, obwohl sie längst nicht mehr auf der Insel arbeitet. Nicht weil dort die Auswahl größer oder die Preise kleiner sind, sondern weil der Umkleideraum so inszeniert ist, wie es sich für eine Königin auf Zeit ziemt. Weil ihre Haut nie schöner aussieht als dort. Weil Freundinnen oder Freunde in der Kabine auf einem Sofa warten können, bis ihre Kommentare erwünscht sind. Weil sie selbst auswählen kann, ob sie sich während ihrer Verwandlung von Musik berieseln lassen will und welcher Interpret dies tun soll. Weil dieser Raum nicht wie ein Zollamtsbüro, sondern wie ein Ort der Verführung aussieht. Und weil sie neuerdings mit einem Knopfdruck sogar die Kulisse für ihren Auftritt auswechseln kann. Wenn Frauen die Geschichte dieses Umkleideraums Männern erzählen, um auf ganz andere Geschichten aufmerksam zu machen, passt das ja immerhin zur Kerngeschichte des Produkts.

EXKURSION 15:

Neurowissenschaftler sehen ihre Berufung nicht darin, nach chemisch-physikalischen Zusammenhängen zu forschen, die Unternehmern das Leben leichter machen. Neurologen verfolgen in erster Linie medizinische Interessen und suchen nach Möglichkeiten, Schädigungen von Hirnarealen mit gezielten Eingriffen und neu entwickelten Medikamenten zu beheben. Diese Berufsauffassung ist mit ein Grund, warum sich Neurologen wenig um idealistische Vorstellungen von menschlichem Verhalten kümmern, zumindest während ihrer wissenschaftlichen Arbeit. Kombiniert mit ihrem Glauben, dass sich die Grundprogramme der Evolution nicht so schnell ändern, führt dies dazu, dass neurologische Erkenntnisse oft im Widerspruch zu den Inhalten von Ratgebern stehen, die uns Rezepte für ein besseres Leben, erfolgreichere Führungsarbeit oder zielgruppengerechteres Marketing geben.

Storytelling hingegen übersetzt neurologische Erkenntnisse in den praktischen Alltag und entwickelt seine Instrumente für den Menschen, wie er ist — nicht wie er irgendwann sein soll.

Keine Vorurteile zu haben, nicht zu vergleichen oder den leeren Geist zu suchen, gehört nicht zu den Zielen, die Storytelling propagiert. Das Gehirn umzuprogrammieren, wie es zum Teil durch Meditation möglich ist, schaffen nur ganz wenige. Diese Ansicht teilt auch Wolf Singer, Direktor am Max-Planck-Institut für Hirnforschung in Frankfurt am Main. Wer ohne externe Hilfsmittel in die Grundprogramme seines eigenen Gehirns eingreifen will, muss neue Verschaltungen täglich und jahrelang einüben. So wie der ehemalige Molekularbiologe am Institut Pasteur in Paris, Matthieu Ricard, der seit 35 Jahren als buddhistischer Mönch im Himalaja lebt. Interviews und wissenschaftliche Experimente mit solchen Mönchen haben gezeigt, wie hartnäckig sich neuronale Grundprogramme immer wieder melden, wenn sie nicht täglich durch die gewünschten neuen überlagert werden. Außer bei der Zielgruppe „Großmeister der Meditation" geht Storytelling davon aus, dass Menschen gar nicht anders können, als durch das Erzählen und Vergleichen von Geschichten herauszufinden, wer sie sind und wo ihr Platz auf dieser Welt ist.

5.2 Ein Beispiel für viele – Warum eine Mustervorlage genügt

Wahrscheinlich gehören Sie ebenfalls zu den Menschen, die ins Stottern kommen, wenn sie jemandem ihre Methode des Schuhbindens erklären müssen. Und vielleicht sind Sie sogar der Meinung, Ihr Verfahren sei das einzig richtige. Aber warum sollte es ausgerechnet bei der banalen Frage nach passenden Knoten eine Antwort mit Wahrheitsgarantie geben?

Ein guter Freund von mir, Elektroingenieur und Geschichtenerfinder, fühlte sich im Alter von vierzig Jahren dazu gedrängt, seine Schuhe auf eine effizientere Art zu schnüren. Zudem störte ihn plötzlich, dass die bisherige Mustervorlage die Bändel längs und nicht quer legte. Obwohl handwerklich nicht ungeschickt, dauerte es selbst bei ihm ein gutes Jahr, bis seine Finger von Rückschlägen verschont blieben und nicht in alte Gewohnheiten zurückfielen. Als er mir diese kleine Episode aus seinem Leben erzählte, nahm ich das zum Anlass, mich näher mit der Kunst des Schuhbindens zu beschäftigen. Das Resultat meiner Beobachtungen, Befragungen und Internetrecherchen kann sich sehen lassen.

Die Geschichte vom eigenständigen Binden seiner Schuhe hinterlässt offenbar stärkere Spuren, als viele Interviewte zuerst meinten. Zumindest schätzten sie diese Etappe der persönlichen Entwicklung als so wichtig ein, dass ihnen dazu eine Geschichte in den Sinn kam. Ob ge- oder erfunden, ist ja nebensächlich. Einigen kamen längst vergessen geglaubte Merkverse wieder in den Sinn: „Nach rechts, nach links und unten durch! / Dann ein Kreisverkehr und's Auto fährt drum rum / Nun noch schnell durch den Tunnel durch / Und fertig fidibum!" Oder: „Kreuz die Arme schlupf unten vor / Zieh ganz fest und leg ein Ohr / Den Ring drumrum zum Fenster raus / Zieh die Ohren lang und jetzt ist's aus." Beliebt, kurz und vor allem für Jungs: „Hasenohr, Hasenohr, noch ein Toooor!"

Bei einer Person ließ meine Frage Bilder eines Mädchens auftauchen, in das er vielleicht auch deshalb verknallt war, weil es ihm die Angst vor Schnürsenkeln nahm. Und mein Zahnarzt befürchtete lange, sein Unvermögen würde ihn dazu zwingen, das ganze Leben lang in Gummistiefeln herumzulaufen. Eher ungern hörte ich die Geschichte, dass ein Kollege auf die gleiche Idee kam wie ich, das Ganze an einem Stück Holz zu üben, in das er Nägel einschlug, um die er dann übend eine Paketschnur schlang. Teile der Klettverschluss-Generation wussten zu berichten, dass sie den Mehrwert solcher Übungen nicht erkannten und das Training erst in Angriff nahmen, als sie als Fußballjunioren dem sozialen Druck ausgesetzt waren.

Wen würde das traditionelle Marketing als Zielgruppe für Geschichten vom Schuhe binden definieren? Mit den herkömmlichen Kategorien ist das nicht einfach. Das Tabuwort „alle" kommt dem Sachverhalt schon sehr nahe, was uns bei Kindheitserlebnissen nicht zu wundern braucht. Trotzdem ist es natürlich auch hier fehl am Platz, weil kulturelle Eigenheiten immer berücksichtigt werden müssen. Diese Beispiele sollen ja auch nicht suggerieren, Storytelling hätte das Problem der Zielgruppendefinition ein für alle Mal gelöst. Vielmehr will ich damit veranschaulichen, dass es sich lohnt, an Mustervorlagen anzudocken und dass nicht immer die beste Lösung gewinnt.

Nur sehr selten sprechen sich Eltern ab, wer dem Kind das Binden von Schuhen beibringen will. Meist setzt sich einfach die Methode desjenigen Elternteils durch, der das Problem wichtig genug findet, um es anzupacken. Wenn Sie also beim nächsten Besuch ihrer Enkel- oder Patenkinder die Lust verspüren sollten, Ihre Beobachtungsgabe zu schulen, so sind Schnürsenkel ein geeignetes Objekt. Der australische Schnürsenkel-Guru Ian Fieggan beherrscht übrigens 16 Schuhschleifen und 52 Schuhschnürungen.

▶ **AUSFLUG**

Sprechen Sie im Familienkreis oder am Arbeitsplatz das Thema Schuhe binden an, fragen Sie nach den Erinnerungen und überlegen Sie, an welche Zielgruppe, sich Ihre Meinungsumfrage richtet. Achten Sie auch auf das Engagement, das Ihre Gesprächspartner bei diesem Thema an den Tag legen.

! **WICHTIG**

Besitzer von Segelschiffen oder Chirurgen gehören nach traditionellen Ziel-gruppeneinteilungen zu den Gutverdienenden, Verwaltern von leeren Nestern, Dinks oder wie diese Gruppen alle heißen. Was diese Knotenbinder jedoch alle verbindet, ist die Geschichte vom Kampf mit und gegen den Schnürsen-kel. Storytelling sucht seine Zielgruppen auch in gemeinsamen Erlebnissen der Kindheit und der Pubertät.

Nach diesem Abstecher in Ihre Vergangenheit möchte ich mich wieder der Gegen-wart nähern, um Sie anhand eines realen Beispiels mit der Mustervorlage bekannt zu machen, die meine Arbeit als Storyteller geprägt hat.

Der Anfang ist überall

Glück ist eines der Marketinginstrumente, das in Lehrbüchern lediglich Treibholz im Fluss des Vergessens ist. Das ist ebenso verständlich wie fatal. Verständlich, weil sich Glück der Machbarkeit entzieht, fatal, weil wir es mit einer solchen Haltung leicht übersehen und nicht herausfordern. Anders gesagt, wer keinen Lottoschein ausfüllt, braucht zwar die Ziehung der Zahlen nicht zu beachten, wird aber mit absoluter Sicherheit auch nie gewinnen.

Als sich mein Grafiker und ich zu Beginn des neuen Jahrtausends selbstständig machten, füllten wir jedenfalls alle möglichen „Lottoscheine" aus. Das heißt, wir verkündeten unseren Schritt allen, die uns und unsere Arbeiten in irgendeiner Form kannten. Und da wir im letzten Jahr des Angestelltendaseins für unseren Arbeitge-ber den Branchen-Oscar geholt hatten, bestand unser Werbeprospekt einzig und allein aus einer Dokumentation, wie die Marketing-Trophy des Schweizerischen Marketingclubs erstmals zu einer staatlichen Organisation kam.

Um die vage Zielgruppe unserer Akquisitionskampagne wenigstens ein wenig ein-zugrenzen, bearbeiteten wir die Personen stärker, welche mit unserem ehemaligen Arbeitgeber ebenfalls unzufrieden und woanders nun glücklicher waren. Glück war es, dass einer der ehemaligen Arbeitskollegen das gleiche Feindbild hatte, unter Er-folgsdruck stand, an einem Expertentrauma litt, für den richtigen Fußballverein mit-fieberte, mit einer Gefälligkeit im Rückstand war, Motorradfahrer mochte und nach einem Rezept suchte, das sich möglichst schnell und einfach kopieren lässt, aber dennoch keine sündhaft teuren Zutaten braucht. So kamen wir zum lukrativen Erst-auftrag, dem Online-Geschäft einer großen Schweizer Kantonalbank neuen Schub zu geben. Oder personalisierter formuliert: Unseren ehemaligen Arbeitskollegen in seiner Tätigkeit so zu unterstützen, dass er die gesteckten Ziele übertrifft und auf der Karriereleiter gleich ein paar Sprossen überspringen kann. Storyteller gehen im-mer davon aus, dass jede Geschichte einen Produzenten hat, der Drehbuch und an-geheuertes Personal nur so lange gut findet, wie ihm Investitionen und geschenktes Vertrauen einen Profit bringen, ob Ruhm, Geld oder beides.

Glück war es auch, dass der Weg, der zum Ziele führen sollte, nicht mit verbind-lichen Vorgaben gepflastert war, sieht man von Selbstverständlichkeiten wie Er-kennbarkeit des Mutterhauses oder behutsamem Umgang mit den treuen Kunden ab. Trotz dieses Freiraums gingen wir nach den klassischen Mustern vor, wie sie mehr oder weniger in allen Strategie- und Konzeptbüchern gelehrt werden. Wir analysierten die Umwelt, den Markt und das Unternehmen, hielten mit der SWOT-Analyse die Chancen, Stärken, kritischen Erfolgsfaktoren und die strategischen Er-folgspositionen fest, besprachen Vor- und Nachteile von Positionierungs-, Wachs-tums-, Wettbewerbs-, Kunden- und Leistungsstrategien, definierten schließlich die Marketingziele und den Marketingmix, um danach die Planung, das Budget, die Organisation und die Systeme für die Umsetzung in Angriff zu nehmen. So war es zumindest geplant.

Aber schon früh tauchte immer wieder die Frage auf, welche Geschichte das Un-ternehmen seinen Kunden erzählen will. Und als das nach dem Diagnoseteil noch immer nicht klar war, beschlossen wir, so lange mit der Strategieevolution und dem Festlegen der Marketingziele zu warten, bis wir die Geschichte des Unternehmens und seiner Produkte gefunden haben, und zwar so, dass wir ihr einen Titel geben können, der sich auf ein T-Shirt schreiben lässt. Im Rückblick gesehen, war es weder ein Vorzug noch ein Nachteil, dass wir nicht gleich mit der Suche nach der Geschichte begannen. Denn es ist ja nicht so, dass mit klassischen Methoden keine brauchbaren Resultate erzielt würden. Nur ist das Gefundene meist zu abstrakt, um es Mitarbei-tern verständlich zu machen und damit konkrete Handlungsmuster zu generieren. Wichtig ist mir nur die Botschaft, dass Storytelling eine Methode ist, die an klassische Vorgehensweisen anknüpfen und deren Ergebnisse berücksichtigen kann.

Ordnungsmuster erleichtern das Suchen

Geschichten machen Zeichen des Unbewussten sichtbar und sind selbst Zeichen. Bei der Suche nach der Corporate Identity oder Product Identity bewähren sich Fragen, deren Antworten zu Assoziationen führen, mit denen sich Ketten knüpfen lassen, die ihrerseits wiederum auf mögliche Geschichten verweisen, und zwar solche, die mit unseren Lebensbiografien zu tun haben. Von solchen Ordnungsmustern finden Sie im Anhang so viele, dass es Ihnen leicht fallen sollte, eine Anzahl auszuwählen, die zur Aufgabe und zum Suchteam passen.

Nachdem wir den bestehenden Namen „Discount Direct" durch ein „X" ersetzt hatten, um uns von bestehenden Mustern besser lösen zu können, orientierte sich unser aus drei Köpfen bestehender Suchtrupp an einem Schema, das zu folgenden Fragen mögliche Antworten sucht:

Warum existiert das Produkt?	Weil es sich vervielfachte
Welchem Produkt ist es ähnlich?	Y (Nummer Zwei im Markt)
Was hat es Einzigartiges?	Frische
Was ist seine stärkste Anziehungskraft?	Einfachheit
Was ist sein größtes Verhängnis?	Erinnert an Schule
Welches Fahrzeug ist es?	VW Golf
Welches Medium ist es?	TV/Lüthi und Blanc (Soap-Opera)
Welches Tier ist es?	Bär
Welcher Star ist es?	Kurt Aeschbacher (beliebtester Moderator)
Welches Land ist es?	Schweiz
Welche Geschichte soll X künftig erzählen?	**Antwort**
Wenn es ein Auto wäre?	Smart
Wenn es ein Medium wäre?	Film von Steven Spielberg
Wenn es ein Tier wäre?	Schmetterling
Wenn es ein Star wäre?	Tom Cruise
Wenn es ein Land wäre?	Amerika
Welches Auto sollte es nicht sein?	Renault Espace
Wenn es ein Medium wäre?	Glückspost (Neue Revue)
Welches Tier sollte es nicht sein?	Schnecke
Welcher Star sollte es nicht sein?	Moritz Leuenberger (Schweizer Bundesrat)
Welches Land sollte es nicht sein?	Israel

Welcher Kunde sollte X mögen?	Antwort
Eher Mann oder Frau?	Frau
Wie alt?	35 – 45
Wohin fährt er in die Ferien?	Kuba
Worüber unterhält er sich am liebsten?	Fehler anderer
Was ist seine größte Leidenschaft	Kino
Was hasst er am meisten?	Langeweile

Anfänger und Gegner solcher Suchmethoden melden sich reflexartig mit dem Killerargument, die gefundenen Bilder seien nicht repräsentativ, missverständlich und zu eingrenzend. Sie haben natürlich recht, aber nur, wenn Sie meinen, das sei das Ende und nicht der Anfang der Reise. Storytelling hat mit Stil gemeinsam, dass am Schluss die Summe aller Zeichen zählt, das ihnen innewohnende Bild. Es werden in einem solchen Prozess also auch möglichst alle Nebenschauplätze, Bemerkungen und sich schnell verflüchtigende Assoziationen protokolliert und für die Skizzierung des Schlussbildes berücksichtigt.

Aber meist taucht im Laufe des Prozesses die richtige Geschichte ohnehin so auf, wie in der King-Kong-Verfilmung die Insel aus den Nebelschwaden über dem weiten Meer entsteigt. Ist dies der Fall, lohnt es sich nicht mehr, mit der Suche fortzufahren. Aber da dies in unserem Fall noch nicht geschah, wollten wir von den Mitarbeitern wissen, was Menschen dazu veranlassen könnte, Kunde von X zu werden. Wobei zu erwähnen ist, dass damals noch nicht von Geschichten, sondern von Lebensmotiven gesprochen wurde.

Lebensmotiv	sehr	ziemlich	selten	kaum
Macht Streben nach Erfolg, Leistung, Führung, Einfluss	37,5	37,5		25
Unabhängigkeit Streben nach Freiheit, Selbstgenügsamkeit	50	25		25
Neugier Streben nach Wissen und Wahrheit	25	25	25	25
Anerkennung Streben nach sozialer Akzeptanz, Zugehörigkeit und positivem Selbstwert	25	25	25	25
Ordnung Streben nach Stabilität, Klarheit und guter Organisation	37,5	50		12,5

Lebensmotiv	sehr	ziemlich	selten	kaum
Sparen Streben nach Anhäufung materieller Güter und Eigentum	75	25		
Ehre Streben nach Loyalität und charakterlicher Integrität		12,5	50	37,5
Idealismus Streben nach sozialer Gerechtigkeit und Fairness	12,5	25	37,5	25
Beziehungen Streben nach Freundschaft, Freude und Humor	12,5	25	12,5	50
Familie Streben nach Familienleben und danach, eigene Kinder zu erziehen		12,5	37,5	50
Status Streben nach Reichtum, Titeln und öffentlicher Aufmerksamkeit	62,5	12,5		25
Rache Streben nach Konkurrenz, Kampf, Aggression und Vergeltung		25	12,5	62,5
Körperliche Aktivität Streben nach Fitness und Bewegung			25	75
Ruhe Streben nach Entspannung und emotionaler Sicherheit		37,5	12,5	50

Das Team nach solchen Lebensmotiven von Kunden zu fragen, machte vor einem Jahrzehnt Sinn, weil das heutige Instrumentarium von Storytelling noch nicht ausgearbeitet war und der Boden dafür zu steinig gewesen wäre. Aber es erstaunt nicht, dass diese Resultate in der Diskussion schon damals zu Geschichten führten, wenn ich fragte, in welchem Film diese Motive den Plot vorantrieben. Und wie die gerundeten Prozentzahlen zeigen, ging es ja nicht um wissenschaftliche Genauigkeit, sondern um das Schmieden weiterer Glieder in der Assoziationskette, die zu einer tragenden Marketinggeschichte führen sollte.

Es ist reiner Zufall oder pures Glück, wenn die gesuchte Geschichte gleich zu Beginn gefunden wird. Um das zu veranschaulichen, greife ich manchmal auf die darstellende Kunst zurück, zeige Entwürfe, Skizzen und Resultate von Zwischenetappen, um danach das Werk vorzulegen, das die Verdichtung all dieser Prozessschritte ist. Ich benutze diese Beispiele auch dazu, die Beteiligten daran zu erinnern, dass unterwegs Fremdmeinungen durchaus erwünscht sind, dass aber am Schluss der Künstler für die große Idee verantwortlich ist und er daher auf eine Abstimmung verzichtet.

Die Diskussion der Lebensmotive führte in unserem Fall zur mehrheitsfähigen Einsicht, dass vierzehn Variablen nicht zu handhaben sind. Von ebenso großer Bedeutung war, dass die Teammitglieder an dieser Form von Kategorisierung Zweifel äußerten und dies mit Argumenten begründeten, die den Übergang zu neurologischen Betrachtungsweisen erleichterten. Denn als ich beim Motiv „Ruhe" nachhakte und jeden Einzelnen fragte, ob Kunden tatsächlich so wenig auf emotionale Sicherheit achten würden, waren wir sofort beim Menschen, wie er wirklich ist.

Anders gesagt: Ordnungsmuster, die das limbische System nicht beachten und zu sehr mit dem Bewusstsein verknüpft sind, bekamen untergeordnete Priorität. Nach dieser Diskussion musste also jedes Teammitglied wieder ein paar Felder zurück und sich die Frage erneut beantworten, was jemanden dazu veranlassen könnte, Kunde von X zu werden. Mustervorlagen für die Anwendung und Umsetzung von Storytelling finden sich nur in Ausnahmefällen beim ersten Suchort. Wertvolle Beutestücke entdeckt man durch systematisches Einkreisen.

Um dem Leser den Prozess, den wir durchliefen, noch besser zu veranschaulichen, gebe ich im Folgenden wieder, welche Inputs gegeben wurden, bevor wir uns auf einen einzigen Begriff einigen mussten.

Welche Geschichte ist X jetzt?	Antwort
Warum existiert das Produkt?	▪ Wir waren die Ersten mit dieser guten Idee ▪ Bedürfnisse schnell, billig und sicher abzuwickeln ▪ Weil die Zeit dafür reif ist
Welchem Produkt ist es ähnlich?	▪ Den meisten anderen Brokern ▪ Aufzählung verschiedener Konkurrenten
Was hat es Einzigartiges?	▪ Freundliche und motivierte Mitarbeiter ▪ Bekanntes Mutterhaus ▪ Längere Öffnungszeiten ▪ Kleines, dynamisches Team ▪ Längste Erfahrung ▪ Großes Entgegenkommen, Kulanz
Was ist seine stärkste Anziehungskraft?	▪ Schnelle und rasche Abwicklung von Börsengeschäften ▪ Mutterhaus mit Staatsgarantie ▪ Umfangreiches Angebot ▪ Große Effizienz und kleiner Aufwand ▪ Sicher und günstig
Was ist sein größtes Verhängnis?	▪ Zu hohe Gebühren ▪ Keine Realtime-Kurse auf der Homepage ▪ Zu wenige Großkunden ▪ Ausführungsbestätigungen von Auslandbörsen dauern zu lange

Welches Fahrzeug ist es?	Fünfjähriger Opel (korrekt, aber alt), Honda, Rover, Toyota MR2, Ford Ka, VW Golf
Welches Medium ist es?	Ein artiges, gutes und seriöses Kind, Basler Zeitung, Nachrichten, Stadtkanal, TV/Lüthi und Blanc (Soap-Opera)
Welches Tier ist es?	Gesundes, aber für die Jagd zu schweres Tier, Elefant, Maulwurf, kleiner Hund, Bär, Pferd, Schnecke
Welcher Star ist es?	Patty Schnyder (schweiz. Tennisspielerin), Gotthard (schweiz. Rockband), Beni Thurnheer (biederer und geschwätziger schweiz. Erfolgsmoderator), Peter Alexander, Kurt Aeschbacher
Welches Land ist es?	Schweiz, Ungarn
Welche Geschichte soll X künftig erzählen?	**Antwort**
Wenn es ein Auto wäre?	BMW, Audi, Ford Mondeo, Mercedes, sicheres, spurtschnelles, wendiges, modernes Fahrzeug mit gutem Handling
Wenn es ein Medium wäre?	Neue Zürcher Zeitung, NTV, BBC, Benissimo (Quizsendung mit Beni Thurnheer), Aktuelle und auf das Wichtigste reduzierte Nachrichtensendung
Wenn es ein Tier wäre?	Tiger, Einzelkämpfer im Rudel, Löwe, Delfin, Luchs, Stier, Hunde, fleißige Ameise
Wenn es ein Star wäre?	Madonna, Jürgen von der Lippe, Tom Hanks, Beni Thurnheer, Arnold Schwarzenegger, Martina Hingis, Céline Dion, Francine Jordi (junge, temperamentvolle, frische, schweizerische Volksmusiksängerin)
Wenn es ein Land wäre?	Amerika, Frankreich, Schweiz, Brunei
Welches Auto sollte es nicht sein?	Citroën 2CV, rostiger Ferrari mit VW-Motor, Trabi, MG
Wenn es ein Medium wäre?	Big Brother, Blick/Bild, Gute-Nacht-Geschichte, Lokalblatt
Welches Tier sollte es nicht sein?	Schnecke, Ratte, Wurm, Faultier, Blindschleiche, Frosch, Bär
Welcher Star sollte es nicht sein?	Boxchampion, Märchentante, Verona Feldbusch, Verbandsfunktionär
Welches Land sollte es nicht sein?	Afghanistan, Republik Kongo, USA, Uganda, Entwicklungsland, Indonesien

Was beim Storytelling wichtig ist und was Sie vermeiden sollten

Welcher Kunde sollte X mögen?	Antwort
Eher Mann oder Frau?	Egal, Mann, Frau (in dieser Reihenfolge)
Wie alt?	Egal, 15 – 100, 30 – 65, 40, 45-plus, 20 – 80, 30 – 45, 18 – 95, 25 – Tod
Wohin fährt er in die Ferien?	Bahamas, USA, Asien, Karibik, Mauritius, Florida Reiseziel, bei dem Leistung und Preis attraktiv sind und die Erwartungen erfüllt werden
Worüber unterhält er sich am liebsten?	Wirtschaft, Politik, Kunst, die schönen Dinge im Alltag, Geld, Börse
Was ist seine größte Leidenschaft	Steigende Börsenkurse, Golf, Tennis, Reisen, Lesen, Glücksspiel, Aktienspekulation, Fußball, gutes Essen, Schnäppchen jagen
Was hasst er am meisten?	Fallende Börsenkurse, Faulenzen, Intoleranz, lange Wartezeiten, Geld verlieren, Fehler, Sport, nicht wahrgenommen zu werden

Der Leiter eines Storytelling-Workshops, der Regisseur oder wer auch immer die Verantwortung für die Schlussfassung des Drehbuches übernimmt, muss in solchen Ergebnissen nach möglichen Kernelementen und Störfaktoren suchen — nach offensichtlichen und weniger gut erkennbaren. Auffallend ist zum Beispiel das Wirrwarr bei der Zielgruppendefinition, was erfahrene Storyteller eher freut als beunruhigt, denn zusammengefasst entschieden sich die Workshop-Teilnehmer für die Zielgruppe „Alle". Um „Alle" wiederum einzugrenzen, sind Ausflüge in den kulturellen Geschichtenschatz nützlich. Mögliche Fragen sind:

- Wer entscheidet wirklich? Und wem wird lediglich das gute Gefühl überlassen, die Entscheidung gefällt zu haben?
- Wer vertraut dem Medium Internet auch dann, wenn es um die Sicherheit seines Vermögens geht?
- Wo lassen sich eventuell schon jetzt prägende Ersterlebnisse und starke Geschichten der Kindheit ausmachen?

Wenn es starke Zweifel gibt, ob die eingebrachten Assoziationen bereits genügen, um damit auf das Wesentliche zu kommen, sollte man mit Fragen anderer Ordnungsmuster nachbessern, und zwar so lange, bis man intuitiv spürt, dass mehr Informationen keinen zusätzlichen Erkenntnisgewinn bringen. In unserem Falle machten wir weitere Durchgänge mit einer revidierten „Maslow-2000-Liste" und zwanzig Behauptungen, was Menschen wirklich wollen:

„Maslow 2000" — Erweiterung der Maslow'schen Bedürfnispyramide

Bedürfnis nach	Was dazu gehört
Anerkennung	Neid, Prestige, Bedeutung, Ehrgeiz, Eitelkeit, Selbstbewusstsein, Erfolg, Respekt, Leistung, Macht, Wertschätzung, Vornehmheit, Auszeichnung, Fortschritt, Wettbewerb, Sieg, Status, Individualität, Karriere, Beförderung, Stolz, Überlegenheit
Sicherheit	Besitz, Zuverlässigkeit, Risikoarmut, Stabilität, Schutz, Vertrag, Garantie, Vertrauen, Nachweis, Solidität
Neugier	Entdeckung, Spiel, Suche, Erfahrung, Forschung, Interesse, Experiment, Entwicklung, Geheimnis, Frage, Revolution
Anlehnung, Kontakt	Gruppe, Beitritt, Zugehörigkeit, Hilfe, Umwelt, Sympathie, Zusammenarbeit, Herzlichkeit, Freundlichkeit, Beliebtheit
Erwerb	Einkommen, Nutzen, Wirtschaftlichkeit, Besitz, Geld, Anlage, Beteiligung, Sparen, Gewinn, Reichtum
Liebe	Jugend, Anziehung, Verführung, Erotik, Zuneigung, Faszination, Männlichkeit, Weiblichkeit
Bequemlichkeit	Komfort, Trägheit, Ruhe, Vereinfachung, Entspannung, Erholung, Entlastung, Wohlbefinden, Annehmlichkeit, Betreuung
Gesundheit	Sport, Spiel, Fitness, Lebenshaltung, Nahrung, Medizin, Entspannung, Kur, Krankheitsverhütung

Jünger des amerikanischen Gründervaters der humanistischen Psychologie wird es ob einer solchen Erweiterung der Maslow'schen Bedürfnispyramide ebenso schaudern wie Verfasser von Diplomarbeiten über den 1970 verstorbenen Psychologen. Aber beim Storytelling geht es nicht um wissenschaftliche Genauigkeit, sondern um die Suche nach passenden Geschichten und deren Zeichensystemen. Es kommt hinzu, dass mir ein salopper Umgang mit den Maslow-Theorien auch deshalb gerechtfertigt erscheint, weil dieser den prägenden Erlebnissen von Kindheit und Pubertät zu wenig Gewicht beimisst. Wahrscheinlich auch deshalb, weil er seine eigene Kindheit als sehr unglückliche und einsame Zeit beschrieb.

Was Menschen wollen oder 20 Bedürfnisse

- Kontrolle über das Ungewisse haben
- Eigene Entdeckungen machen
- Alte Werte und Erinnerungen genießen
- Besser sein als andere
- Den Traum der Familie leben
- Zu einer Gruppe gehören

- Spiel, Spaß und Spannung haben
- Zeit sparen und gewinnen
- Die besten Stücke bekommen
- Das Beste aus sich machen
- Erotik und begehrt werden
- Den Brut- und Pflegetrieb ausleben
- Ewige Jugend und Unsterblichkeit ergattern
- Hilfe für den Neuanfang erhalten
- Klug und intelligent sein
- Faulenzen und bedient werden
- Ohne Gefahr auf der Bühne stehen
- Reich werden ohne viele Aufwand
- Immer wieder sich selbst sehen und hören
- Freiheit und Auswahl haben

Storytelling ist nicht zuletzt deshalb eine effiziente und anwenderfreundliche Methode, weil sie selten zu Streitereien darüber führt, welcher Begriff der richtige sei und ob sich alles wissenschaftlich beweisen lasse. Aber ebenso wie in der Mathematik gibt es im Storytelling einige Axiome, die man akzeptieren muss, um zu gültigen Resultaten zu kommen. Axiome, die wir im Verlauf dieses Buches bereits kennengelernt haben und von denen eines lautet: Jedes Ordnungsmuster, das den realen Menschen im Alltag beschreibt, kann verwendet werden. Anders gesagt: Idealistische Vorgaben für menschliches Verhalten werden nicht berücksichtigt.

Die Suche abschließen

Der Verantwortliche für den Suchprozess nach der passenden Geschichte entscheidet, wann das Material reicht, um die nächste Etappe in Angriff zu nehmen. Wohl wissend, dass ein Zuviel an Informationen und an Zeit der Suche eher schadet als nützt, erklärt der Storyteller die erste Etappe für abgeschlossen. Allein oder maximal zu dritt macht sich der externe Geschichtenexperte nun daran, die vielen Informationen zu verdichten und den Kreis möglicher Geschichten einzugrenzen. Dem Team werden die Gründe für die zeitweilige Reduktion der Suchtruppe mitgeteilt, wobei gleichzeitig ein Termin vereinbart wird, an dem das gefundene Resultat vorgestellt und besprochen wird.

Unter dem Titel „Das Beste kommt noch" habe ich ein Booklet verfasst, das durch seine Gestaltung und den Anhang zwar 24 Seiten umfasste, aber mit seinen 3.500 Wörtern auf weniger als sieben vollgeschriebenen DIN-A4-Seiten Platz fände. Die Reduktion auf das Wesentliche ist ja ein wichtiger Bestandteil von Storytelling.

Der Titel sollte signalisieren, dass der geplante Zusammenschluss mit einem Konkurrenten die Gelegenheit ist, Kunden und Mitarbeitern eine neue und bessere Geschichte zu erzählen.

Um intern bereits mit dem Booklet zu signalisieren, was gute Geschichten auszeichnet, beginnt jede Seite mit einer Headline, die als Buch- oder Filmtitel möglich wäre. Dabei wird das Wesentliche einer Szene oder eines Arguments in leicht verständlichen Formulierungen und ohne Verwendung gängiger Marketingausdrücke zusammengefasst und schließlich nochmals auf den Punkt gebracht.

Diese Sätze lauteten:

- Wenn sich zwei Gute zusammenschließen, kommt das Beste noch.
- Bei der Strategie gehen wir davon aus, wie der Mensch ist. Nicht, wie er sein soll.
- Die Aufführungen der Konkurrenz sind eher langweilig, uniform und ohne griffige Story.
- Stars werden gemacht. Falls sie mitmachen.
- Über Geld spricht man nicht. Tabus muss man verpacken.
- Was sich nicht in einem Bild oder Satz mitteilen lässt, wird nicht wahrgenommen.
- Aufmerksamkeit erreicht, wer Menschen an ihre Vergangenheit erinnert.
- Menschen interessieren sich vor allem für sich selbst, für ihren Profit und ihren Nutzen.
- Der neue Name muss auf die Kerngeschichte hinweisen.
- Die neue Geschichte wird ästhetisch und spannend aufgeführt.
- Eine einheitliche Philosophie bedingt einen einheitlichen Auftritt.
  Dem Kunden zuliebe.
- Jede Geschichte hat eine strenge Dramaturgie, die Überraschungen erlaubt.
- Wer sich auf uns einlässt, tritt in die emotionale Erlebniswelt des Handels ein.
- Handelspartner mit Tradition und seriöser Herkunft schaffen leichter Vertrauen.
- Eine Ehe ist billiger als Flirten. Fragen Sie Fleurop und verwöhnen Sie Ihre Kunden.
- Schulung und Spaß schließen sich nicht aus, solange Fortschritte erzielt werden.
- Bei der Premiere der Geschichte werden alte und neue Kunden beschenkt.

Die neue Geschichte

Wie der Leser inzwischen weiß, durchsuchen Geschichtenerzähler die Halde der Materialien zuerst nach Spuren von Kindheitserlebnissen. Bei einem Online-Broker erscheint das auf den ersten Blick als vergebliche Mühe. Doch das Internet ist nur ein neues Medium für ein Verhaltensmuster, das weit älter ist als das World Wide Web — so wie das Fotokopieren als neue Art der Vervielfältigung letztlich bequemer und zuverlässiger ist als mittelalterlichen, an Schreibpulten sitzenden Mönchen stundenlang Texte zu diktieren und ihre Konzentrationsfehler in Kauf zu nehmen.

Börsengeschäfte sind ein Tauschhandel. Das war der Ansatz für die Geschichte, ihre Namensgebung und alle weiteren Maßnahmen. Was in meiner Kindheit unter dem schweizerischen Dialektbegriff „Tüschle" als Tauschhandel ablief, war oft mit starken Emotionen verbunden. Die wenigsten Eltern loben ihr Kind, wenn es den neuen Lego-Baukasten gegen ein Fußballer-Bildchen eintauscht, das auf dem Markt so selten ist, dass viele Sammelalben oberhalb des entsprechenden Namens einen hässlichen weißen Fleck aufweisen. Und wie war das doch gleich wieder mit der sozialen Anerkennung durch die Peergroup? Auf dem Schulhof mit dem Sammelalbum protzen zu können, rechtfertigt ein elterliches Donnerwetter allemal. Zwar gehört zum neurologischen Belohnungssystem auch das gute Gefühl, einer Bestrafung entgehen zu können. Stuft es aber den Gewinn einer unerlaubten Handlung höher ein als deren Bestrafung, gibt es sein Okay. Daher hieß es schließlich im Booklet zur neuen Marketingstrategie: „Für die kommunikative Profilierung von X wählen wir eine der Urgeschichten der Menschheit: den Handel."

Lehnen Sie sich zurück, schließen Sie die Augen und erinnern Sie sich an Szenen vom kindlichen Tauschhandel. Ist das nicht emotional? Tausche drei Bilder des Fußballers A gegen ein Bild des Fußballers B. Mein Feuerwehrauto gegen einen Polizeiwagen, das rote Puppenkleid gegen das grüne, meine Mathearbeit gegen die Geografieprüfung. An welchen Dialektausdruck Sie sich erinnern, ist nicht von Bedeutung. Was zählt, ist die Geschichte. Und noch etwas ist wichtig an der Geschichte des Handels: Sie umfasst den ganzen Zeitraum des Menschen und alle seine Aktivitäten. Das hat den riesigen Vorteil, dass die Kommunikationsstrategie nicht mangels Inhalten oder wegen Änderungen bei der Zielgruppenfokussierung bereits nach kurzer Zeit wieder geändert werden muss. Marlboro macht es mit seinem Dauerbrenner „Freiheit" vor.

Ob es am Desinteresse der Verantwortlichen im Mutterhaus oder an unserer leidenschaftlich vorgetragenen Präsentation lag, dass unsere Geschichte vom Produzenten durchgewinkt wurde, konnten und wollten wir damals gar nicht wissen. Im Rückblick war es ein Fehler, der mir nicht mehr unterlaufen sollte. Für uns war einfach wichtig, dass wir von der Geschichte ebenso überzeugt waren wie das ganze Team, ohne Ausnahme. Nun konnte also die dritte Etappe, die Konzipierung der einzelnen Marketing- und Werbemaßnahmen in Angriff genommen werden.

Das Drehbuch und das Ensemble

Was es an Grundsätzlichem für die Beteiligten zu wissen galt, war im Booklet bereits enthalten. Jedenfalls schien uns eine detailliertere Ausarbeitung vorerst nicht notwendig, zumal wir der festen Überzeugung waren, die notwendigen Korrekturen und Ergänzungen würden sich bei der praktischen Umsetzung automatisch ergeben. Viel wichtiger erschien uns, die Stellenprofile der Mitarbeiter zu überprüfen und durch die Optik von Rollenspielen neu zu beschreiben. Brachte die Person im Sekretariat die notwendigen Voraussetzungen mit, um Neugierige am Eingang zum Theater ins Innere zu locken? Wie sah sie sich selbst in der Rolle der „Türsteherin"? Konnten sich die Börsianer an den Gedanken gewöhnen, dass ihre Tätigkeit etwas mit kindlichen Verhaltensmustern zu tun hat? Bei wem ging es um handwerkliche Defizite und bei wem um fehlende Persönlichkeitseigenschaften? Bei der Beantwortung aller Fragen, die die Rollen des bestehenden Ensembles betreffen, wollten wir uns Zeit lassen und die Ergebnisse unserer Beobachtungen bei realen Aufführungen abwarten. Mit dieser kommunizierten Strategie nahmen wir den Ängsten der Mitarbeiter auch die Spitze.

Der Chef des Unternehmens bestand darauf, die Rolle des Regisseurs zu übernehmen und beim Drehbuch ein Vetorecht zu haben. Mich ernannte er zum Drehbuchschreiber mit Mitspracherecht bei der Inszenierung und der Besetzung der Rollen. Vereinbart wurde zudem, dass alle Werbemaßnahmen von uns konzipiert und produziert werden. Zudem verzichteten wir auf einen Zusammenarbeitsvertrag, weil beide Parteien die Meinung teilen, dass sich schwerwiegende Differenzen bei der Aufführung einer Geschichte ohnehin nicht durch Rechtsanwälte lösen lassen. Zu den Zielen gehörte zudem, dass mindestens ein Jahr lang mit dem bestehenden Ensemble gearbeitet wird und dass ich bei der Auswahl und den Vorstellungsgesprächen neuer Mitarbeiter dabei bin.

Nach solchen praktischen Erfahrungen bin ich der festen Überzeugung, dass Storytelling nur dann wirklich funktioniert, wenn die Metaphern dieser Methode in den Sprachschatz der Mitarbeitenden einfließen und mit der Zeit verinnerlicht werden. Und wenn der Verantwortliche des Unternehmens an diese Methode glaubt. Ein solcher Glaube beinhaltet zum Beispiel, dass neben den von der Personalabteilung abgesegneten Anforderungs- und Stellenprofilen auch Versionen ausgearbeitet und für verbindlich erklärt werden, die das Vokabular der Theater- und Filmwelt verwenden.

Die ersten Werbemaßnahmen

Nachdem das Naming abgeschlossen war und der Name „Easy Trading" die üblichen Stationen bis zum rechtlichen Schutz durchlaufen hatte, wurden alle Geschäftsunterlagen neu konzipiert. Der Claim oder Slogan hieß kurz und klar „Zeit zum Handeln."

Da wir mit der Neukonzeption des Internetauftritts ohnehin noch warten wollten, bis der geplante Zusammenschluss mit der Nummer Zwei im Markt besiegelt ist, beschränkten wir uns auf die absolut notwendigen Anpassungen. Bildsprache und Corporate Language sollten bei der Konzeption der Broschüre entwickelt werden. Bei der Strategie setzten wir primär auf die Geschichte vom Handel, um die Seriosität des Unternehmens und seines Produkts nicht zu untergraben. Ihr untergeordnet soll die Geschichte vom kindlichen Tauschverhalten sein, an die mit der grafischen Umsetzung der Kulisse erinnert werden soll. Das Corporate Design basierte in der Schlussfassung auf stilisierten Landkarten mit Icons, die an die spielerische Welt von Apple und an Baukästen für Kinder erinnern.

Für alle Überschriften in den Werbeunterlagen und späteren Inseraten wurde ein Schriftfont verwendet, der Assoziationen an Transportkisten im internationalen Handel weckt. Die Bildsprache sollte eigenständig und sofort erkennbar sein, farblich an alte Landkarten anknüpfen und grafisch das moderne Design von jungen Gestaltern aufnehmen. Zu den Vorgaben für Corporate Language gehörte Einfachheit, Vermeidung überflüssiger Fremdwörter und Verwendung von Begriffen aus der Welt des Handels. Der Aufwand für Konzeption, Gestaltung und Texten der Broschüre lag zwar klar über dem Gewohnten, wurde aber in Kauf genommen, da sie als Mustervorlage für alle weiteren Werbemittel dienen sollte.

Die Entscheidung, für die Kulissen der Aufführung eigens entworfene und stilisierte Landkarten zu verwenden, beruht auf der Vorgabe, wenn immer möglich Zeichen zu setzen, die an das Unbewusste appellieren und zum Verständnis der Geschichte nicht zwingend notwendig sind. So setzten wir zum Beispiel kleine kartografische Icons für mögliche Anlagen oder Verhaltensformen, die auf den ersten Blick nur gestaltenden Charakter haben. Oder die Telefonnummer erschien auf einem Zettel, der wie ein abgetrennter Teil eines Bestellzettels aussieht. Ist die Kulisse für eine Aufführung einmal aufgestellt, darf man damit rechnen, dass vonseiten der Mitarbeiter Vorschläge zu deren weiterer Gestaltung kommen. In unserem Beispiel erhielten wir sogar von Kundenseite Rückmeldungen, wie das Spiel mit der menschlichen Wahrnehmung verfeinert und fortgesetzt werden könnte.

Zu den Verkaufsunterlagen eines Online-Brokers gehört selbstverständlich mehr als nur eine Broschüre, zum Beispiel die berüchtigten Antragsunterlagen. Wahrscheinlich waren wir eines der ersten Unternehmen der Bankenbranche, die jedem Formular eine Gestaltung gaben, die an eine Geschichte erinnert und Bleiwüsten in farbige Oasen verwandelt. Aber zu den großen Vorteilen von Storytelling gehört ja, dass Dinge selbstverständlich werden, die sonst zu langen Diskussionen Anlass geben, falls sie überhaupt angepackt werden. Daher war klar, dass der Begriff „Antrag" aus dem Vokabular gestrichen wurde und die Mappe mit den unvermeidbaren Formularen schließlich den Titel „Das Handels-Set" trug.

Ebenso klar führt die Einführung von Storytelling mit einem speziellen Wording zu heftigen Auseinandersetzungen mit internen Rechtsabteilungen. Aber da die Juristen bei ihrer Abklärung von neuen Begriffen oder gestrichenen Passagen überraschend zur Kenntnis nehmen mussten, dass mehr möglich ist, als sie meinten, ging die Prüfung relativ schnell. Für Aufmerksamkeit sorgten wir in den Geschäftsbedingungen, also einer Unterlage, die normalerweise als reine Pflichtübung gilt. Rechtlich abgesichert durften wir die offizielle Bezeichnung solcher Paragrafendschungel so klein schreiben, wie normalerweise der ganze Text abgedruckt ist. Groß war dann allerdings der Titel „Das Kleingedruckte". Und nachdem die höheren Kosten für den dickeren Umfang genehmigt waren, hielt uns nichts davor zurück, den Dschungel zu gestalten und mit einem größeren Schriftfont auszudrücken, dass dieses Unternehmen nichts zu verbergen hat. Zeichen an das Unbewusste senden, heißt ein solches Konzept.

Bei den Inseraten sichteten wir die bestehenden Verträge, kündigten vorsorglich alles, was nur bedingt zur neuen Aufführung passte und noch unter dem Diktat fraglicher Zielgruppen unterschrieben wurde. Dann suchten wir nach Medien, die zu unserer Geschichte passten, noch nie Inserate von Banken sahen und verglichen mit den Leitmedien geradezu lächerliche Anzeigentarife haben. Und wir fragten die Mitarbeiter, in welchen Vereinen und Organisationen sie mitmachen, um deren Publikationen mit unseren Inseraten zu sponsern. Denn zum Storytelling gehört auch diese Strategie, die eigene Geschichte an Geschichten des kleinen Mannes anpassen zu können. Also warben wir in Programmen von Fastnachtsgesellschaften, Hundezüchtervereinen und Jugendverbänden. Und nachdem bestehende Verträge ausliefen, setzten wir in den Leitmedien der Finanzbranche stur, regelmäßig und optisch trotz kleinem Format gut sichtbare „abgetrennte Etiketten" mit der Botschaft „Zeit zum Handeln" sowie die Telefonnummer und Internetadresse. Alles anders machen zu wollen, ist nicht die Ursache für Storytelling, sondern die Folge seiner konkreten Umsetzung.

Der günstigste Werbeträger

Da schon Produzent und Regisseur der neuen Geschichte immer der Meinung waren, ihre Inszenierung habe auf allen Bühnen stattzufinden, brauchte es keine Überredungskünste, die gesamte Geschäftskorrespondenz neu zu formulieren. Aber da es zu den Zielen von Storytelling gehört, möglichst wenig nach außen zu delegieren und stattdessen den internen Erkenntniszuwachs zu steigern, war mit dem Thema Korrespondenz eine interne Weiterbildung verbunden. Für mich bedeutete dies die Konzeption eines Kurses, der sich nach den tragenden Eckpfeilern von Storytelling ausrichtet. Damit war die Mustervorlage für das „Pretty-Woman"-Prinzip geschaffen, an dem ich in den nächsten Jahren noch feilen sollte. Das fiel mir deshalb so leicht, weil die Kursteilnehmerinnen sofort verstanden, was ihr Denken bisher leitete und welches Bild ihnen künftig vorschweben musste, um Briefe zu verfassen, die an die Geschichten der Empfänger andocken können.

Im Vorfeld textete ich etwa vierzig Mustervorlagen als Übungsmaterial und schrieb ein kurzes Manual über die Kunst des Briefeschreibens. Nach dem Kurs vereinbarte ich mit dem Regisseur, dass in den ersten drei Monaten jeder Brief bei mir vorbei muss. Nach einem Vierteljahr zogen wir Bilanz und kamen zum Entschluss, einer der Schreiberinnen eine neue Rolle im Unternehmen zu geben. Denn wer nach drei Monaten keine nennenswerten Fortschritte macht, keine Andockstellen entdeckt und sich ungern an Kindheitserlebnisse erinnert, wird sich in der Rolle einer Geschichtenerzählerin mit großer Wahrscheinlichkeit nie zurechtfinden.

Die emotionale Kundendatenbank

Storytelling interessiert sich brennend für die Geschichten von Kunden. Aber was unter dem Begriff „Customer-Relationship-Management" läuft, trägt dem zu wenig Rechnung. Daher widmeten wir der Konzeption einer neuen Kundendatenbank ein eigenes Projekt, das unter dem Titel „Tod eines Klassikers" lief. Selbstverständlich stand am Beginn die Sichtung des Status quo, also der bisher erfassten und als relevant befundenen Daten. Da die meisten Softwareprogrammierer andere Fähigkeiten haben als das Finden und Erfinden von Geschichten, unterscheiden sich ihre CRM-Programme nur in kleinen Details und der Gestaltung der Oberfläche.

Demoskopisches und Statistisches wurde denn auch bei diesem Online-Broker mehr oder weniger vollständig erfasst. Und stolz wies der zuständige IT-Mensch auf die Rubrik „Besonderes" hin, in die der Kundenbetreuer schreiben könne, was er wolle. Zudem habe man sich in der Vergangenheit bemüht, auch die Reklamationsfrequenz und die Gründe von Beschwerden elektronisch aufzunehmen. Mehr gab dieses Instrument nicht her, weshalb sein Einsatz für Storytelling ziemlich beschränkt war und vorwiegend den Statistikern und dem Versand von Massenmailings diente.

In einem Workshop mit den Mitarbeitern, die direkten Kundenkontakt haben, für das Reklamationsmanagement zuständig sind und Events planen, wurde erarbeitet, wie eine Datenbank aussehen müsste, die das Andocken an Erfahrungs- und Erlebniswelten der Kunden erleichtert.

Zu den Inhalten dieses Workshops gehörte:

- Welche Geschichten prägen menschliche Verhaltensmuster besonders stark und nachhaltig?
- Welche Bündel von Geschichten ergeben eine vorstellbare Zielgruppe?
- Worin unterscheiden sich traditionelle Zielgruppen von Brain-Script-Zielgruppen?
- Bei welchen Gelegenheiten komme ich zu Geschichten meiner Kunden? Gemeinsames und individuelles Wording.
- Welche Ordnungsmuster kann ich von Partnervermittlungsinstituten übernehmen?
- Nach welchen Kategorien ordne ich Kundengeschichten?
- Worauf muss ich beim Handling verschiedener Kategorien achten?
- Hierarchie von Ordnungsmustern
- Machbarkeit, IT-Vorgaben und Kosten
- Rechtliche Aspekte, Datenschutz, Transparenz und Einholen von Erlaubnissen

Wie bei Erstaufführung nicht anders zu erwarten, hatten wir uns mit der Agenda übernommen. Statt einem brauchten wir schließlich drei Tage, um einen Vorschlag auszuarbeiten, den wir an die Softwareprogrammierer weitergeben konnten. Da solche Projekte aber auch den Aspekt haben, die Philosophie von Storytelling den Mitarbeitern bekannt und schmackhaft zu machen, ist Effizienz sekundär, denn fast jede Diskussion hatte mit den Grundregeln von Storytelling zu tun und diente somit zu deren Verinnerlichung. Daher ließen wir den vielen persönlichen Geschichten Raum, die Mitarbeiter bei diesem Thema unweigerlich zum Besten geben.

Wer bin? Wer will ich sein? Wo ist mein Platz auf dieser Welt? Worauf achte ich bei der Partnersuche? Welche Geschichten erzähle ich beim ersten Date? Wie verändert sich meine Geschichte im Laufe einer Beziehung? Welche Geschichten kann ich immer wieder hören? Welche Wiederholungen gehen mir auf den Geist? Welchen Geschichten glaube ich? Was bedeutet für mich Wahrheit? Wie kann ich die Realitätsnähe einer Geschichte überprüfen? Wann darf ich die Botschaft einer Geschichte anzweifeln? Wie erkenne ich die Kernbotschaft einer Geschichte schneller? Wie beeinflusst mein eigener Geschichtenschatz die Interpretation von Gehörtem oder Gesehenem?

Das sind alles Fragen, die so oder in Varianten zur Sprache kommen, will man brauchbare Antworten für die Entwicklung einer neuen CRM-Philosophie finden. Es geht aber auch um Fragen, die mit der eigenen Person zu tun haben. Als ein Mitarbeiter beim Abschluss des Projekts meinte, was er in den drei Tagen über sich und seine Kunden gelernt habe, sei ihm wichtiger als eine neue Datenbank, war dies das schönste Kompliment — und ein weiterer Beleg dafür, dass Storytelling viel mehr ist als eine neue Marketingmethode.

Um den Grundstock für die neu zu erfassenden Daten zu legen, schrieben wir die Kunden direkt an und baten sie um das Ausfüllen eines beigelegten Fragebogens, damit wir sie in Zukunft gezielter für Veranstaltungen und Events einladen können. Um die Bearbeitung und das interne Erfassen der Antworten zu erleichtern, wurden bei jeder der sieben Kategorien die häufigsten Präferenzen bereits aufgeführt. Danach folgte eine leere Zeile für Außergewöhnliches und die Rubrik „Mein Lieblings …" Als Ordnungsmuster wählten wir: Sport, Musik, Literatur, Theater, Film, Wein und weitere Interessen. Vom Rücklauf und den Reaktionen waren wir angenehm überrascht. Mit den weniger Erfreuten nahmen wir Kontakt auf, was immerhin dazu führte, dass wir die Hälfte bekehren konnten.

Für die Handhabung unseres neuen Instruments für Kundenbeziehungen verfassten wir ein kurzes Manual, in dem die Philosophie des Projekts nochmals erläutert wurde. Kernaussagen dieser internen Gebrauchsanweisungen sind zum Beispiel:

- Unternehmen müssen nicht Produkte und Leistungen managen, sondern ihre Kunden.
- Was Menschen gemeinsam haben, macht sie zu einem Publikum für bestimmte Aufführungen.
- Die höchsten Wechselkosten sind Verluste bei der sozialen Anerkennung.
- Der Kunde möchte etwas Besonderes sein und trotzdem nicht auffallen.
- Stellt der Kunde Fragen über das Produkt, möchte er eigentlich wissen, ob wir sein Wesen und seine Einzigartigkeit verstehen.
- CRM wirkt nur, wenn die Instrumente auf einer inneren Einstellung beruhen.
- Wichtiger als Wünsche zu erfüllen ist, Wünsche und Sehnsüchte zu verstehen.
- Wir kümmern uns auch um den Kunden, wenn er sich nicht um uns kümmert.
- Ein Brief sollte so verfasst sein, dass ihn der Kunde als Unikat wahrnimmt.
- Menschen legen sich Ereignisse so zurecht, dass sie in das gewünschte Muster passen.
- Wir müssen unsere Kunden kennen, damit wir sie verstehen können.

Diese Sätze sind nicht als Handlungsanweisungen gedacht, deren Einhaltung durch ein kompliziertes Controlling überprüft wird. In die Mitarbeiterbewertung fließt aber beim Storytelling selbstverständlich ein, ob und wie sie Geschichten erzählen, ihrer Rolle gerecht werden und die vereinbarten Grundregeln für gelingende Inszenierungen einhalten.

Es ist nicht zu erwarten, dass nach einigen Workshops und mit einer neuen Software gleich alles anders wäre. Da aber gute Regisseure sehr wohl zwischen Unabdingbarem und Wünschenswertem unterscheiden können, haben sie neben einer harten Seite auch geduldige Züge. Zu erwarten, jeder Mitarbeiter fühle sich in einer neuen Geschichte gleich zu Hause, wäre naiv. Wir waren jedenfalls mit den Resultaten im ersten Jahr zufrieden. Und uns war bewusst, dass weitere Verbesserungen nur möglich sind, wenn das Neue immer wieder eingeübt wird.

Das Event als Geschichtenplattform

Kunden zu Veranstaltungen einzuladen, gehört zum Pflichtteil des Marketings. Vielleicht ist das einer der Gründe, warum Regisseure gerade bei diesen Szenen einer Aufführung das Heft gerne aus der Hand geben und Konzeption oder Durchführung einer externen Event-Agentur überlassen. Das kann sinnvoll sein und gut gehen, wenn sich der externe Dienstleister dem Regisseur und seinem Drehbuch unterordnet, ein gutes Gespür für Dramaturgie hat, das Publikum liebt und die Geschichte seines Auftraggebers auch wirklich versteht. Allzu oft geht die Delegation allerdings schief, weil sich die Inszenierung der Geschichte auf das Herbeikarren von Kulissen, das Aufstellen austauschbarer Requisiten und das Engagement schöner Platzhalterinnen beschränkt. Oder weil grundlos eine Geschichte erzählt wird, die mehr mit der Event-Agentur als mit dem Auftraggeber zu tun hat. Missglückte und nicht in Erinnerung bleibende Events sind meist nicht dem Unvermögen spezialisierter Agenturen anzukreiden, sondern gehen eher auf das Konto von Verantwortlichen im Unternehmen selbst. Wer nicht im Besitz eines Drehbuchs ist, das die verbindliche Kerngeschichte festlegt, darf nicht erwarten, dass ein externer Regisseur diese Aufgabe übernimmt oder ohne Auftrag und in kurzer Zeit lösen will. Storytelling legt großen Wert auf ein Briefing, das diesen Namen verdient und peinliche „dutzendfache Aufführungen" verhindert.

Wie bei allen anderen Marketing- und Werbemaßnahmen ist die Angst auch bei Events unbegründet, ein vorgegebener Rahmen würde die Kreativität einschränken und Langeweile erzeugen. Die Kunden daran zu erinnern, dass ihr Online-Broker die Geschichte vom Tauschen und Handeln erzählt, heißt ja nicht, man müsse nun Gourmet-Reisen ins Elsass, Einladungen für Open-Air-Musicals, Dampflokfahrten ins Blaue oder Champagnertrinken in der VIP-Lounge vom Programm streichen. Aber wer sich für Storytelling als Marketingmethode entscheidet, wird tunlichst darauf achten, dass bei einem Event so viele Zeichen der Kerngeschichte gesetzt werden, dass deren Botschaft selbst bei wahrnehmungsgeschädigten Teilnehmern ankommt. Und er wird die beauftragte Agentur daran messen, wie gut ihr das gelingt.

Zur Erfolgsmessung gehört zudem das Kriterium „Plattformen für den Austausch von Kundengeschichten schaffen". Ein Event, an dem der Kunde keine neuen Zuhörer für seine Geschichten findet, erhält im Storytelling die Note „ungenügend". Dabei wird der Beurteiler nicht nur die extravertierten Kunden im Auge haben, die es selbst in einem Aufzug schaffen, bis zum Halt im dritten Stockwerk zwei Visitenkarten loszuwerden.

Introvertierte, kontaktscheue Menschen zum Sprechen zu bringen, gelingt dem beliebtesten Fernsehmoderator der Schweiz, Kurt Aeschbacher, geradezu traumwandlerisch. Weil er zudem vor seiner Medienlaufbahn ein Ökonomiestudium abschloss, was fast niemand wusste, engagierten wir ihn für unser erstes Event mit der neuen Geschichte. Das war zwar nicht ganz billig, lohnte sich aber auch deshalb, weil Kurt Aeschbacher selbst ein begnadeter Geschichtenerzähler ist, sich beim Briefing für die Idee begeistern konnte und sich minutiös auf den Anlass vorbereitete. Als Ort wählten wir den Ring der ehemaligen Börse und als Titel „Von Bären, Bullen und anderen Zauberwesen". Selbstverständlich nahm die Einladung die neue Bildsprache und das Corporate Design der Kundenbroschüre auf. Der beliebte Moderator sorgte professionell und elegant dafür, dass die Podiumsrunde nicht zur Bühne für uninteressante Selbstdarstellungen wurde. Nach der Pause gehörte die Arena dann ohnehin den Kunden und ihren Geschichten. Die erste Mustervorlage für die weiteren Veranstaltungen war geglückt.

Das Internet als Fortsetzungsgeschichte

Goethe hätte das Internet geliebt. So argumentierte ich zur Jahrtausendwende, um das Budget für den Ausbau des Webauftritts aufzustocken. Unter dem Schock der geplatzten Internetblase bekamen die Kulturpessimisten plötzlich wieder Oberwasser. Dabei hatte diese Blase mit dem Medium nur am Rande zu tun. Jedenfalls waren wir von der Zukunft des Internets auch deshalb so überzeugt, weil es ein ideales Medium für Storytelling und dessen Umsetzung ist. Keine andere Bühne macht experimentelle Inszenierungen und das Überprüfen des Publikumszuspruchs so einfach wie das Web. Im Internet lassen sich Andockstellen von Geschichten und deren Stärke leichter ausmachen als bisher. Hier können Köder ausgeworfen werden, ohne den bisherigen Fang zu riskieren. In der Datenflut wird die Qualität einer guten Geschichte und ihrer Illustration noch wichtiger als in Printmedien. Kurz: Wenn unser Unternehmen durchstarten sollte, brauchte es auch einen neuen Internetauftritt. Zumal das Produkt Online-Trading ja selbst ein Kind dieses Mediums ist.

Da die Programmierung von Webseiten vor einem Jahrzehnt in jeder Hinsicht sehr viel aufwendiger war und nachträgliche Korrekturen ins Geld gingen, wurden wir dazu angehalten, die endgültige Version „pfannenfertig" auf Papier festzuhalten. Hätten uns schon damals die heutigen Tools zur Verfügung gestanden, hätten wir uns auf Mustervorlagen und Zugriffsrechte beschränkt. Eher Glück als Pech war das Fehlen tausendseitiger Handbücher zum Online-Marketing. Wer hätte sie gelesen? Wem hätte es zugestanden, das Wesentliche und Hilfreiche herauszuschälen? Und wer hätte den Mut gehabt, solche akademischen Gebrauchsanweisungen als nachträgliche Rechtfertigung von Handlungen zu bezeichnen, die vorwiegend vom Unbewussten in Auftrag gegeben wurden?

Unser verabschiedetes Pflichtenheft für die Programmierer umfasste nur wenige Seiten. Aber offenbar genügten die Angaben, um schließlich mit einem Internetauftritt zu glänzen, der damals für einiges Aufsehen in der Branche und bei der Konkurrenz sorgte — weniger weil wir so viel besser waren als andere, sondern weil die Grundregeln von Storytelling das Konzept ebenso vorgaben wie seine Umsetzung. Wer sich von solchen Regeln leiten lässt, wird niemals auf die Idee kommen, das Publikum mit Aufgaben zu belästigen, die der Autor eines Stückes leisten muss. Vielmehr wird er alles daran setzen, dass der gesponnene rote Faden nicht abreißt, die Kulisse beim Interpretieren des Textes hilft, die Navigation an Theaterakte erinnert und dass den Betrachtern eine Gelegenheit gegeben wird, sich über das Gesehene zu äußern und mit anderen Meinungen auszutauschen. Zusammengefasst und auf die Titel des Booklets reduziert heißt das:

- Das Internet ist eine Bühne für Tauschgeschäfte.
- Das Internet macht aus schlechten Geschichten keine guten.
- Im Zweifelsfall gewinnt die einfachere Version.
- Unsere Zielgruppen sind schon im Netz.
- Wir sind zu klein, um Menschen zu verändern.
- Sind die Frauen zufrieden, sind es auch die Männer.
- Zahlen erzählen Geschichten und haben emotionale Werte.
- Beim Handeln gehen wir mit dem guten Beispiel voran.
- Jede Statistik muss interpretiert werden.
- Der Regisseur hat immer recht.

Zehn Jahre später würden diese Titel noch immer stehen. Aber sie müssten durch Aussagen zum Web 2.0, zur Einbindung bewegter Bilder und über die Möglichkeiten, Grenzen und Gefahren von Communitys ergänzt werden.

Die Messen als Handelsorte

Damit ein Produzent erfolgreich wird und bleibt, muss er außer einem guten Gespür für tragende Ideen auch einen Sinn für Zahlen haben. Er wird also Wünschbares von Notwendigem unterscheiden müssen und seinen Regisseuren nicht alles bewilligen, was diese in ihre Drehbücher schreiben. Damit kann ein Storyteller leben, weiß er doch, dass wenige gut gesetzte Zeichen oft stärkere Spuren hinterlassen als üppige Barockkulissen. Das gilt selbstverständlich auch für Messeauftritte eines Unternehmens. Da wir zu Beginn unserer Aktivitäten mit dem Vorschlag durchkamen, das Jahresbudget solle nicht allzu detailliert sein, sondern den Rahmen für die Gesamtaufführung festlegen, waren wir beim Einsatz der Mittel ungewohnt frei.

Eine solche Finanzplanung ist für Storytelling zwar nicht unabdingbar, sie erleichtert jedoch die Arbeit wesentlich. Da uns im ersten Jahr ein neues CRM-Tool und der Webauftritt wichtiger waren, strichen wir die bisherigen vier Messeauftritte auf einen einzigen zusammen. Er war der wichtigste und sollte als Übungsobjekt für eine weitere Mustervorlage dienen. Zu Veränderungen im Marketingmix führt Storytelling nicht zuletzt deshalb, weil diese Methode den Beleuchter beeinflusst, der für den Scheinwerferkegel der Aufmerksamkeit verantwortlich ist. Lautet die Kernbotschaft eines Online-Brokers „Zeit zum Handeln", so ist auch die Teilnahme an Messen möglich, auf denen nicht die Finanzbranche im Mittelpunkt steht, sondern Tätigkeiten, an die vorher niemand im Unternehmen dachte.

Da der Einsatz von Standardelementen die Prinzipien des Storytelling und die Berufsehre eines Drehbuchschreibers verletzt, müssen für Messeauftritte eigene Kulissen geschaffen werden. Der Zufall und einige mühsame Gespräche mit Standbauern führten dazu, dass ich heute mit einem Küchenbauer zusammenarbeite, der von der Idee begeistert ist, sein Handwerk in den Dienst von Storytelling zu stellen. Sein Enthusiasmus nahm noch mehr zu, seit er die Methode auch in seinem eigenen Unternehmen einführte.

Für das Starterkit unserer Messeauftritte planten wir:

- Landkarten mit Handelsstraßen auf Stellwänden und im Design der Broschüre. Das garantiert nicht nur die Einhaltung des Corporate Designs, sondern hat zudem den Vorteil, beliebig erweiterbar zu sein.
- Einen Tresen, der eher an Handelsfirmen aus der Kolonialzeit als an einen Bankschalter erinnert.
- Stehtische mit Laptops, um das Produkt online vorführen zu können.
- Glasvitrinen, in denen wir Sammlerobjekte ausstellen können, die Geschichten vom Tauschhandel der Kindheit oder Pubertät erzählen. Also Spielzeugautos, Fußballerbildchen, Puppenkleider und Playmobil.
- Auf Beschallungen verzichten, wenn sich der Standort dafür nicht eignet. Ob wir für die auditiven Kanäle bei anderen Auftritten Seefahrerlieder, Börsengeschnatter oder Kindergezänk einsetzen wollen, ließen wir offen.

Storytelling kürzt die leidigen Give-away-Diskussionen ab oder macht sie sogar spannender. Denn wer beim Nachdenken über ein Geschenk von einer Geschichte geleitet wird, sieht außer Werbekugelschreiber auch noch andere Objekte vor seinem geistigen Auge vorbeiziehen. Wir wollten mit unserer Wahl ein klares Zeichen setzen, dass es vor dieser Kulisse um Geld geht. Daher holten wir uns bei einem Verlag die Erlaubnis, Texte aus einem vergriffenen Buch verwenden zu dürfen. Die Rechte erhielten wir sogar umsonst, da wir die Restauflage von gut 500 Exemplaren aufkauften, um damit unsere treuen Kunden zu beschenken. Der Titel „Die Faszination des Geldes. Begierde, Sehnsucht und Leidenschaft" passte ja gut zur emotionalen Positionierung des Unternehmens. Nicht zur Ausführung gelangte die Idee, Bilder bekannter Ökonomen im Stil der Fußballerbildchen in Tüten mit den berühmten flachen Kaugummis zu verpacken.

Da der beste und schönste Stand nichts nützt, wenn sich vor seiner Kulisse griesgrämige und gelangweilte Bühnenarbeiter tummeln, legten wir großen Wert auf die Auswahl und Schulung des Standpersonals. Statt Mitarbeiter mit negativen Stundenkonten zum Mitmachen zu verdonnern und ihnen fünf Minuten vor Türöffnung ins Gewissen zu reden, solle man solche Messeinszenierungen wie ein Theaterstück üben. Aber da es bei diesen Exerzitien nicht um die Kür des Superstars geht, hält sich der Aufwand einer solchen Vorbereitung in Grenzen.

Den Erstkontakten Aufmerksamkeit schenken

Erlebnissen der frühen Kindheit, der Pubertät und vom ersten Mal schenkten wir unsere Aufmerksamkeit, ohne damals zu wissen, dass es für dieses Verhalten auch wissenschaftliche Gründe geben sollte. Bei Erstkontakten dachten wir allerdings weniger an Inserate oder Messebesuche als an Telefonanrufe und E-Mails.

Für die Konzeption einer Schulungseinheit für Kundenakquisition per Telefon mussten wir nicht bei null beginnen, haben sich doch Verkaufsspezialisten schon lange damit beschäftigt. Bei der Durchsicht möglicher Mustervorlagen sortierten wir alle Titel solcher Autoren aus, die allzu sehr an den rationalen Menschen und die Planbarkeit komplexer Systeme glauben. Zu unserem eigenen Erstaunen waren das mehr als wir dachten. Wer im Vorwort seinen Lesern in verklausulierter Sprache weismachen wollte, mit den entsprechenden Übungseinheiten lerne auch eine Ente den Adlerflug, fiel bei uns durch.

Nachdem wir eine Trainerin ausfindig gemacht hatten, die unseren Glauben teilte, dass sich Persönlichkeitseigenschaften kaum innerhalb kurzer Zeit mit einem Kurs verändern lassen, stimmten wir sie auf Storytelling ein. Das ging wohl deshalb so schnell, weil diese Verkaufstrainerin mehr ihren Erfahrungen und ihrer Beobachtungsgabe vertraut als einlullenden Theorien. Das Einstimmen war daher eher ein Abstimmen des Begriffsinventars. Und als die externe Expertin zusicherte, unsere Metaphern zu verwenden und ihre Kursunterlagen umzuschreiben, konnte die Schulung beginnen. Wir baten sie lediglich noch darum, uns zu informieren, wenn sie bei einem Teilnehmer das Gefühl habe, er sei eine Ente, die es nie zum Adlerflug schaffen wird.

Eher den Charakter von Pionierarbeit hatte hingegen das Konzept für den anständigen Umgang mit E-Mails. Bei diesem Punkt ist es einfach, dem Leser zu vermitteln, was der damalige Stand der Dinge war. Die Katastrophe hatte etwa das Ausmaß von heute, womit ich bei der Ausgangslage getrost in die Gegenwartsform wechseln darf. Jeder schreibt, wie es ihn für gut dünkt, wie er sich im Augenblick fühlt und wie es sein Bildungsstand zulässt. Nur wenigen ist offenbar bewusst, dass ihre Mail oft der erste Eindruck ist, den ein potenzieller Kunde von dem Unternehmen erhält. Ersetzen wir „Eindruck" durch „Geschichte", wird klar, was mit dieser Verwilderung angerichtet wird. Oft sind die einzigen fehlerlosen Passagen im rechtlichen Abspann zu lesen, den ohnehin niemand zur Kenntnis nimmt. Es gab Anreden, die selbst Schulkameraden verblüffen würden, und Grußformeln, die kaum besser sind als Leerstellen. Kurz: Es war damals der gleiche Handlungsbedarf wie heute.

Wir beschlossen, unser Zeitbudget für interne Weiterbildung und Vermittlung von Storytelling-Regeln um zwei Stunden aufzustocken. Da ich weder die Zeit, noch die technische Ausrüstung hatte, einen Trailer mit Begrüßungsszenen aus bekannten Filmen zusammenzuschneiden, spielte ich den Mitarbeitern eben trotz meines durchschnittlichen Schauspielertalents einige Varianten vor.

Durch dieses Laientheater eingestimmt, mussten die Teilnehmer selbst auf die Bühne und eine E-Mail so vorsprechen, wie es ihrer Meinung nach ein potenzieller Partner für Tauschgeschäfte macht. Dann wurden Headlines für ein „Zehn-Gebote"-Manual gesammelt und diskutiert. Für die definitive Festlegung und Formulierung der Gebote galt, dass diese Handlungsanweisungen für E-Mails sowohl für interne als auch für externe Empfänger Gültigkeit haben mussten. Die kleinen Varianten der beiden Zielgruppen würde dann der gesunde Menschenverstand diktieren. Hier also das Ergebnis unserer gemeinsamen Suche:

- Schreiben und versenden, nur wenn nötig.
- Betreff als Titel einer Geschichte auffassen.
- Andockstellen an Persönliches schaffen.
- Klar, kurz und königlich formulieren.
- Sorgfalt als wichtiges Stilelement betrachten.
- Zügig aber nicht immer sofort antworten.
- Verteiler als Exklusivbereich sehen.
- Keine Aktenschränke in den Anhang packen.
- Originale statt Kettenbriefe senden.
- Der Versuchung zum Telefonieren nachgeben.

Wer einem Manual den Titel „Zehn Gebote" verleiht, darf die Geschichte von Moses nicht völlig umdeuten oder kürzen. Würden alle die Buchdeckel zuklappen, nachdem die Zehn Gebote in Stein gemeißelt sind, hätte sich der Prophet die Arbeit auch sparen können. Was in zwei Steintafeln gehauen wurde, ist die Zusammenfassung einer göttlichen Willenskundgebung, die aber immer wieder den veränderten Verhältnissen entsprechend neu interpretiert werden muss. Ein Mittel dazu sind Geschichten. Stellt man in einem Unternehmen Gebote auf, deren Gesetzescharakter sich nicht mit juristischen Mitteln beschreiben oder durchsetzen lässt, muss man sie in Geschichten einpacken. Selbst wenn dies noch immer keine Gewähr für deren Einhaltung ist, erhöht es zumindest die Wahrscheinlichkeit. Nicht zufällig wenden viele Eltern diese Methode bei ihren Kindern an.

Das Ende und der Anfang

Die Fusion mit dem Konkurrenten fand statt, die ersten Umsetzungen zeigten die erwünschten Wirkungen, Mitarbeiter und Kunden fanden sich in der Geschichte langsam zurecht und verbreiteten sie weiter, das Fundament für eine Erfolgsstory war gelegt. Und trotzdem wurde es keine. Warum? War die Methode falsch oder das Tempo bei der Umsetzung zu schnell? Wurde zu viel versprochen oder die Geschichte falsch kommuniziert? Nahm der Regisseur seine Verantwortung nicht wahr oder schöpfte er seine Kompetenzen nicht aus? Oder war schlichtweg das Drehbuch ungeeignet?

Möglich, dass nicht alles optimal lief und das Projekt unter gewissen Kinderkrankheiten litt. Aber der Hauptgrund war zum Glück ein anderer. Glück, weil er mit Storytelling nichts zu tun hat. Wir hatten einfach nicht damit gerechnet, dass es an der Spitze des Mutterhauses so schnell zu einem Wechsel kommen würde und die neue Führung ihre eigene Geschichte von der Tochter erzählen wollte. Eine, die den Kunden nicht in dem Glauben lassen will, Kinder könnten auch auf eigenen Wegen zum Ziel gelangen. Weil unser Regisseur nicht konvertieren wollte und vom Storytelling überzeugt war, verließ er das Unternehmen ebenso wie einige seiner Kollegen.

Seinen Platz nahm ein Mann ein, der sich nie gegen, aber auch nie voller Überzeugung für die neue Richtung aussprach. Und so sind die Formulare heute wieder schwarzweiß mit internen Bestellnummern an der Seite, die verwendeten Bilder aus der Datenbank der Bildagentur Getty Images, die Aussagesätze mit Ausrufezeichen versehen und die Wörter vom kindlichen Tauschverhalten durch Bankbegriffe ersetzt. Nur die Broschüre trägt noch den Titel „Zeit zum Handeln". Nicht mehr Geschichten sollen jetzt die Dienstleistungen weiterempfehlen, sondern Menschen, die gerne gratis eine Flasche Champagner, einen DVD-Gutschein oder einen Tageseintritt in den Fitness-Wellness-Park haben wollen. Wer zur DVD noch ein Abspielgerät will, muss eben drei Neukunden werben, wobei der angegebene Gegenwert nicht auf hohe Qualität hindeutet.

Wer auf der Internetseite wissen möchte, wer künftig sein Handelspartner ist, landet nach dem Anklicken des Namens auf einem Kontaktformular, das natürlich bei allen Mitarbeitern das gleiche ist und mit seinen vielen Feldern sofort nach Arbeit aussieht. Dem neuen Leiter kommt diese seltsame Verlinkung sicher gelegen, meinte er doch schon damals, seine Hobbys und Lieblingsfilme seien Privatangelegenheit. Schwer zu glauben, dass die CRM-Software noch die gleiche ist und dass Lieblingsbücher oder -tätigkeiten der Kunden erfasst werden. So wenig wie Frauen ein bisschen schwanger sein können, so wenig ist Storytelling mit allen Methoden kompatibel.

Knapp zwei Jahre dauerte unser erster Versuch, Storytelling als Gesamtkunstwerk zu konzipieren und als wettbewerbsfähige Alternative zu traditionellen Marketingmethoden einzusetzen. Das vorzeitige Ende dieser Erstaufführung fanden alle bedauerlich, die sich an diesem Experiment beteiligt hatten. Oder waren es doch nicht alle? Faktum ist, dass die Auswirkungen größer waren, als wir damals meinten. Denn offenbar ist das Virus Storytelling so ansteckend und resistent, dass bei

Infizierten Veränderungen unvermeidbar sind. Drehbuchschreiber, Regisseure und Hauptdarsteller konnten nicht mehr geheilt werden, auch weil sie es nicht wollten.

Für meinen Partner und mich wurden die Erfahrungen der zwei Jahre zu einer Mustervorlage, deren Strukturen allen folgenden Projekten eine Richtung geben sollten und deren offene Ränder das leichte Andocken an spezifische Gegebenheiten erlauben.

Teil 2:

Welche Navigationsinstrumente zu Ihrer Zielgruppe und zu passenden Geschichten führen

1 Das Urthema für Ihre Geschichte finden

Sabine und Hänsel, so haben wir im gleichnamigen Kapitel gehört, haben eine andere Vorstellung von Zielgruppen als Absolventen traditioneller Marketingausbildungen. Oder etwas provokativ gesagt, die beiden haben überhaupt eine, die in der Praxis anwendbar ist und gute Resultate verspricht. Wer bei ihren Aufführungen im Publikum sitzt, ist oft nicht die erste Frage, die sie sich stellen, denn Drehbuchschreiber suchen zuerst nach der Idee, bevor sie sich mit deren Vermarktung beschäftigen, oder sie sehen diese beiden Schritte zumindest als Einheit.

Wenn allein im deutschen Sprachraum jedes Jahr Zehntausende von Büchern auf den Markt kommen und jeden Tag Dutzende von Sendern Filme ausstrahlen, ist der Glaube von Storytelling-Anfängern verständlich, die Themenvielfalt von Geschichten sei unendlich. Aber wäre dem tatsächlich so, hätte unser hierarchisch aufgebautes Gehirn mehr Mühe beim Verarbeiten der Informationsflut. Fortgeschrittene und Meister im Storytelling gehen davon aus, dass es eine endliche Zahl von Grundthemen gibt, die sich in unendlichen Varianten wiederholen. Daher beginnt die Arbeit von Geschichtenerfindern und Drehbuchschreibern mit der Suche nach einem dieser Themen, die als Mustervorlage für eigene Schöpfungen dienen. Da es keinen festen und von irgendeinem Gremium abgesegneten Katalog gibt, präsentiere ich Ihnen einige bewährte Auflistungen:

Polaritäten

- Leben und Tod
- Ankunft und Abschied
- Liebe und Hass
- Gut und Böse
- Geborgenheit und Furcht
- Wahrheit und Lüge
- Stärke und Schwäche
- Treue und Betrug
- Weisheit und Dummheit
- Hoffnung und Verzweiflung
- Vergangenheit und Zukunft
- Suchen und Finden
- Festhalten und Loslassen

Eine weitere Möglichkeit, nach der Urgeschichte zu suchen, offerieren uns die Verfasser von Handbüchern für professionelle Drehbuchschreiber. Weil die Originale der nützlichsten Gebrauchsanweisungen fast alle in Amerika verfasst wurden, fügen wir unserem Vokabular den Begriff „Plot" hinzu, den wir als Synonym für „Handlungsschema" betrachten. Für den amerikanischen Drehbuchschreiber, Produzent und Professor für Medien- und Theaterwissenschaften, Ronald B. Tobias, ist der Plot das Skelett einer Geschichte, also das tragende Element schlechthin. Daher ist es nicht verwunderlich, dass eine Story in sich zusammenfällt, wenn sie nicht auf einem Urthema basiert. Diese Mustervorlagen für menschliche Handlungen von Bedeutung sind wie Markierungen auf einem Kompass, der es dem Publikum erleichtert, das Wesentliche einer Geschichte zu erkennen.

In Anlehnung an die Klassifikation von Ronald B. Tobias liste ich achtzehn Master-Plots in alphabetischer Reihenfolge auf, um sie danach kurz zu beschreiben:

Abenteuer	Opfer	Suche
Aufstieg und Fall	Rache	Verbotene Liebe
Entdeckung	Rätsel	Verfolgung
Flucht	Reifung	Verlierer
Liebe	Rettung	Versuchung
Maßlosigkeit	Rivalität	Verwandlung

Abenteuer

Seit der Alltag in den Blickwinkel der Soziologen geraten ist und das Gewöhnliche ebenfalls außergewöhnliche Rollen auf der Bühne bekommt, gibt es die These, jede Geschichte handle letztlich von einem Abenteuer. Auch wenn diese Einebnung das Beobachterauge schult und die Gegner von Heldenverehrung glücklich macht, haben wir nach wie vor eine gewisse Vorstellung davon, was ein Abenteuer ist. Im Gegenteil, was unter diesem Begriff auf „YouTube" der Welt gezeigt wird, hat unsere Anforderungen an ein Abenteuer eher nach oben geschraubt. Der Einzelne mag die Visualisierung seiner Frühstückseinnahme für ein mitteilungswürdiges Ereignis halten, zur kulturellen Mustervorlage „Abenteuer" gehört diese Handlungsfolge aber noch lange nicht. Zwar sang der österreichische Liedermacher, Performer und Geschichtenerzähler André Heller „Die wahren Abenteuer sind im Kopf, und sind sie nicht im Kopf, dann sind sie nirgendwo". Er meinte damit aber eher, dass wir unsere eigenen Geschichten erfinden, als dass die Zeit der großen Abenteurer vorbei sei.

Das Publikum liebt Abenteuergeschichten auch deshalb, weil ihm ein Außenstehender das Risiko abnimmt, das einem solchen Plot innewohnt, ein Risiko, das mehr körperlich als geistig ist. Hat der Körper also keine Hauptrolle, eignet sich das Urthema Abenteuer nur bedingt als Verpackung eines Informationspakets. Da wir Abenteuer zudem mit der Suche nach dem Glück assoziieren, muss der Held sein trautes Heim verlassen und sich auf eine Reise begeben. Er kann zwar mit der Straßenbahn starten, muss aber irgendwann in Situationen geraten, die gefährlich sind und ihm ebenso den Atem rauben wie dem Publikum.

Wenn Prominente mit sorgenvoller Anteilsmimik in die Augen geschundener Kindern der Dritten Welt blicken, ist das zwar eine gute PR-Geschichte, aber keine aus der Kategorie Abenteuer. Greenpeace gehört zu den Non-Profit-Organisationen, die dem Publikum zeigen, dass es an seiner Stelle in den Kampf zieht und es daran erinnert, dass Stellvertretung Lohnarbeit ist. Auf Bewunderung zu setzen, ist eine völlig andere Strategie als das Wecken von Mitleid, auch wenn sich die beiden Gefühle natürlich nicht strikt voneinander trennen lassen. Doch bei der Suche nach dem Urthema geht es ja nicht um den Ausschluss von Rollen oder Bühnenbildern, sondern um die Setzung von Schwerpunkten. Wenn Harley-Davidson die Geschichte von der Abenteuerreise erzählt, dann schließt dies Bilder von Lagerfeuern, Blutsbrüderschaft und Geborgenheit nicht aus. Aber auf der Kulisse steht groß „It's not the destination, it's the journey."

In einer Abenteuergeschichte möchten wir an Plätze geführt werden, die nicht in den dicken Katalogen von Billigreisenanbietern aufgeführt sind. Richard Branson verspricht seinem Publikum Reisen in den Weltraum, keine geführten Stadtbesichtigungen mit anschließendem Aperitif und Knabbergebäck. Daher ist die Geschichte von Virgin stimmig, ob wir nun selbst ein Ticket für den Flug ins All lösen oder nicht. Stimmig ist auch, dass Sir Richard Branson dem Helden vom Hudson River anbot, jedes Lohnangebot zu verdoppeln, wenn er für Virgin Passagiere in den Weltraum fliegt. Denn schließlich hat Chesley Sullenberger am 15. Januar 2009 eindrücklich bewiesen, dass ein echter Abenteurer 150 Menschenleben retten kann.

Ein Unternehmen, das seine Kerngeschichte als Abenteuer positioniert, hat seine Zielgruppe bestimmt, lange bevor die Ergebnisse des Marktforschungsinstituts vorliegen. Denn jedes Abenteuer knüpft an Märchen der Kindheit an und ist als Handlungsschema daher tief in unserem Gedächtnis verankert. Und gerade der Märchencharakter dieses Plots erlaubt Ausschmückungen und Szenen, die uns bei einem anderen Thema aufstoßen würden. Messehostessen in den Uniformen der Star-Trek-Crew wirken lächerlich, wenn sie eine Geschichte von Mutter und Kind erzählen müssen. Aber wenn sie vor der Klimaerwärmung warnen und von ihrer Flucht auf einen anderen Planeten berichten, finden wir solche Kostüme wieder passend.

Wie bereits mehrfach festgestellt und betont, suchen Storyteller immer nach dem Helden einer Geschichte. Ihn auszumachen und seine Persönlichkeitsmerkmale festzulegen, ist beim Plot „Abenteuer" besonders wichtig. Ob dieses Schema die erhoffte Wirkung zeigt, steht und fällt mit dem Helden. Da die Psychologisierung der modernen Gesellschaft selbstverständlich auch unsere Erwartungen an Vorbilder beeinflusst, mögen wir kaum noch Helden, die keine Entwicklung durchmachen, sich von Partnern oder der Umwelt nicht beeinflussen lassen und einfach ihr Ding durchziehen. Trotzdem bleibt die Sehnsucht bestehen, ans Ziel zu gelangen, ohne uns selbst verändern zu müssen. Da Abenteuergeschichten dieser Sehnsucht einen Ort geben, eignen sie sich für Erzählungen, in denen psychologische Aspekte höchstens am Rande vorkommen sollen.

Mögliche Anwendung

Produkte, bei denen der Verbraucher selten oder nie an den Forschungsaufwand für die Entwicklung bis zur Serienreife denkt. Zum Beispiel: Die Abenteuer auf der Jagd nach neuen Düften — sei es für ein Parfum oder für ein Speiseeis.

Aufstieg und Fall

Ginge es in diesem Buch nicht um Storytelling im Marketing, so würde man der Kunst des Geschichtenerzählens nicht gerecht, wenn ich dem Thema weniger als hundert Seiten widmen würde. Da aber „Aufstieg und Fall" für den Einsatz im Marketing wahre Hochseilakrobatik ist, die nur wenige Artisten beherrschen, führe ich diesen Plot mehr der Vollständigkeit halber an.

Ob eine Inszenierung dieses Motivs gelingt, steht und fällt mit der Charakterisierung der Hauptperson. Gegen diese Behauptung ließe sich einwenden, dass doch jede Seifenoper vom Aufstieg und Fall der Menschen handle. Doch das ist nur bedingt richtig. Wenn Hausmeister Ehrenbrecht durch einen Lottogewinn über Nacht zum Millionär wird und am Schluss wieder den Müll der Nachbarn an die Straße stellen muss, so kann das zwar eine nette Geschichte sein, es ist aber kein Gegenbeweis für meine Behauptung. Der Erfolg einer Fernsehserie basiert auf ganz anderen Faktoren. Dem Drehbuchschreiber einer Serie muss es vor allem gelingen, den Zuschauern ein Parallelleben vorzuführen. Haben sie sich einmal mit den Figuren identifiziert, darf so ziemlich jedes Thema in bunter Reihenfolge abgehandelt werden. Damit ist auch gleich der einzig mögliche Einsatzbereich für das Marketing abgesteckt. Das Unternehmen XY positioniert sich als Familie in einer Seifenoper. Das ist meines Wissens noch nie versucht worden, könnte aber durchaus reizvoll sein.

Thomas Mann war nicht der erste Schriftsteller, der mit einer Familiensaga das Publikum bis heute begeistern kann. Aber die „Buddenbrooks" gehen schließlich unter und dienen daher schlecht als Beispiel für ein Unternehmen, das mit Storytelling den Aufstieg beschleunigen will. Selbstverständlich ist jeder Aufstieg eine Geschichte wert, aber nur im Verbund mit einem Spannungselement. In der Talstation einsteigen und in der Bergstation ankommen hat nun wirklich nicht genug Essenz, um im Kampf um das knappe Gut Aufmerksamkeit zu punkten.

Mögliche Anwendung

Vergleichende Werbung und als Form von Selbstironisierung bei der Einführung eines neuen Produktes, das sich in wesentlichen Punkten von seinem Vorgänger unterscheidet.

Entdeckung

Bis zu fünf Millionen Leser soll jede Ausgabe des illustrierten Familienblatts „Die Gartenlaube" in seinen besten Jahren erreicht haben. Doch falls Ihnen dieser Zeitschriftentitel nichts sagt, ist das verständlich, denn die Erstausgabe im Jahre 1853 liegt doch schon eine beachtliche Zeit zurück. Aber damals wie heute stößt es den meisten Philosophen sauer auf, dass ihre Schriften weniger Leser anziehen als triviale Mischkulturen aus Unterhaltung und Belehrung. Dass die Frage nach dem „Wer bin ich?" auf verschiedene Weise beantwortet werden kann, verstehen die Geschichtenerzähler offenbar besser. Heinrich von Kleist oder Johann Wolfgang von Goethe benutzten den Lesestoff des gemeinen Volkes sogar als Quellen für ihre Arbeiten. Über die wichtigsten Fragen des Menschen nachzudenken und die gefundenen Antworten schriftlich festzuhalten, ist kein Exklusivrecht akademischer Zünfte.

So nehmen ganz gewöhnliche Marketingleute, die an Storytelling glauben, das Thema Entdeckung zu Recht auf ihre Liste, nur fassen sie den Begriff großzügiger und konkreter als die Philosophen. Überall, wo ein Vorhang weggezogen werden kann, sind Entdeckungen möglich. Doch um sich gegen Voyeure abzugrenzen, kommen nur Enthüllungsstorys infrage, die etwas über menschliche Grundprobleme aussagen und deshalb mit uns selbst zu tun haben. Ob ein Inuit sein vermisstes Messer im Eis wiedergefunden hat, interessiert mich nur, wenn diese Entdeckungsgeschichte noch zusätzliche, interessantere Botschaften enthält. Lese ich wieder einmal den Stapel der Werbebotschaften, die es bis in meine Wohnung geschafft haben, kommen mir Zweifel, dass diese Erkenntnis bereits Allgemeingut wurde. Allzu beliebig ist dieser Plot also doch nicht verwendbar.

Entdeckungsgeschichten handeln von Charakteren, sie komprimieren Erfahrungen langer Zeiträume auf ein Ereignis, nehmen uns Denkarbeit ab und simulieren für uns Handlungsalternativen. Die Realität ist nicht unsere einzige Lernplattform. Dass unser Gehirn Illusionen erschaffen kann, wurde zum Wettbewerbsvorteil, weil wir damit Möglichkeiten durchspielen können. Unterhaltung ist ein Neben- kein Hauptprodukt.

Obwohl die Verwandtschaft zwischen Rätsel und Entdeckung nah ist, rechtfertigt sich eine Differenzierung der beiden Themen. Geschichten rund um ein Rätsel beschreiben eher Entwicklungsprozesse, das Geheimnis des Lebens selbst, das es zu lösen gilt. Eine wichtige Entdeckung hingegen bringt Prozesse in Gang, ist ein Katalysator, eine riesengroße Anzeigetafel, ein Wendepunkt. So führt die Entdeckung, nur noch ein halbes Jahr Lebenszeit vor sich zu haben, die beiden älteren Männer Edward Cole, gespielt von Jack Nicholson und Carter Chambers, alias Morgan Freeman, dazu, sich all ihre ungelebten Wünsche zu erfüllen. In „The Bucket List", zu Deutsch „Das Beste kommt zum Schluss", erscheint hinter dem Vorhang der Tod. Weil sich eine richtige Entdeckung nicht mehr rückgängig machen oder rationalisieren lässt, ändert sich der Handlungsverlauf einer Geschichte. Entdecken Kinder zum ersten Mal, dass Eltern lügen können, passen sie ihre eigenen Handlungsmuster unwiderruflich der neuen Situation an. Führt ein während der Schwangerschaft eingenommenes Medikament zu körperlichen Missbildungen, kann der Urheber dieser Geschichte nicht einfach zur Tagesordnung übergehen.

Was sich hinter dem Vorhang verbirgt, muss keineswegs schrecklich oder tödlich sein. Aber es muss mit einer Geschichte im Zusammenhang stehen, die beim Entdecker und damit beim Publikum etwas an die Oberfläche bringt, das Bewusstseinsprozesse auslöst. Geahnt hatte man die Neuigkeit vielleicht schon immer, nur wahrhaben wollte man ihren Inhalt nicht. Daher kann die Entdeckung auch starke Gefühle auslösen, die den Charakter der Personen zwar selten ändern, aber immer in ein anderes Licht stellen. Wird eine Schatztruhe entdeckt und geborgen, werden auch verschüttete Eigenschaften der Seele freigelegt. Dennoch oder gerade deshalb sind Entdeckungsgeschichten selten melodramatisch, sondern können, wie „The Bucket List" zeigt, sogar humorvoll sein. Und eine echte Alternative zu Analyseberichten psychiatrischer Gesellschaften.

Mögliche Anwendung

Wenn Change-Management-Prozesse, Fusionen und größere Veränderungen anstehen, die in Vergangenheit und Zukunft eingebettet werden sollen. Hervorhebungen von Eigenschaften, die ihre Träger von der Masse abheben. Oder bei allen

Verwandlungen vom Bösen zum Guten, vom Hässlichen zum Schönen und vom Unangenehmen zum Angenehmen.

Beachtet man bei der Ausarbeitung des Drehbuchs, dass der Entdecker ebenso wichtig ist wie das Entdeckte, können mit diesem Plot auch Innovationen eingeführt und positioniert werden. Entdeckergeschichten wecken beim Publikum auch Verständnis für bisheriges Fehlverhalten und verleihen Läuterungen mehr Glaubwürdigkeit.

Flucht

Dieser Plot hat viele Berührungspunkte und sogar Überschneidungen mit den Themen Verfolgung und Rettung. Flucht dennoch als eigenständiges Thema aufzuführen, ist sinnvoll, weil es darüber starke Geschichten gibt, die im kulturellen Gedächtnis tief verankert sind. Das heißt für einen Storyteller allerdings, dass er diese Geschichten beim Verfassen des Drehbuchs im Hinterkopf haben muss, um seine Version nicht ungewollt in eine falsche Richtung zu lenken.

Zu den ältesten Überlieferungen einer bekannten Flucht gehört die Auswanderung der Israeliten aus Ägypten. Selbst wenn die Bibelkenntnisse jüngerer Generationen eher dürftig sind, prägen religiöse Erzählungen die Wahrnehmung noch immer. Bei einer Flucht nimmt der Held zwar oft Hilfen von außen an, wartet jedoch nicht auf den Retter, sondern ergreift selbst die Initiative. Er folgt einer Stimme, die ihm sagt, er müsse den unerträglich gewordenen Ort verlassen, wobei mit dem Geografischen immer auch eine Situation, eine Ordnung verbunden ist, die dem Erreichen eines wichtigen Ziels im Wege steht und der man entkommen will. Bei den Israeliten waren es die Knechtschaft und die fremde Religion, aus der sie sich befreien wollten.

Im kulturellen Gedächtnis inzwischen noch stärker verankert ist die Flucht aus dem Gefängnis. Da eine Zelle auch zur Metapher für unfreiwillige Enge und langes Eingeschlossensein wurde, haben wir bei der Kulissenwahl große Freiheiten. Sympathie empfinden wir für den Flüchtenden allerdings nur, wenn wir der Meinung sind, er sitze zu Unrecht im Gefängnis und stellt für uns keine Bedrohung dar, wenn wir ihm persönlich begegnen würden. Die Rolle des Flüchtenden ist die des Opfers. Wir erwarten, dass der Flucht Bemühungen vorangingen, die unerträgliche Situation auf legalem Weg zu ändern. Diese Verhandlungen sind sogar wichtiger Teil zur Lenkung unserer Gefühle, die wir gerne rational legitimieren wollen.

Wir erwarten bei diesem Plot zudem, dass sich der Flüchtende den Weg in die Freiheit verdient, weil er widrigen Umständen eine Zeit lang standhielt, an etwas glaubt und dafür kämpft. Spaziert er einfach durch die offene Tür, sind wir zu Recht enttäuscht. Denn wir möchten ja etwas über unsere eigenen Möglichkeiten erfahren, der Enge des Alltäglichen oder der Bevormundung einer übergeordneten Macht entfliehen zu können. Zu einer Flucht gehört ein Plan, der zwar nicht kopierbar ist, aber doch Anhaltspunkte für eigene Varianten gibt. Heckt ihn der Flüchtende selbst aus, ist unsere Bewunderung noch größer, als wenn ihm ein Helfer die Lösung zugesteckt. Aber solch eine Flucht kann uns zeigen, wo und wie man die richtige Unterstützung findet.

Mögliche Anwendung

Unternehmen oder Produkte, denen wir Sympathie entgegenbringen, weil wir von ihrer Existenz profitieren und persönlich betroffen sind, wenn sie an ihrer Tätigkeit gehindert werden. Oder Rettungen aus dem Gefängnis des Alltags und schlechter Gewohnheiten.

Liebe

Unternehmen und Autoren von Marketingbüchern, die Slogans oder Buchtitel rechtlich schützen lassen, die sich wirkliche Liebende einander ins Ohr flüstern, tragen nicht unbedingt zu einem besseren Ruf des Marketings bei. Ein Verkaufstrainer, der seinen Seminarteilnehmern den Tipp gibt, sie müssten ihre Kunden wie Geliebte sehen, ist deswegen noch lange kein guter Geschichtenerzähler. „Mann liebt Frau" wird erst zu einer Geschichte, der wir zuhören wollen, wenn noch ein „aber" folgt. Dass der größte Teil aller Liebesromane im modernen Antiquariat landet, bevor die erste Auflage ausverkauft ist, weist darauf hin, dass es sich bei der Liebe um ein Thema handelt, das sich nicht so einfach in eine spannende Geschichte einpacken lässt. Nicht obwohl, sondern weil es das Thema Nummer 1 ist. Es kommt hinzu, dass die Kunden, welcher Zielgruppe auch immer, Werbung fast immer als Werbung erkennen und falsche Liebesbeteuerungen im Geschäftsleben ebenso wenig mögen wie im privaten Umfeld.

Zumindest unbewusst scheint der Widerstand gegen die Vereinnahmung der Liebe durch Marketingstrategen zu wachsen, wie Beobachtungen und Untersuchungen der letzten Jahre zeigen. Wer sich also für das Thema Liebe entscheidet, muss dafür mehr tun, als den 400 bereits existierenden Slogans mit diesem Wort einen weiteren hinzuzufügen oder sich den Satz *Ich liebe es* durch allzu willfährige Patentämter schützen zu lassen.

Eine Liebesgeschichte darf selbstverständlich mit dem Auftauchen von Ringen und mit Rosen übersäten Kieswegen enden. Aber bis es so weit ist, muss sich der Drehbuchschreiber einiges einfallen lassen, um wieder einen Auftrag zu erhalten. Er muss ungewöhnliche Hindernisse aufbauen und noch ungewöhnlichere Hilfsmittel zu deren Überwindung erfinden. Dabei sollte er den fiesesten Lehrer übertreffen, wenn er eine Prüfung zusammenstellt. Und er ist beim Hantieren mit kleinsten Details so geschickt, dass ihn jeder Uhrenfabrikant sofort unter Vertrag nehmen würde. Ans Happy End denkt er zuletzt, da es für dessen Zustandekommen keine überragende Fantasie braucht, sondern lediglich seriöse Handwerkskunst. Er liest Dreigroschenromane, um Klischeebilder zu malen, aber auch „Anna Karenina", „Madame Bovary" oder „Die Wahlverwandtschaften", um sie wieder zu überpinseln. Kurz: Er hat große Achtung vor Liebesgeschichten und ebenso große Freude, sich an der schwierigsten aller Formen versuchen zu dürfen.

Naive Ratgeber können uns noch lange einreden, wir müssten die ganze Welt lieben, inklusive der bösen Nachbarn. Die Lebenserfahrung lehrt uns, dass dies nicht möglich ist und dass die Behauptung der Neurowissenschaftler wohl zutrifft, wonach unser Gehirn Belohnungen mit Gegenleistungen vergleicht. Eine Liebesgeschichte sollte daher nicht gleich über ein ganzes Unternehmen gestülpt werden. Das wirkt ebenso lächerlich wie unglaubwürdig. Aber für einzelne Dienstleistungen oder Produkte kann das Urthema Liebe durchaus geeignet sein. Das Versprechen eines Tierarztes alle kleinen und großen Wesen zu retten, ist unglaubwürdig. Dass er seine Patienten liebt, nehmen wir ihm eher ab.

Da ausgerechnet beim Thema Liebe so viele grobe Schnitzer unterlaufen, wiederhole ich meinen Rat nochmals: Setzen Sie es nur ein, wenn Sie das geeignete Liebespaar gefunden haben und auf einen Drehbuchschreiber zählen können, der die ganze Bandbreite dieses Motivs kennt und sein Handwerk beherrscht. Das bedeutet auch, neue Erkenntnisse über das Geheimnis der Liebe in die Geschichte einzuweben. Wie das Beispiel der romantischen Liebe beweist, verändern sich unsere Ansichten über Liebe und ideale Partnerschaft im Laufe der Zeit. Ein Unternehmen könnte in diesem Bereich in die Lücke springen, die traditionelle Sinnstifter hinterlassen haben. Kunden von allzu idealistischen Vorstellungen zu befreien, ist ebenfalls eine Dienstleistung.

Mögliche Anwendung

Wo Konkurrenten im Dienstleistungssektor idealistische Versprechen abgeben und damit ihre Glaubwürdigkeit einbüßen, kann man mit realistischen Liebesgeschichten die Sympathie des Publikums gewinnen.

Maßlosigkeit

Harmoniebedürftige Menschen bedroht ihr Auftauchen, Realisten betonen deren Normalität, Zynikern gibt sie die Grundlage und Evolutionspsychologen halten sie für ein Naturgesetz. Die Maßlosigkeit ist ohne Zweifel eines der universellen und zeitlosen Themen. „Excess" nennen amerikanische Drehbuchautoren diesen Plot und erinnern damit gleich an drei lateinischen Verben als Ursprung. Ins Deutsche übertragen, ist das Bedeutungsgebiet schon sehr genau abgesteckt: übertreffen, herausgehen, herausfallen, einer Sache enteignet werden und durch einen Einschnitt abtrennen.

Vergleiche mit früheren Jahrhunderten verleiten zur Annahme, das Individuum der postmodernen Konsum- und Informationsgesellschaft genieße grenzenlose Freiheiten. Doch dem ist natürlich nicht so. Jeder soziale Verband braucht Grenzen und setzt sie deshalb auch. Für die Positionierung und das Versenken der Eckpfeiler ist man jedoch auf die Maßlosigkeit von Ausreißern angewiesen. Ohne Skandale keine Übersicht, ohne Exzesse keine Sicherheitszonen. Wir müssen nicht bei Aristoteles nachlesen, warum dem so ist. Es genügt das Beobachten unseres eigenen Verhaltens und unserer Reaktionen auf Grenzüberschreitungen. Erschreckt stellen wir dann fest, dass wir zwischen Faszination und Abscheu hin und her gerissen werden. Aus dieser Polarität beziehen Geschichten der Maßlosigkeit ihre Spannung.

Warum die traditionelle Markt- und Meinungsforschung bei Drehbuchschreibern und Regisseuren keinen sehr guten Ruf genießt, zeigt sich nirgends so schön wie bei diesem Thema. Denn Abweichungen von gesellschaftlichen Normen öffentlich zu verurteilen, heißt noch lange nicht, das Exzessive aus der Welt schaffen zu wollen. Dürfen wir unsere Meinung anonym äußern, sind wir oft von beispielhafter Toleranz, weil wir doch genau das, was die öffentliche Moral verbietet, ebenfalls gerne täten. Hat jemand freien Zugang zur Schatzkammer, schützt selbst ein gewerkschaftlicher Hintergrund nicht zwingend vor unverschämter Selbstbereicherung. Kurz: Keine noch so eingegrenzte Zielgruppe ist von diesem Thema ausgeschlossen.

Es sind die Umstände, die darüber entscheiden, ob wir Fehltritte, Ausschweifungen oder gar Verbrechen gutheißen oder verurteilen. Auf welche Seite unsere Sympathien kippen, hängt demnach davon ab, wie uns der Drehbuchschreiber die Ereignisse und Situationen schildert, die schließlich zum Exzess führen. In diesem Part der Geschichte müssen wir unsere eigenen Nöte und Hoffnungen erkennen. Würde der 1987 erschienene Film „Wall Street" nur über wahnwitzige Finanztransaktionen erzählen, könnte er zwanzig Jahre später kein großes Publikum mehr anziehen. Aber der Produzent, Drehbuchschreiber und Regisseur Oliver Stone weiß selbstverständlich, dass er Charakterbilder zeichnen muss und dass Insiderhandel nur ein Symbol für die verbotene Weitergabe von Geheimnissen ist.

Ebenso ist ihm bewusst, wie sehr das menschliche Streben nach Reichtum und Luxus gewisse Geschäftspraktiken bei den Zuschauern rechtfertigt. Damit wir die Maßlosigkeit des skrupellosen Brokers zu den dunklen Mächten zählen, braucht es den hellen Gegenpart einer emotionalen Vater-Sohn-Geschichte. Aber erst als der Vater einen Herzinfarkt erleidet, beziehen wir wirklich Stellung. Das Etikett „Traumfabrik" vertuscht, dass Hollywood die menschlichen Gefühle oft wirklichkeitsnaher inszeniert als etliches, dem wir hohen Realitätssinn zuschreiben. Offerieren wir dem Publikum ein Happy End, können wir ihm in vorangehenden Szenen ziemlich viel zumuten. Ganz große Meister wie Shakespeare dürfen sogar den glücklichen Ausgang einer Geschichte streichen.

Wo Maßlosigkeit beginnt, bestimmt der angewendete Maßstab. Der wiederum ist nicht von göttlicher Natur sondern wird von Menschen definiert. Das gilt für alle Bereiche, auch für die geistige Gesundheit. Daher gehören Geschichten vom Wahnsinn ebenfalls zu diesem Thema. Wie uns das Beispiel der Hysterie lehrt, sind selbst psychische Krankheiten dem Zeitgeist unterworfen. Wir können also nicht einfach alte Erfolgsgeschichten in die Gegenwart übertragen, ohne das soziologische und kulturelle Umfeld zu beachten. Jeder Zeitsprung muss seine Berechtigung und eine Funktion für die Gesamtdramaturgie haben, vor allem beim Thema Maßlosigkeit.

Jedes Thema hat seine eigene Dramaturgie, die man nur in Ausnahmefällen durchbrechen sollte. Daran hält sich bei der Darstellung des Maßlosen sogar Shakespeare. Unsere biologischen Programme erlauben es gar nicht, dass wir uns in den ersten Lebensjahren exzessiv verhalten. Übermäßiges Kindergebrüll, Tellerzerschlagen oder Lebensmittelzerstörungen werden zähneknirschend der Normalität zugerechnet. Aber auch erwachsene Helden möchten wir vor ihren Ausbrüchen zuerst als erträgliche, mehr oder weniger konforme Zeitgenossen erleben. Wir möchten wissen, wie es dazu kommen kann, dass Othello die Frau, die er liebt, erwürgt und ersticht.

Und nur weil uns Shakespeare diesen Wunsch erfüllt und wir Zeugen der unsäglichen Intrigen und Machtspiele werden, können wir Othello unsere Sympathie ebenso schenken wie seiner Frau Desdemona. Othello ist übrigens eines der unzähligen Beispiele dafür, dass wir gute Geschichten auch einfach übernehmen und für unsere Zwecke bearbeiten können. Seinen Stoff fand der englische Dramatiker beim italienischen Novellenschreiber Giovanni Battista Giraldi, genannt Cinzio. Also keine Angst vor Coverversionen.

Gewarnt sei noch vor der Versuchung, das Thema Maßlosigkeit mit der Darstellung des ewig Bösen zu verbinden. Bei der Inszenierung eines Exzesses geht es nicht in erster Linie um das Erteilen einer moralischen Lektion, sondern um das Beschreiben von Umständen, die zu Extremen führen, um das Herausfallen aus der Mitte und um die Folgen dieses Sturzes.

Mögliche Anwendung

Die dem Thema Maßlosigkeit innewohnende Tragik der Helden macht es nicht einfach, diesen Plot für eine Marketinggeschichte zu verwenden. Aber ein Storyteller, der sein Handwerk und die anderen Themen beherrscht, wird es wagen, die Grundregeln dieses Geschichtentypus zu verletzen, wenn er passende Anwendungsgebiete sieht. Das könnten zum Beispiel Produkte und Dienstleistungen sein, die als Antihelden auftreten und zum richtigen Maß zurückführen.

Opfer

Sind sie Ihnen auch schon aufgefallen, die von Streifen zu Streifen springenden Menschen bei Fußgängerübergängen? Oder Passanten, die bei Bürgersteigen die Zwischenräume der Ränder nicht betreten wollen? Während meiner Gymnasialzeit wollte ich vor Prüfungen die Götter gütig stimmen, indem ich wie ein Verrückter bis zur nächsten Querstraße rannte, um vor einem bestimmten Fahrzeug dort anzukommen. Viele solcher Handlungen sind wahrscheinlich harmlose Versuche, das Schicksal zu beeinflussen. Aber so neckisch oder absurd sie oft sind: Um den roten Faden einer Opfer-Geschichte zu knüpfen, sind sie zu nichtig. Zwar verlangt niemand mehr, dass wir unsere eigenen Kinder am Opferstock festzurren, aber allzu klein darf der Preis unserer Gabe nicht sein.

Wie jedes Urthema hat auch dieses eine Verankerung im religiösen, transzendenten Bereich, sogar eine äußerst starke. Ohne bedeutende Opfer war bei den alten Griechen kein Krieg zu gewinnen. War im Alten Testament Abraham noch bereit, seinen eigenen Sohn zu opfern, so ist es im Neuen Testament der Gottessohn selbst, der sein Leben für die Erlösung der Menschheit hergibt. Dieser Rückblick enthält auch die Botschaft, dass die Größe eines Opfers mit dem Ziel zusammenhängt, das damit erreicht werden soll. Ein paar Hüpfer über die Fugen eines Bürgersteigs, um ein Spinatgericht abzuwenden, betrachten wir als stimmig. Für die Gesundung eines schwer kranken Freundes reicht dieser Einsatz nicht aus.

Im Filmklassiker „High Noon" oder „Zwölf Uhr mittags" legt der Regisseur Fred Zinnemann großes Gewicht auf ein Element, das leicht übersehen wird. Wenn Gary

Cooper die Kleinstadt Hadleyville durch den Einsatz seines Lebens vor der Miller-Bande schützt, löst er in der Bevölkerung gemischte Gefühle aus. Nach dem Showdown sind die Bürger gleichzeitig froh über die Rettung und beschämt wegen ihrer Feigheit. Im Schlussbild wirft Marshall Kane den Bewohnern verächtlich seinen Stern vor die Füße und verlässt mit seiner Frau die Stadt. Was der Produzent Krame und der Drehbuchschreiber Foreman als moralische Lektion dem Publikum in dieser Form mitgeben wollten, sollten wir bei unseren Zielgruppen tunlichst vermeiden. Vergessen wir also nicht, dass ein Opfer sowohl auf den Helden als auch auf das Publikum zeigt.

Die Ausbildung zum Geschichtenerzähler zählt zu den wenigen Lehrgängen, in denen Kinobesuche oder DVD-Abende zum Pflichtteil gehören. Dank meiner Arbeitsweise und Büchern wie diesem darf ich die Kosten dafür sogar von der Steuer absetzen. Wer sich das Vergnügen gönnt, Gary Cooper und Grace Kelly als Paar zu sehen, macht zugleich mit anderen wichtigen Elementen des Opfer-Themas Bekanntschaft. Solche Geschichten beginnen nicht damit, dass sich der Held überlegt, was er Gutes tun könne oder wann es wieder an der Zeit wäre, ein Opfer zu bringen.

Wie in jeder guten Abenteuergeschichte muss der Held vom Schicksal zum Aufbruch und zu großen Taten gezwungen werden. Und das Publikum muss nachvollziehen können, warum irgendwann der Zeitpunkt gekommen ist, an dem es kein Zurück mehr gibt. So zufällig das Leben auch ist, wir sind auf das Muster „Ursache-Wirkung" programmiert. Denn Geschichten wurden von der Evolution ja „erfunden", damit wir etwas aus ihnen lernen. Das ist bei einer Aneinanderreihung von Zufällen schwer möglich. Außer der Zufall ist klar als der Hauptdarsteller erkennbar.

Beispielhaft zeigt uns „High Noon" auch die wichtige Rolle der Zuschauer und der Helfer. An ihre Charakterisierung müssen wir beim Drehbuchschreiben ebenfalls denken, damit die Geschichte stimmig wird und nicht auf das Niveau einer billigen Soap Opera sinkt. Welchen Personen oder Objekten ordnen wir welche Nebenrollen zu? Warum sind sie für und warum gegen das Opfer? Und welche Charaktere sollen sich im Laufe der Geschichte entwickeln? Vom Plan des Marshalls wenden sich schließlich alle ab. Bis auf einen kleinen Jungen und einen Behinderten, auf deren Hilfe er aber verzichtet, um auch deren Leben zu retten.

Und als Marshall Kane seine frühere Geliebte Helen Ramirez, die vor ihm eine Affäre mit seinem Gegner Frank Miller hatte, ebenfalls aus der Stadt schickt, weiß der Zuschauer endgültig, dass nur der Held selbst für das Opfer verantwortlich sein darf. Dass „High Noon" trotz der schwachen Charakterzeichnungen mit vier Oscars prämiert und zu einem Klassiker wurde, belegt einmal mehr die Beliebtheit einfacher Geschichten, in denen jedes Zeichen richtig gesetzt wird. Sucht man nach einem

Beispiel, in dem die Charaktere der handelnden Personen mehr im Vordergrund stehen, drängt sich mit „Casablanca" ein weiterer Klassiker auf.

Selbst wenn es in modernen Opfergeschichten des Unternehmeralltags kaum mehr um Leben und Tod geht, hat dieses Thema noch immer hohe Aktualität. Im Schatten der Finanz- und Wirtschaftskrise vielleicht noch mehr als in der Vergangenheit. Denn mit diesem Plot lässt sich inszenieren, für welche Werte ein Unternehmen eintritt und wo die Grenzen seiner Kompromissbereitschaft sind. Gerade wenn ethische Fragen beantwortet werden müssen, reichen bloße Behauptungen nicht. Weil das Publikum ein moralisches Dilemma nachvollziehen möchte, will es eine Geschichte, in der es die notwendigen Schlüssel für das Verständnis erkennt.

Mögliche Anwendung

Zur glaubwürdigen Einbettung moralisch-ethischer Antworten eines Unternehmens in das individuelle Weltbild der Kunden. Abwehr von Angriffen eines beim Zielpublikum unsympathischen Konkurrenten. Legitimierung hoher Entwicklungskosten und deren Überwälzung auf den Endpreis.

Rache

So wenig sich neurologische Muster einfach verändern, nur weil wir es wollen, so wenig lassen sich Themen aus der Geschichtenkiste entfernen, weil sie nicht in ein ideologisches Schema passen. Hundert Jahre Psychologie und die damit verbundene Arbeit am eigenen *Ich* hinterließen Spuren, die unsere Wahl möglicher und passender Themen beeinflussen. Da Rachegefühle heute als überwindbar angesehen werden und ihre Existenz daher als charakterliches Defizit gilt, mussten sie ins Exil der Kunst und Therapie fliehen. Ein Drehbuchschreiber muss sich also gut überlegen, ob er den Seiltanz wagen will, sie von dort in die Wirklichkeit des Alltags zurückzuholen. Aber wenn ihm dieses Kunststück gelingt, wird ihm das Publikum mit Gewissheit gratulieren.

Denn schließlich weiß es nur zu genau, dass die öffentliche Verbannung menschlicher Befindlichkeiten und Triebe diese nicht automatisch eliminiert. Rache bleibt eine der Möglichkeiten, wie der Mensch auf Ungerechtigkeit reagiert, ob uns das gefällt oder nicht. Wer meint, er müsse die griechischen Sagen zuerst von allen Rachegeschichten reinigen, bevor er sie Kindern und Jugendlichen zumuten kann, soll gleich erbaulichere Texte wählen. Shakespeares Hamlet findet noch heute sein Publikum, weil der große englische Dramatiker ein Meister im Deuten von Gefühlsregungen ist und mit seinem Helden einen Menschen auf der Bühne agieren lässt, der irdische Gerechtigkeit will und sich nicht von der Vernunft zähmen lässt.

Weil auch ein moderner Racheengel seine Existenzberechtigung von der alt-testamentarischen Formel „Auge um Auge, Zahn um Zahn" ableitet, muss das Verbrechen mindestens so groß sein wie die Rache. Das heißt aber nicht, dass die Bühne von Leichen übersät sein muss, wenn das Stück von der Rache gespielt wird. Gleiches mit Gleichem zu vergelten, ist auf verbaler Stufe ebenfalls möglich. Oder mit einem neckischen Austausch von Sticheleien. Da negatives „Tit for Tat" der Fantasie keine Grenzen setzt, sollten Storyteller diesen Plot nicht gleich von der Suchliste streichen. Meist wird die deutsche Übersetzung „Wie du mir, so ich dir" interessanterweise ohnehin mit Rachehandlungen in Verbindung gesetzt.

Um die Geschichte in Gang zu bringen, braucht es natürlich zuerst ein Vergehen, das den Helden betrifft und ihn nicht schnell zur Ruhe kommen lässt. Doch das kleine oder große Verbrechen muss das Unrechtsbewusstsein des Publikums treffen, damit es sich mit der Story identifizieren kann. Nur wer stundenlang an einer Sandburg baute, darf damit rechnen, dass sein Rachefeldzug gegen die mutwilligen Zerstörer bei den Zuschauern auf Akzeptanz stößt. Lediglich drei Eimer mit Sand zu kippen und das Plattmachen dieser unförmigen Erhebungen mit einem Tobsuchtsanfall zu quittieren, wird eher auf mangelnde Triebbeherrschung als auf Wiederherstellung von Gerechtigkeit zurückgeführt.

Das Interesse für Rachegeschichten hängt eng mit unserem Wunsch nach Sicherheit und Ordnung zusammen. Werden allgemein akzeptierte Regeln verletzt, ohne dass die offiziellen Gesetzeshüter eingreifen und die Täter bestrafen, dann übertragen wir dieses Mandat demjenigen, der Stillschweigen oder Untätigkeit nicht duldet. Mag seine Rache auch ganz persönliche Motive haben, erfüllt sie dennoch eine höhere Funktion. Wenn uns die Rache eines Helden das gute Gefühl gibt, die Welt gerate nicht aus den Fugen und die gesellschaftliche Ordnung könne nicht beliebig missachtet werden, wird der Rächer zum Stellvertreter einer übergeordneten Macht. Nach welchem Muster diese Vorlage gestrickt ist, kennt ein Storyteller ja von den griechischen Sagen und vom Alten Testament.

Gerade weil traditionelle Sinnstifter wie Religion, Staat und Familie in den letzten Jahrzehnten an Bedeutung verloren haben, können deren Funktionen inzwischen von Unternehmen übernommen werden. Ob Arnold Schwarzenegger als Politiker und Gouverneur von Kalifornien gescheitert ist oder nur zu den vielen Opfern der Finanz- und Wirtschaftskrise gehört, lasse ich offen. Aber sicher ist, dass ihn viele wählten, weil sie insgeheim hofften, Filmdrehbücher hätten mehr mit der Wirklichkeit zu tun, als Kritiker der Traumfabrik behaupten. Und wie wir aus Beobachtungen spielender Kinder lernen, kann selbst ein Teddy zum Terminator werden.

Mögliche Anwendung

Wenn bei der Suche nach der Identität eines Unternehmens oder eines Produkts das Thema Gerechtigkeit häufig auftaucht, ist Rache eine mögliche Option für die Kerngeschichte. Denn zum Waffenarsenal eines Rächers gehören ja nicht nur martialische Gegenstände, sondern auch Worte, die tödliche Folgen haben können oder Gegner der Lächerlichkeit preisgeben.

Rätsel

Zu den Muss-Eigenschaften, die ein Urthema erfüllen muss, gehören Überzeitlichkeit und Universalität. Es muss unsere Gefühle und unser Handeln bereits in den ersten Lebensjahren geprägt haben. All dies trifft für das Rätsel in exemplarischer Weise zu, was nicht weiter erstaunt, wenn „Wer bin ich?" und „Wo ist mein Platz in dieser Welt?" zu den elementaren Fragen der Menschheit gehören. So übertrieben dies für das Bewusstsein klingen mag, sind doch alle Rätsel und Geheimnisse nur Varianten dieser Fragen.

Das Grundschema ist einfach: vom Unbestimmten zum Bestimmten — von der Frage zur Antwort. Oder vom Generellen zum Spezifischen.

Wer bin ich?

Bei Vater, Mutter, Großpapa
Bin ich zu allen Zeiten.
Doch Onkel, Tante, Stiefmama,
Die kann ich gar nicht leiden.
Ein jedes Rätsel fang' ich an
Und jeden guten Rat,
Ja, leider bin ich stets beim Wort,
Doch niemals bei der Tat.

Selbstverständlich kommen in jedem Thema Fragen vor, die wir beantworten müssen, um eine Geschichte begreifen zu können. Aber wie eine ganze Industrie eindrucksvoll belegt, sind wir dazu bereit, an einer Aufführung teilzunehmen, in dem das Rätsel selbst die Hauptperson spielt. Wer bei den vorangehenden Zeilen nur halb dabei war, weil er noch immer über die Antwort des eingeschobenen Rätsels nachdenkt, hier die Lösung: Es ist der Buchstabe „R".

Die mediale Überflutung durch Rätselhaftes in Zeitschriften, Büchern, Quizsendungen und anderen Shows könnte uns vergessen lassen, dass der spielerische Aspekt von Rätselaufgaben nur einer von vielen ist. So wie in der griechischen Mythologie geht es beim Rätsellösen auch heute noch oft um Leben und Tod. In der Geschichte von Ödipus belagert die geheimnisvolle Sphinx die Stadt Theben und frisst jeden Vorbeikommenden auf, der ihr Rätsel nicht lösen kann.

Nur Ödipus weiß die Antwort und entkommt dem schönen Ungeheuer, das die Menschen fragte: „Was ist das? Es ist am Morgen vierfüßig, am Mittag zweifüßig, am Abend dreifüßig. Von allen Geschöpfen wechselt es allein in der Zahl seiner Füße; aber eben, wenn es die meisten Füße bewegt, sind Kraft und Schnelligkeit bei ihm am geringsten." Dem Tod entging der griechische Vorzeigeheld, weil er sagte: „Du meinst den Menschen, der am Morgen seines Lebens, solange er ein Kind ist, auf zwei Füßen und zwei Händen kriecht. Ist er stark geworden, geht er am Mittag seines Lebens auf zwei Füßen, am Lebensabend, als Greis, bedarf er der Stütze und nimmt den Stab als dritten Fuß zu Hilfe."

Falls Sie Rätsel und Antwort bereits kannten, umso besser. Denn diese altgriechische Sage kann uns als Mustervorlage dienen, sofern wir uns deren Fortsetzung vergegenwärtigen. Kaum hatte Ödipus das Rätsel gelöst, stürzte sich die Sphinx in den Tod, sei es aus Scham, kein unlösbares Rätsel gestellt zu haben, sei es aus Verzweiflung über den Machtverlust. Die Geschichte vom Erfinden und Auflösen eines Rätsels ist auch eine Metapher für Machtverschiebungen. Doch der Lohn, den Ödipus für seine Antwort erhält, gibt dieser Geschichte eine zusätzliche Ebene. Ödipus bekommt zwar wie versprochen die Witwe des Königs Laos zur Frau und wird damit König von Theben. Aber er weiß nicht, dass Iokaste seine eigene Mutter ist und der tote König der von ihm vor Jahren mit eigener Hand getötete Vater. Damit hat sich die Aussage des Orakels von Delphi erfüllt, dass Ödipus — und damit der Mensch an sich — das Rätsel der eigenen Existenz nicht lösen kann.

Mit diesem Abstecher in die griechische Mythologie soll nicht die Forderung vertreten werden, die Wahl eines Rätsels als Kerngeschichte müsse mit Pathos und existenziellen Fragen einhergehen. Aber die berühmte Sphinx ist eben mehr als ein beliebtes Bildmotiv für Ägyptenreisende. Sie erinnert uns an die ursprünglichen Wurzeln aller Rätsel, was bei allzu häufigem Fernsehkonsum nicht schaden kann. Denn soll dieser Plot ein ganzes Drehbuch bestimmen, reichen einige Fragen im Stil eines Wettbewerbs zur Gewinnung von Kundendaten nicht aus. Selbst wenn wir die Götter entthronten, blieben ihre Gespräche trotzdem im Raum und sollten nicht unbedarft lächerlich gemacht oder verniedlicht werden. Die Dinge sind nach wie vor nicht das, als was sie äußerlich erscheinen, zumindest nicht nur. Um ihnen auf den Grund zu kommen, müssen wir sie mit den berühmten W-Fragen umgarnen: „Wer?", „Was?", „Warum?", „Wo?", „Wann?" und „Wie?". Und wir müssen darauf achten, dass die gefundenen Antworten nicht jede Interpretation zulassen.

Wer ein Rätsel stellt, sollte beim Formulieren der Aufgabe immer schon an diejenigen denken, die es später lösen müssen:

- Welches ist der passende Schwierigkeitsgrad? Überforderung kann eine Zielgruppe ebenso vergraulen wie Unterforderung.
- Wie geduldig ist die Zielgruppe? Fast immer weniger, als wir meinen und hoffen.
- Welche Schlüssel sind ihr bekannt? Etappenbelohnungen spornen an.
- An welchen Ort verstecke ich die Schlüssel? Was vor den eigenen Füßen liegt, gerät nicht so schnell ins Blickfeld.
- Wo holt sich der Rätsellöser wahrscheinlich Hilfe? Hoffentlich nicht bei der Konkurrenz.

Da unser Gehirn über die Fähigkeit verfügt, unangenehme Geschichten auszublenden, leben auch Neurowissenschaftler im Alltag trotz ihres Wissens von den Mehrheitsverhältnissen zwischen Bewusstem und Unbewusstem so weiter wie bisher. Um aber bei der Arbeit Erfolg zu haben, müssen sie diese Verhältnisse der Realität anpassen. Ähnliches erleben wir bei Lesern von Kriminalromanen. Obwohl sie natürlich wissen, dass der Autor und Erzähler die Lösung des Rätsels weiß, besteht der Lesespaß zu einem großen Teil darin, sich einzubilden, man sei dem Detektiv eine Spur voraus.

Diese Lust sollte man dem Publikum auch beim Stellen und Lösen eines Rätsels nicht nehmen. Es will bestätigt bekommen, dass auf intuitives Wissen Verlass ist, dass kluges Kombinieren das Ansehen erhöht und dass es ohne fremde Hilfe auf passende Lösungen kommt. Ein geschickt konstruiertes Rätsel kann durchaus dazu benutzt werden, eigene Fehler als gewollte Verfehlungen darzustellen, die dem Publikum das Finden der Lösung erschweren sollten. Spannung und Unterhaltung sind auch pädagogisches Hilfsmittel.

Geschichten, in deren Mittelpunkt ein Rätsel steht, haben eine Besonderheit, die ihre Wirkungskraft wesentlich erhöht: Sie werden zweimal erzählt. Wird das Geheimnis gelüftet, spult der Zuschauer den gezeigten Film im Kopf nochmals zurück, um ihn mit der bisher unbekannten Lösungsinformation nochmals zu sehen. Schließlich möchte er die Gewissheit haben, dass alles seine Richtigkeit hatte. Diesen merkwürdigen Vorgang gilt es beim Verfassen des Drehbuches zu berücksichtigen, sonst kommt sich das Publikum betrogen vor. Zu den Spezialfällen dieses Plots gehören offene Enden. Wichtige Fragen mit unklaren Andeutungen zu beantworten, empfiehlt sich nur, wenn Fortsetzungsgeschichten geplant sind und das Ende der alten Geschichte als Andockstelle für den Beginn der neuen benötigt wird.

Mögliche Anwendung

So wie Coca-Cola können auch andere Unternehmen mit dem Geheimnis von Rezepturen spielen. Oder sie können wie Apple das Bedürfnis nach Gerüchten und Klatsch für die Lancierung neuer Produkte nutzen. Auch wer auf eine lange Tradition zurückblickt, kann die Ursprünge seines Erfolgs verschleiern und danach Schritt für Schritt aufdecken — sofern dabei keine Leichen im Keller zum Vorschein kommen.

Reifung

Eine Verwandlung ganz besonderer Art erleben wir in den Jahren unserer Kindheit bis zum Erwachsenwerden. Weil diese Zeit des Heranreifens mit keiner späteren Lebensperiode vergleichbar ist, figuriert sie als eigenes Thema auf unserer Liste. Eigen ist ihr zum Beispiel, dass wir es kaum ertragen, wenn die Entwicklung nicht positiv verläuft. Bei allen anderen Themen können wir uns die Geschichte so zurechtbasteln, dass wir dem Drehbuchschreiber den Verzicht auf ein Happy End verzeihen können. Aber bei Kindern, die das Leben noch vor sich haben, darf uns eine Darstellung ihrer noch jungen Geschichte nicht enttäuschen. Vielleicht, weil uns das den Glauben an die Unschuld rauben würde oder den letzten Zufluchtsort für die Vorstellung vom Paradies.

Die Jahre von der Geburt bis zum Eintritt in die Schule bieten nicht den Stoff, um daraus eine Geschichte zu weben, die ein großes Publikum anzieht. Als Einzelszenen können sie ebenso nett wie wichtig sein, doch für ein abendfüllendes Programm taugen sie kaum. Das liegt wohl daran, dass uns Betrachtungen rein körperlicher Reifeprozesse schnell langweilen. Erst wenn das Bewusstsein einer Person so weit entwickelt ist, dass wir es als Spiegel unseres eigenen Ich wahrnehmen können, erwacht unser Interesse. Kurz: Babygeschichten sind das eine, Entwicklungs- und Bildungsromane das andere. Diese Einsicht führte bei einem großen Betreiber von Privatkrankenhäusern zur Marketingstrategie, den Geschichten von der Schwangerschaft und der Geburt einen eigenständigen Auftritt und eine eigene Bühne zu gewähren.

Für das Storytelling ist das Urthema Reifung von so außerordentlicher Bedeutung, dass man der Versuchung kaum widerstehen kann, es nicht immer zu verwenden. Denn nach allem, was wir bisher über das Wahrnehmen und Speichern von Geschichten erfahren haben, gibt es keinen Zeitraum, der tiefere Spuren und mehr Andockstellen hinterlässt als die Jahre bis zur Schwelle des Erwachsenseins. Aber wir als gute Drehbuchschreiber, die das Konstruieren gezielter Rückblenden beherrschen, dürfen uns ruhig auch mit den anderen Themen anfreunden. Nicht jede Zielgruppe möchte andauernd und allzu direkt an ihre ersten zwanzig Jahre erinnert werden.

Kindergeschichten sind zwar nett, werden aber keine Publikumsrenner, wenn Kinder unter sich bleiben oder nicht die Rolle von Erwachsenen übernehmen. Die Geschichte vom „Herr der Fliegen" wäre längst in Vergessenheit geraten und Sir William Golding, Autor von „Lord of the Flies", wäre kaum mit dem Nobelpreis geehrt worden, wenn der Roman lediglich von einigen Jugendlichen erzählen würde, die auf einer Insel überleben wollen. Von ihrem Alter her sind die kleinen Helden zwar Symbol für Unschuld und Reinheit, aber mit der Übernahme von Rollen, die sonst Erwachsene innehaben, werden Geschichten möglich, die mit unserem eigenen Leben zu tun haben. Reifung durch Verlust der Unschuld, durch Auseinandersetzung mit dem Bösen, durch Vorbilder, Überstehen von Krankheiten mit der letztendlichen Rettung von außen.

Im Plot vom Heranreifen zum Erwachsenen werden wir direkt mit den Szenen unserer Ersterlebnisse konfrontiert, mit der Vertreibung aus dem Paradies und der Suche nach Alternativen. Wir erinnern uns an die Persönlichkeitseigenschaften und Verhaltensmuster von Helden, die uns auf diesem Abschnitt der Lebensreise den Weg ebneten, Richtungen vorgaben und beim Verarbeiten von Rückschlägen halfen. Und beim erneuten Zuhören erhalten wir nochmals die Lektion, dass wir eher Taten folgen als Worten — vorausgesetzt, der Verfasser einer solchen Geschichte lässt die richtigen Helden auf die Bühne und will kein pädagogisches Lehrbuch schreiben.

Mögliche Anwendung

Die Frage ist nicht, ob man diesen Plot einsetzen kann, sondern wer mitspielen darf. Damit es keine austauschbare „Dutzend-Geschichte" wird, die kaum auf großes Interesse stößt, muss man das Personeninventar gut auf die Zielgruppe abstimmen und die Konflikte genau konstruieren.

Rettung

Hemmungen? Unwissen? Oder gar schlechte Erfahrungen? Warum Unternehmen die Geschichten von wundersamen Rettungen vor allem Hollywood-Regisseuren und Literaten überlassen, ist angesichts ihrer Wirkungskraft erklärungsbedürftig. Liegt es an der Angst, bei missglückten Rettungsversuchen gleich eine Sammelklage an den Hälsen der Firmenanwälte zu haben? Macht man in den Vorstandsetagen ausgerechnet bei dieser Story auf Understatement? Oder weiß man ganz einfach nicht, wie beliebt und verführerisch eine solche Geschichte ist?

Möglich ist auch, dass ungeschickte Drehbuchschreiber glauben, dieses Thema sei höchstens eine einzelne Szene wert, die man am besten in ein anderes Thema verpackt. Doch in der Vermischung allzu vieler Grundthemen liegt einer der häufigsten Fehler von Storytelling. Ein Unternehmen muss nicht zwingend zur Pharmabranche gehören, um dem Publikum eine Rettung vorführen zu dürfen. Einen müden Lokomotivführer mit einem Energie-Drink vor dem Einschlafen zu retten, ist durchaus ehrenwert. Damit ist wieder einmal gesagt, dass Helden, Helfer und Feinde nicht unbedingt Menschen sein müssen. Da Steven Spielberg und George Lucas die griechischen Sagen selbst gelesen haben, sind ihnen solche Merkmale von Geschichten längst klar.

Im Mittelpunkt dieses Plots stehen ein Held und sein Widersacher. Wie Leo Tolstoi bereits hervorhob, muss der Gegner nicht zwingend das Teuflische in Person sein. Die Auseinandersetzung kann sich auch um die richtige Methode einer Rettungsaktion drehen. Streiten sich zwei darum, wie ihrem kranken Kind zu helfen ist, kann das Publikum durchaus für beide Sympathie empfinden. Es in das Wechselbad von Gefühlen zu tauchen, ist ein alter Trick der Geschichtenerzähler. Setzen wir im Marketing auf das Thema Rettung, können wir davon ausgehen, dass sich unser Publikum so stark mit dem Protagonistenpaar Held und Widersacher identifiziert, dass eine genaue Charakterisierung des „Opfers" nicht zwingend ist.

Der Einwand gegen Storytelling, diese Methode würde sich allzu sehr nach den Vorgaben der Künstler ausrichten, geht ins Leere. Denn es handelt sich ja nicht um Imitation, sondern um Varianten in einem anderen Bereich. Ein guter Drehbuchschreiber merkt ebenso wie sein aufmerksames Publikum, wo er von literarischen Vorlagen abweichen soll und wo Kopieren erlaubt ist. So braucht es beim Plot „Rettung" nicht unbedingt eine Verfolgungsjagd, damit das Grundthema gewahrt bleibt. Auch hier genügt es, die Kernelemente zu bewahren, um in den Köpfen der Kunden ein bekanntes Script aufzurufen, an das die Botschaft andocken kann.

Für die dramatische Gestaltung einer Rettung kann es sich lohnen, die Widersacher direkt aufeinanderprallen zu lassen, um dem Publikum in verdichteter Form die Unterschiede zweier Vorgehensweisen zu veranschaulichen. Duelle sind Elemente etlicher Urthemen. Ein Duell kann dazu dienen, unentschlossene „Opfer" auf die richtige Seite zu ziehen, damit es sich aus voller Überzeugung retten lässt. Während die beiden Widersacher oft statische Charakterzüge aufweisen, machen Gerettete Entwicklungen durch, von denen das Publikum ebenfalls träumt und dem Retter deshalb dankbar ist.

Mögliche Anwendung

Privates Weiterbildungsinstitut/Internat oder Ähnliches: Studenten aus den Klauen von Dozierenden befreien, die an alten Methoden festhalten, falsche Bildungsziele setzen, Befehlsempfänger und schlechte Vorbilder sind. Den schwierigen Weg bis zur Anerkennung aufzeigen, von Rückschlägen und ersten Erfolgen berichten. Gerettete über ihre Befreiung erzählen lassen, neue Gefahren am Horizont auftauchen lassen, die auf neue Kämpfe hindeuten.

Rivalität

Henry James sagte einmal, dass sich Menschen nur durch Kleinigkeiten unterscheiden, diese Kleinigkeiten aber deshalb umso wichtiger seien. Ich habe bereits mehrmals betont, dass es ein frommer Wunsch ist, dem Gehirn das Vergleichen zu verbieten. Was wir über uns wissen, wissen wir durch Vergleiche. Daher gehören Geschichten von Rivalen zum Grundinventar einsetzbarer Themen. Zu unserem Rivalen wird allerdings nur, wer auf das gleiche Ziel zusteuert. Unser Gehirn ist zu gut programmiert, als dass es unnötig Energie für Vergleiche verschwenden würde, deren Resultate nicht verwertbar sind.

Als einfache Angestellte ohne riesiges Erbschaftsvermögen nehmen wir den Kontostand eines russischen Oligarchen vielleicht zur Kenntnis, vergleichen aber unsere Zahlen kaum täglich mit den seinen. Wir ahnen nur zu genau, dass es nicht in unserer Macht liegt, den Abstand innerhalb überschaubarer Zeit aufzuholen. Aber schon beim Merkmal Schönheit denken wir anders. Hier sehen wir zumindest Möglichkeiten, dem Aussehen einer prominenten Person durch eigene Bemühungen etwas näher zu kommen, selbst ohne Personaltrainer und chirurgische Rundumerneuerung. Kurz: Wenn immer zwei Unternehmen, Produkte oder Menschen das gleiche Ziel verfolgen, ist das Fundament für Rivalität gelegt. Bei diesem Verhaltensmuster darf man ruhig von einem Naturgesetz sprechen.

Unser Bewusstsein trichtert uns zwar ein, wir könnten einem Wettkampf zwischen zwei Rivalen neutral zusehen, ohne Partei zu ergreifen. Aber dem ist selbstverständlich nicht so. Wollen wir bei der Niederlage unseres Sympathieträgers nicht enttäuscht sein, greifen wir einfach zur Rationalisierungsfloskel „Ich bin für die bessere Mannschaft". Und der Schiedsrichter hält sich am Arbeitsethos fest. Der Grad einer Parteinahme kann variieren, aber nicht auf null sinken, da Informationspakete immer eine emotionale Markierung tragen. Diese lässt sich allerdings durch einen Geschichtenerzähler erheblich beeinflussen, wenn er sein Handwerk versteht.

Rivalitäten gibt es sowohl auf Erden wie auch im Himmel, wie uns die Erzählungen der großen Weltreligionen berichten. Selbst der sonst so friedliche Buddhismus kommt nicht ohne teuflische Dämonen aus, die bei der richtigen Erziehung des Menschen dem Guten im Wege stehen. Religionswissenschaftler mögen zwar mit ihrer Behauptung Recht haben, dass im Judentum kein Teufel existiert. Aber ob der Rivale personifiziert oder einfach als die andere Seite des Guten gesehen wird, ändert nichts an der Gültigkeit des Rivalen-Schemas. Wir können also getrost davon ausgehen, dass diese Mustervorlage in allen menschlichen Köpfen abgelegt ist.

Was müssen wir bei ihrer Verwendung beachten? Der Schauplatz des Wettbewerbs soll überschaubar sein und die Zahl der ausgetragenen Disziplinen, in denen sich zwei Rivalen messen, darf nicht beliebig ausufern. Aus sportlicher Sicht mögen Zehnkämpfer unsere Aufmerksamkeit mehr verdienen als Sprinter, Speerwerfer oder Stabhochspringer. Doch wir bevorzugen nun einmal so einfache Geschichten wie ein Rennen über 100 Meter. Wer sich für das Thema Rivalität entscheidet, muss sich daher genau überlegen, welchen Wettkampf er dem Publikum vorführen will. „Eier legende Wollmilchsäue" hatten es schon immer etwas schwerer, unsere Herzen zu erobern. Davon können Vermarkter solcher Produkte ein Liedchen mit vielen Refrains singen.

Eine Beschränkung der Wettkampfdisziplinen gibt es nur quantitativ, nicht aber qualitativ, wie das „Guinness-Buch der Rekorde" jedes Jahr auf geradezu absurde Weise beweist. Für Storytelling ist das eine gute Nachricht, weil sich dadurch das Blickfeld in nie vermuteter Weise öffnet. Auf einem bisher unbekannten Territorium der Beste zu sein, ist besser, als einem Sieger vor gefüllten Rängen nachzuhecheln. Wir müssen lediglich dafür sorgen, dass unser Publikum der ausgewählten Disziplin seine Liebe schenkt: Eine Aufgabe, die zwar nicht einfach ist, aber mit Geschick und Geduld gelingen kann. Wo noch kein Rivale auf dem Platz steht, können wir das Heft ganz in die Hand nehmen und gleich über die Eigenschaften des Gegners entscheiden. Um ihn müssen wir uns ohnehin kümmern, hat doch jede seiner Bewegungen und jedes wahrnehmbare Merkmal erheblichen Einfluss auf die Strategie unseres bevorzugten Helden.

Lediglich zwei Gegner am Start aufzustellen und dann über das Rennen zu berichten, genügt nicht, um das Publikum bei Laune zu halten. Es will zuerst wissen, worin der Konflikt besteht. Nur besser als ein anderer abschneiden zu wollen, klingt allzu sehr nach Alltag. Wir müssen daher zuerst eine kleine Auslegeordnung der Gemeinsamkeiten und Unterschiede, der Stärken und Schwächen sowie der möglichen Reibungsflächen machen. Erst nach dieser Einstimmung wird das Rennen in der Regel gestartet werden. Mit Rückblenden zu arbeiten ist im Marketing sehr viel schwieriger als im Kino, wo das Publikum selbst dann sitzen bleibt, wenn ein künstlerischer Einfall des Regisseurs langweilt.

Das verinnerlichte Grundschema der Rivalen-Geschichte erlaubt uns, den Gegner zu Beginn des Rennens als Sieger zu präsentieren. Es erhöht sogar die Authentizität unserer Story, wenn wir die Mustervorlage kopieren und dem Rivalen einen Vorsprung auf den ersten Metern zugestehen. Start-Ziel-Siege sind langweilig und können sogar den Verdacht wecken, es sei nicht alles mit rechten Dingen zugegangen. Zweifel an der Rechtmäßigkeit des Siegers haben wir auch, wenn uns das Gefühl beschleicht, er habe seinen Gegner nicht mit den Mitteln geschlagen, die bei ausgeführten Wettbewerben gemessen werden. Geht es um die schnellsten Schuhe, darf die Muskelmasse nur eine Nebenrolle haben. Steht Aerodynamik im Zentrum der Aufmerksamkeit, darf es durchaus die Haartracht sein. Wie in jeder Geschichte müssen auch beim Plot „Rivalität" die ausgesandten Zeichen stimmen, damit wir von gutem Stil sprechen.

Mögliche Anwendung

Bei allen Geschichten von Unternehmen und Produkten, deren Image nicht durch das Bild des Konkurrenzkampfs leidet. Aber selbst im Non-Profit-Bereich gibt es Gegner, deren Bekämpfung das Publikum akzeptiert oder sogar wünscht. Ein erfundener Rivale kann auch Schwächen kaschieren, die unserem guten Ruf schaden und von denen wir ablenken wollen.

Suche

Bei diesem Handlungsschema bekommt der Held die Aufgabe, sich auf die Suche nach einer Person, einem Ort oder nach einem bestimmten Gegenstand zu machen. Ob das Gesuchte auch wirklich existiert, sichtbar oder unsichtbar ist, hat keine Bedeutung. Bedeutung muss jedoch das Gesuchte selbst haben. Denn niemand möchte bei einer Inszenierung dabei sein, in deren Mittelpunkt eine ganz gewöhnliche Fahrkarte steht, die dummerweise verloren ging. Nur falls mit diesem Stück Papier ein Geheimnis verbunden ist, dessen Enthüllung etwas mit unserer eigenen Lebensgeschichte zu tun hat, darf die Fahrkarte ins Scheinwerferlicht geraten. Beim Storytelling sollten wir immer genau unterscheiden, was zum Kern der Geschichte gehört und was lediglich zufällig aus der Requisitenkammer geholt oder als Kulisse verwendet wird.

Nur aus einer Laune heraus nach einem Gegenstand oder einer Person zu suchen, trägt keine Geschichte. Das Publikum muss das Gefühl haben, dass sich das Leben des Helden ändert, wenn er am Ziel angekommen ist. Das ist sicher der Fall, wenn ein Unternehmen jahrelang nach einem Medikament forscht, mit dem sich eine bisher unheilbare Krankheit heilen lässt. Was keinen großen Wert hat, wird den Helden kaum dazu antreiben, bei der Suche hohe Risiken einzugehen, gewohnte Verhaltensweisen zu verletzen, alte Freundschaften aufzukündigen und vermeintliche Grenzen zu überwinden. In diesem Handlungsschema endet die Reise oft dort, wo sie begann. Da das Publikum weiß, dass eine schwierige Suche nicht ohne Rückschläge sein kann, eignet sich dieser Plot für Erzählungen von Irrwegen, die ein Unternehmen, ein Produkt oder eine Idee hinter sich hat.

Wie sehr wir bereit sind, selbst absolut verkürzte Varianten dieses Plots zu akzeptieren, zeigt der erfolgreiche Werbespot des schweizerischen Kräuterbonbons Ricola. Denn die bekannte Frage „Wer hat's erfunden?" weist nach jeder Episode darauf hin, dass jemand die Mühe auf sich genommen hat, in der Natur nach guten Kräutern zu suchen und so lange mit ihnen zu experimentieren, bis ein ebenso schmackhaftes wie gesundes Bonbon gefunden wurde.

Mögliche Anwendung

Das Produkt „Suche" und deren Vereinfachung. Technische Weiterentwicklungen eines verbreiteten Produkts, das mit der gefundenen Lösung die Umwelt nicht mehr so beeinträchtigt wie die alte Version. Um dem Publikum zu zeigen, dass es gar keine andere Möglichkeit gab, als sich auf den Weg zu machen, muss man es an der Ausgangssituation teilhaben lassen.

Verbotene Liebe

Weil die Liebe in unserer romantischen Vorstellung jede Grenze überwindet, fasziniert uns das Thema ihrer Verhinderung. Was Schauspieler und Zuschauer verbindet, sind gemeinsame Erfahrungen, zu denen das Erlebnis einer verbotenen Liebe bestimmt gehört. Selbst Ehepaare, die den abgegebenen Treueschwur tatsächlich einhielten, waren einmal Kinder und Pubertierende. Wir müssen uns beim Thema „Verbotene Liebe" ganz schnell von der Vorstellung lösen, hier stünden Affären im Mittelpunkt. Auf Seitensprünge zu verweisen, ist zwar erlaubt, aber nicht notwendig. Mehr und besseren Stoff liefern Überschreitungen von Grenzen, die uns die soziale Gruppe vorgibt, in der wir uns bewegen: die Eltern, wenn sie uns den Umgang mit dem Nachbarskind verbieten, ein Ehemann, der sich über das besondere Verhältnis seiner Frau zu Schuhen aufregt, oder die Golffreunde, die über die Anwesenheit der jungen Begleiterin ihres Geschäftskollegen alles andere als erfreut sind.

Der Gesellschaft sei Dank, dass sie Grenzen setzt. Denn für Geschichtenerfinder, die vor lauter Arbeit an Zielgruppendefinitionen kaum zum Schreiben kommen, ist die verbotene Liebe ein Glücksfall. Sofort die Gebiete abzustecken, in denen sich dieses Thema abspielen könnte, gehört also zu den Pflichtaufgaben im Storytelling. Wie wir aus eigener Erfahrung wissen, war uns schon als Kind jeder willkommen, der sich auf unsere Seite schlug, wenn wir die Rechtmäßigkeit unserer Gefühle verteidigen und beweisen mussten. Nur auf virtuellen Beistand zu setzen, ist selbst der „Generation Internet" zu wenig. Unternehmen, die Homosexuellen bereits Rückendeckung gaben, als man für gleichgeschlechtliche Liebe noch seinen Job, sein Ansehen oder gar Gefängnis riskierte, schufen sich einen Wettbewerbsvorteil. Wer Geschichten erzählt, die an den Rändern der Gesellschaft spielen, kann zwar scheitern, ist aber näher beim Neuen, wenn seine Aufführungen gelingen.

Was und wer die Liebe der Mehrheit verdient, ist nicht, wie die Zehn Gebote, in Stein gehauen. Selbst die Codes für Schönheit, Intelligenz oder Erfolg sind kleinen und großen Launen des Zeitgeistes ausgeliefert. Die Hauptfeinde einer verbotenen Liebe müssen wir demnach immer bei den Mehrheiten suchen. Nicht vergessen sollten wir jedoch die Gegner in den eigenen Reihen, die Grenzgänger und Windfahnen. Kenntnisse ihrer Denk- und Verhaltensmuster können uns für die Festlegung der Strategie wertvolle Hinweise liefern. Holen wir sie bei inneren Werten ab? Oder sollen wir ihnen ein paradiesisches Zukunftsbild malen, um sie als verlässliche Partner zu gewinnen? Wie weit lassen sie sich in Kulturkämpfe verwickeln und wie können wir sie bei ihren persönlichen Erlebnissen abholen? Wie stark sind ihre emotionalen Verbindungen zum Gegner? Zielgruppenmarketing ist mehr Kultur-, Sozial- und Religionsgeschichte als Statistik und Demografie.

Vom Film „Harold und Maude" können wir mehr über generationenübergreifendes Marketing lernen als von jeder noch so ausgeklügelten Theorie. Zum Beispiel, dass ein Zeichen so stark sein kann, dass es die Wahrnehmung des Publikums während der ganzen Geschichte lenkt, ohne dauernd wiederholt werden zu müssen. Damit meine ich die kurze Szene, in der auf Maudes Unterarm eine tätowierte Nummer zu sehen ist. Damit ist das Spannungsfeld „lebensfroh trotz Alter und schwieriger Vergangenheit" kontra „depressiv trotz Jugend und Reichtum" festgelegt.

Das Thema „Verbotene Liebe" handelt letztlich immer von der Verletzung gesellschaftlicher Regelwerke und damit vom Widerstand gegen das Unbekannte. Das sollte Marketingverantwortliche von Unternehmen, die vor allem in innovativen Bereichen tätig sind, hellhörig machen. Einer Liebesgeschichte hören wir lieber zu als einem Vortrag über technische Errungenschaften, die wir kaum unserem Erfahrungsschatz zuordnen können. So unverständlich mir vor Jahrzehnten der Klirrfaktor eines Plattenspielers war, so wenig sagt den meisten Käufern einer Kamera, was Pixelzahlen mit ihr zu tun haben. Fast scheint es, die Liebe zu Qualitätslinsen sei verboten.

Mittelmäßige Geschichtenerzähler erliegen häufig dem Irrtum, die Freiheit des Individuums sei in der westlichen Konsumgesellschaft so groß, dass der Kampf gegen Konventionen kein gutes Thema mehr sei. Das Gegenteil trifft zu, denn die vom gegenwärtigen Zeitgeist geforderte Arbeit am eigenen Ich setzt zum Teil engere Grenzen als früher. Auch wer sich der Liebe zu einer Ideologie widersetzt, gehört zum Personeninventar des Plots „Verbotene Liebe". Das können schweigsame Männer sein, die dem kommunikativen Regelwerk der Psychologie nicht entsprechen wollen, Frauen, die ihre Bestimmung im Muttersein sehen, Kinder, die lieber im Wald spielen als vor dem Computer zu sitzen, Pubertierende, die Mitteilungen auf Facebook doof und ihr Tagebuch unter dem Bett cool finden. Zielgruppenorientiertes Marketing wird an der Inszenierung verbotener Liebe nicht vorbeikommen.

Mögliche Anwendung

Unternehmen, deren Kunden zu Zielgruppen gehören, die sich an den Rändern der Gesellschaft bewegen. Oder Produkte und Dienstleistungen, die als veraltet gelten oder normalerweise vorwiegend mit rationalen Argumenten vermarktet werden und sich von der Konkurrenz wenig abheben.

Verfolgung

Viele der beliebtesten Kinderspiele erzählen die Geschichte vom Jäger und Gejagten, die eine Szene aus dem Themenbereich „Gut und Böse" heraushebt und als eigenständige Inszenierung aufführt. Aus unzähligen Verfolgungsgeschichten lernen wir schon früh, dass es neben der offiziellen Auffassung von Intelligenz noch andere Verhaltensweisen gibt, die für den Erfolg wichtig sind. Verfolgergeschichten eignen sich daher gut, wenn ein Unternehmen Eigenschaften ins Zentrum stellen möchte, die der Political Correctness widersprechen, in moralischen Grauzonen liegen oder in Italien als „Furbezza" (etwa „Schlaufuchsigkeit") hohes Ansehen genießen, bei uns aber eher den Geruch der Durchtriebenheit haben.

Das Grundschema ist so simpel, dass wir es leicht übersehen, obwohl wir es stundenlang übten: Ich verstecke mich — du suchst mich. Es gibt nur wenige erzählerische Grundmuster, die sich so einfach variieren lassen. Steven Spielberg schaffte mit seinem ersten Film „Das Duell" gleich den Durchbruch, weil er dem Publikum vorführte, dass ein einziger Handlungsstrang, nämlich die Verfolgung eines Personenwagens durch einen Laster, eine tragende Geschichte sein kann. Der Film ist zudem ein weiteres Beispiel dafür, dass Zuhörer und Zuschauer jede Erzählung mit ihrem eigenen Erleben verbinden und unbelebte Objekte automatisch in belebte verwandeln, wenn sie dadurch Antworten auf die Frage „Wer bin ich?" erhalten. Gerade weil wir bis zum Schluss nicht wissen, wer hinter dem Steuer des riesigen Lkws durch die Windschutzscheibe blickt, können wir unsere eigenen Feinde ans Lenkrad setzen.

Wer seine Gegner mit Namen nennt, gibt ihnen unnötig Macht und engt den eigenen Handlungsspielraum ein. Aber, und davor scheuen sich vor lauter Psychologisierung viele, wir müssen einen klaren Gegenspieler auf der Bühne präsentieren, um an Kindheitserlebnisse andocken zu können. Eltern tun ihren Kindern keinen Gefallen, wenn sie ihnen ethisch-moralische Vorträge halten, statt Zuflucht vor einem Spielkameraden, Lehrer oder Nachbarn zu bieten.

Grundsätzlich sind die Rollen des Verfolgers und des Verfolgten neutral. Erst durch deren Aufladung mit Zeichen wird der moralische Wert bestimmt. Wie leicht sich unsere Sympathien steuern lassen, zeigen die Filme großer Regisseure. Die eigene Geschichte des Unternehmens oder des Produkts bestimmt also die Rollen im Verfolgerspiel, was dessen Anwendung noch einfacher macht. Selbst wenn es im Internetzeitalter schwieriger geworden ist, die Deutungsmacht zu behalten, sind Marketing- und PR-Abteilungen nicht gänzlich den neuen Medien und deren Benutzer ausgeliefert.

Das Verfolger-Script lässt die Möglichkeit zu, dass sich das Gute und das Böse am Ende finden, zu einem Paar werden und dann gemeinsam einen neuen Feind jagen oder im Visier eines Gegners stehen. Die Offenheit in der Entwicklung eines Grundschemas gehört zu den Stärken einer Kerngeschichte. Das Unvorhersehbare kommt nicht nur der Realität komplexer Systeme entgegen, sondern auch dem Wunsch des Publikums nach Geheimnissen und Überraschungen. Eine gut gestrickte Verfolgergeschichte kann mit Szenen punkten, die ohne Einbindung in Storytelling von der Öffentlichkeit als Verschleierungstaktik, Zickzackkurs oder erzwungene Geständnisse interpretiert werden können.

Wie Apple die Verfolger durch Geheimhaltung des eigenen Verhaltens irritieren und auf Distanz halten, wird vom treuen Publikum bewundert. Wenn Objektivität unmöglich und langweilig ist, verzichtet man lieber gleich auf den Versuch, die Realität so wiederzugeben, wie sie ist. Ein Geschichtenerzähler hat einen anderen Wahrheitsbegriff als ein Wissenschaftler. Lange bevor die Konstruktivisten behaupteten, die Wirklichkeit lasse sich nicht einfangen, sondern nur immer wieder neu zusammensetzen, gehörte Wahrheit zu den Puzzlesteinen, die zwar zu einem Bild gehören, aber nur im Verbund mit anderen Elementen. Legt der Verfolger einen

Köder aus, dann beißt der Verfolgte ja nur an, wenn er das Spiel mit der Wahrheit nicht durchschaut. Daher finden sich in einer Verfolgergeschichte bei genauer Analyse unzählige Klischees, die wir außerhalb ihrer Inszenierung kaum ertragen und als plump, überholt oder peinlich bezeichnen würden. Eingebunden in die Geschichte von Gut und Böse, akzeptieren wir sogar, dass Walt Disneys Panzerknacker selbst außerhalb der Gefängnismauern mit gestreifter und nummerierter Sträflingskleidung umherlaufen. Einfache Charaktere und Gemüter bekommen in einer komplexen, unübersichtlichen Welt eine neue Funktion.

Die Gegenüberstellung eines James-Bond-Films mit Agatha Christies „Mord im Orientexpress" illustriert, dass eine Verfolgergeschichte an keinen Ort gebunden ist. Der Verfolgte kann um die ganze Welt reisen oder in einem fahrenden Zug gefangen sein, ohne dass dies Einfluss auf die Qualität der Geschichte hat. Setzt bei diesem Plot der Drehbuchschreiber die Eckpunkte richtig, ist die Aufführung schon halb geglückt. Dem Zuschauer muss lediglich klar sein, wer welche Rolle einnimmt und worum es bei der Jagd geht. Zudem erwartet das Publikum, dass in die Handlung Gefahrenelemente eingebaut werden, die für Spannung sorgen. Müssten die Apple-Fans und Journalisten nicht davor zittern, dass ein untreuer Mitarbeiter Bilder vom neuen iPhone ins Netz stellt, würde die offizielle Präsentation viel von ihrem Reiz verlieren. Erwartet wird zudem, dass die Regeln der Verfolgungsjagd bekannt gegeben werden, sich nicht andauernd ändern und einer nachvollziehbaren Logik folgen.

Mögliche Anwendung

Jungunternehmen, die sich bei der Entwicklung und Vermarktung ihrer Produkte für Teenager gegen Vorurteile und Verfolgungen etablierter Firmen oder der Politik wehren müssen. Sinnstiftende Produkte, die sich gegen Platzhirsche und alte Gewohnheiten durchsetzen wollen.

Verlierer

Geht das, sich in der heutigen Leistungsgesellschaft mit der Rolle eines Verlierers positiv bemerkbar zu machen? Ja, es geht, wenn wir das Thema Rivalität gut verstanden haben und die besonderen Eigenschaften angemessen berücksichtigen, die den zum Vorbild gewordenen Verlierer auszeichnen. Auch von solchen, die wie Jeanne d'Arc auf dem Scheiterhaufen endeten und gerade durch ihren gewaltsamen Tod über ihr Leben hinauswirkten.

Für ein Unternehmen ist es allerdings besser, nach Mustervorlagen mit einem Happy End Ausschau zu halten, da von Nachrufen eher andere profitieren. Eine solche Vorlage wurde im China des 9. Jahrhunderts geschrieben. Sie eroberte die Welt jedoch erst, als sie von den Gebrüdern Grimm entdeckt und 1812 in ihre Sammlung von Kinder- und Hausmärchen aufgenommen wurde. Die Rede ist von „Cinderella" oder „Aschenputtel". Die Disney-Version lassen wir besser außer Acht, da sie allzu sehr auf den Prinzen ausgerichtet ist und der Rivalität zwischen Aschenputtel und ihren Stiefschwestern zu wenig Beachtung schenkt. Aber genau solche Beziehungen sind wichtig, um die Grundstruktur einer guten Verlierer-Geschichte zu verstehen.

Aschenputtel gerät nicht wegen schlechter Charaktereigenschaften, mangelnder Pflichterfüllung oder wegen Verhaltensauffälligkeiten auf die Verliererstraße. Das schöne Kind wächst in einem reichen Haus auf und hat eine goldene Zukunft vor sich, bis das Schicksal ihr die Mutter nimmt und ihr Vater ein halbes Jahr später eine neue Frau heiratet. Nun ist Aschenputtel in der Rolle des Stiefkindes, das von ihren beiden Halbschwestern und deren Mutter schikaniert wird. Ihr Verliererstatus ist also nicht selbst verschuldet. Schön und reich sind sie alle. Nur in ihrem Innenleben, in ihren Wünschen unterscheiden sie sich. Seinen beiden Stieftöchtern soll der Vater von einer Messe schöne Kleider und wertvollen Schmuck mitbringen, seiner leiblichen Tochter jedoch den ersten Zweig, der ihm auf dem Heimweg an den Hut stößt. Den pflanzt Aschenputtel dann aufs Grab ihrer Mutter und bringt ihn mit ihren Tränen zum Wachsen. Dass dies dreimal pro Woche geschieht, ist für die Märchensymbolik typisch und wiederholt sich später bei der Werbung um den Prinzen und bei der Suche nach der rechtmäßigen Besitzerin der goldenen Schuhe. Würden sich Geschichtenerzähler an das Schema der Wiederholung halten, wäre schon viel gewonnen.

Es ist keineswegs so, dass sich Aschenputtel nicht gegen ihr Schicksal und die Ungerechtigkeit wehrt, wie ihr das zum Teil vorgeworfen wird. Will ein Verlierer unsere Sympathie, muss er sich wehren. Aber die Grimm'sche Version der Aschenputtel-Geschichte zeigt uns, dass der Kampf innerhalb der gezogen Grenzen und mit den eigenen Mitteln erfolgen muss. So wie der „Underdog Rocky Balboa" seinen Körper durch Treppenlaufen auf den großen Boxkampf vorbereitet, weil ihm kein Trainingscenter zur Verfügung steht, so vertraut Aschenputtel ihrem Herzen und einigen Helfern, die keine Menschen sind. Mit Verlierergeschichten lassen sich Eigenschaften hervorheben, die sonst wenig Beachtung finden. Wenn „kindgerechte" Bearbeitungen der Aschenputtel-Geschichte die Schlussszene streichen, in der Vögel den beiden Stiefschwestern die Augen aushacken, so geht ein wichtiges Element verloren. Denn es ist von Bedeutung, dass die Bestrafung der Unterdrücker von den Tauben und damit von den Helfern Aschenputtels ausgeführt wird.

Starke Geschichten arbeiten mit Symbolen, Wiederholungen und Spiegelungen. Sie übernehmen bekannte Zeichen anderer Erzählungen und setzen sie in einen neuen Rahmen. Wenn sich Aschenputtel statt in ein Bett in die Asche neben den Herd legen muss und die böse Stiefmutter die Erbsen in die Asche wirft, dann ist die Verbindung zum Phönix-Mythos gegeben. Und wenn Aschenputtel tagsüber die Rolle einer Magd übernehmen muss und in der Nacht zur Prinzessin wird, sieht das Publikum das Motiv der Versöhnung von Gegensätzen.

Um den Verlierer besser vom Rivalen abzugrenzen, in dessen Geschichte er ja ebenfalls vorkommt, denken wir vielleicht besser an den englischen Begriff „Underdog", den wir lieber mit „Benachteiligter" als mit „Unterhund" übersetzen. Einen eigenen Auftritt auf der Bühne der Urthemen verdient der Verlierer deshalb, weil er einen Typus verkörpert, der unseren Beschützerinstinkt weckt, weil wir seine Stärken meist erst im Verlaufe seines Aufbegehrens erfassen und weil er uns an viele Situationen der eigenen Kindheit erinnert.

Mögliche Anwendung

Wenn der Gegner übermächtig scheint, sich nicht damit begnügt, seine eigenen Stärken auszuspielen, sondern zur Selbstdarstellung einen Verlierer benötigt. Unternehmen und Produkte, die vom Konkurrenten gezielt klein gehalten und angegriffen werden. Wenn es um die Hervorhebung von Eigenschaften geht, über die der Gegner nicht oder nicht im gleichen Ausmaß verfügt, die beim Kunden aber auf große Akzeptanz stoßen.

Versuchung

Geschichten von den Reizen und Gefahren der Versuchung gehören selbstredend zum Grundinventar der Themenliste. Will man das große Spektrum dieses Plots erkennen und verstehen, ist die Lektüre des Sündenfalls Pflicht. Adam und Eva mussten das Paradies ja nicht deshalb verlassen, weil der Biss in einen knackigen Apfel so verlockend ist. Die Überredungskünste der teuflischen Schlange hätten ebenfalls nicht genügt, um das Risiko einer so harten Bestrafung einzugehen. Nein, im Paradies stand eben auch der Baum der Erkenntnis. Damit weist diese Urgeschichte nicht nur auf den Verlust hin, den ein Nachgeben mit sich bringt, sondern auch auf den Gewinn durch Erkenntnis. Zudem steht der Baum für ein Muster, das in jeder Geschichte von der Versuchung steckt, nämlich dem Machtkampf zwischen dem Bewussten und dem Unbewussten. Soll ich auf die Vernunft setzen und widerstehen oder meinen Gefühlen, meiner Lust nachgeben und zugreifen? Diese Frage begleitet uns das ganze Leben. Manchmal sind wir in der Rolle des Verführers, dann wieder in der des Verführten.

Wählt ein Marketer dieses Thema als Kerngeschichte, so setzt er die Tätigkeit in den Mittelpunkt seiner Erzählung. Wie direkt er dies sein Publikum spüren lassen will, kann er selbst entscheiden. Es ist sogar möglich, ein Drehbuch zu schreiben, das den Verführer zum Verführten macht, den Täter zum Opfer und den Bösen zum Guten, ohne dass der Held die Gunst des Publikums verliert. Da wir alle gelegentlich schwach sind und sündigen, zögern wir beim Verurteilen von Ebenbildern. Unser eigenes Rechtsempfinden steht letztlich immer über demjenigen der Gesellschaft. Ein Beleg für diese These war das italienische Abstimmungsergebnis bei der Europawahl. Weil man an der Urne nur sich selbst Rechenschaft schuldig ist, stimmten doppelt so viele für die Partei von Silvio Berlusconi als Meinungsforscher prognostiziert hatten. Ganz offensichtlich waren viele Männer der Ansicht, das muntere Treiben des Premierministers in der Villa „Bunga Bunga" sei moralisch nicht so verwerflich.

In den Märchensammlungen kommt das Motiv der Verführung auch deshalb so oft vor, weil diese Geschichten in einer Zeit zusammengetragen wurden, als Religionen die gesellschaftliche Ordnung und die menschliche Wahrnehmung noch sehr viel stärker beeinflussten als heute. Wir sollten aber nach wie vor davon ausgehen, dass Versuchung eng mit dem Transzendenten verbunden ist und der allzu saloppe Umgang mit diesem Motiv religiöse Gefühle verletzen kann. In der kurzfristigen Werbung mögen Ausrutscher noch durchgehen oder in Vergessenheit geraten, aber wer ein Unternehmen oder ein Produkt längerfristig positionieren will, sollte durch die negativen Folgen einiger Motive der Benetton-Kampagne gewarnt sein.

Für die Dramaturgie einer Versuchungs-Geschichte ist es notwendig, den Tauschhandel genau zu beschreiben. Wer bietet wem was an? Und wer muss bei einem erfolgreichen Abschluss welchen Preis bezahlen? Weiß der Drehbuchschreiber aber vor dem Publikum, dass eine nachträgliche Korrektur der Geschäftsbedingungen erfolgen wird, dann muss er diese so klug formulieren können, wie dies Goethe bei der Wette gelang, die Faust mit dem Teufel schließt. Vielleicht müsste man die wichtigsten Werke des Weimarer Dichterfürsten ebenfalls auf die Pflichtlektüreliste für Storyteller nehmen. Für amerikanische Drehbuchschreiber und Regisseure gehören sie oft zu den einzigen Werken deutscher Sprache, die sie kennen.

Die größte Gefahr bei der Verwendung dieses Plots geht von seiner Beliebtheit in der Werbebranche aus. Da viele mittelmäßige Werber der Meinung sind, die Verführung der Konsumenten zum Kauf bedinge zwingend die Aufführung einer „Versuchungs-Geschichte", wurden allzu viele „Mustervorlagen" geschaffen, die ihrerseits die wirklich guten Ansätze negativ beeinflussen. Versuchung ist eben mehr als rollende Kinderaugen, schmachtende Frauenblicke und begehrende Männerpupillen.

In den Urgeschichten der Versuchung werden vor allem die Charaktereigenschaften der Handelnden dargestellt, ihre Sehnsüchte, Befangenheiten und Triebe. Auf welche Wünsche muss das Individuum der Gemeinschaft zuliebe verzichten? Wo kann der Verführte Hilfe bekommen, um zu widerstehen? Wann überschreitet der Verführer beim Einsatz seiner Mittel moralische Grenzen — und wann ist das sogar gut? Das Objekt der Verführung dient der Darstellung innerer Konflikte von Menschen, die an diesem Handel direkt beteiligt oder als Zuschauer anwesend sind. Bei Versuchungen, die das Publikum fesseln und wiederkommen lassen, sind große Gefühle im Spiel, nicht nur Pralinen neben der Kasse eines Supermarkts.

Mögliche Anwendung

Wenn sich bei der Suche nach der Kerngeschichte zeigt, dass Aspekte der Moral nicht aus dem Drehbuch entfernt werden können und eine differenzierte Darstellung bestimmter Eigenschaften nützlich ist. Ein Unternehmen, das zwar günstiger produzieren könnte, wenn es auf seine ökologischen Standards verzichten würde, aber durch eine Umstellung seine Seele verkaufen würde.

Verwandlung

Die Popdiva Madonna ist nicht die einzige Heldin, die mit der Geschichte vom ewigen Wandel weltweit und seit Jahrzehnten Erfolg hat. Sie gehört sicher zu den wenigen, die das Drehbuchschreiben ebenso beherrschen wie die Regie. Ihr Beispiel zeigt zudem sehr schön, wie andockfähig jedes Urthema ist, falls man die Grundregeln befolgt. Obwohl Madonna in erster Linie als Musikerin wahrgenommen werden will, hat sie den Mut, dieser Geschichte nur Nebenrollen zuzugestehen, damit die Story von der Metamorphose wirklich durchdringt.

Wer sich also für den Plot Verwandlung entscheidet, muss seinen Handlungsspielraum nicht einschränken, indem er sich auf ein einziges Ereignis konzentriert. Das Publikum liebt es auch, wenn es immer der gleichen Verwandlung zusehen darf, falls diese spektakulär genug ist, das Helle ins Dunkle überführt, das Gute ins Böse oder das Reale ins Fantastische. Oder wenn es ahnt, dass all diese Wiederholungen nur das Vorspiel zum großen Finale sind.

Zur Vorgeschichte einer Verwandlung gehört vielfach ein Fluch, eine Verwünschung, ein Bann. Die natürliche Ordnung wurde gestört und muss wieder hergestellt werden. Aber dazu braucht es ein Hilfs- oder Heilmittel. Da der Drehbuchschreiber weiß, dass die Liebe im kulturellen Gedächtnis als besonders wirkungsvolles Medikament gilt, ist sie fast immer Bestandteil der Rezeptur, zumal Liebe unzählige Formen annehmen kann, selbst ein Verwandlungskünstler ist und sich mit der Aura des Wunderbaren umgibt. Das ist immer dann von Nutzen, wenn der Drehbuchschreiber auf eine lange Entwicklungsstory verzichten will oder muss. Der Wendepunkt kann durch einen Kuss ausgelöst werden, wie uns die Disney-Version vom Froschkönig weismachen will, oder durch den Versuch, das Hässliche zu töten, indem man es mit voller Wucht gegen die Wand wirft, wie es in der Grimm'schen Fassung steht. In der Disney-Version ist die Prinzessin eher der verlängerte Arm ihres guten Vaters als eine eigenständige Persönlichkeit. Aber beide Fassungen finden offensichtlich ihr Publikum, was bei einem stimmigen Kern nicht wirklich überrascht.

Amerikanische Drehbuch-Ratgeber unterscheiden „Metamorphosis" manchmal von „Transformation", was aber eher Verwirrung als Klärung schafft. Sinn ergibt diese Differenzierung nur, wenn der zeitliche Aspekt einer Verwandlung im Vordergrund steht. Denn „Transformation" ist eher ein langsamer Vorgang, in dem oft das Paar Schüler und Meister zu einem Auftritt kommt. Selbsterkundung, Selbsterkenntnis und Formen der Läuterung werden genauer beschrieben und mit der Verwandlung in Beziehung gesetzt. Doch letztlich geht es sowohl im „Metamorphose-Plot" als auch im „Transformations-Plot" um Entwicklung und Verwandlung eines Charakters, um Auflösung gewohnter Muster und ihre Überführung in neue, dem Ideal eines guten Menschen näher kommende Vorlagen. Daher eignen sich diese Themen nur bedingt als Plattform für Actionszenen, dafür umso besser zur Darstellung von Ordnungsmustern wie Rituale oder Vorbilder.

Mögliche Anwendung

Wenn Change-Management-Prozesse, Fusionen und größere Veränderungen anstehen, die in Vergangenheit und Zukunft eingebettet werden sollen. Hervorhebungen von Eigenschaften, die ihre Träger von der Masse abheben. Oder bei allen Verwandlungen vom Bösen zum Guten, vom Hässlichen zum Schönen und vom Unangenehmen zum Angenehmen.

Ordnungsmuster als Assoziationshilfen

Sehen Sie eine Weinkaraffe, denken Sie vielleicht an einen guten Tropfen. Steht ein Milchkrug neben dem Kühlschrank, füllen Sie ihn kaum mit Salatsoße. Was unser Gehirn assoziiert, ist eben nicht so beliebig, wie man oft denkt. Im Storytelling sucht man immer nach Bildern, Worten und Ordnungsmustern, die unser Denken in die gesuchte Richtung leiten. Daher gehört die Frage „Was wäre, wenn …?" zu den wichtigsten Hilfsmitteln, um passende Geschichten zu finden.

Die folgende Liste mit Gattungsbegriffen ist also nicht als Einführungskurs in die Literaturwissenschaft gedacht. Wenn Sie lange darüber diskutieren wollen, was die Unterschiede zwischen Science-Fiction und Fantasy sind, möchte ich Ihnen aber nicht im Wege stehen. Wie die Praxis zeigt, kann das Abhaken einer Liste mit Gattungsbegriffen zu Assoziationen führen, die ihrerseits Verbindungen zu möglichen Themen für Ihre gesuchte Geschichte schaffen. Hören Sie „Abenteuerroman", denken Sie vielleicht an „Robinson Crusoe", an „Don Quijote" oder an ein längst vergessenes Kinderbuch. Und wenn Sie über das Wort „Comics" stolpern, erscheint vor Ihrem geistigen Auge möglicherweise Ihr liebster Animationsfilm, dessen Handlung genau den Kern Ihrer gesuchten Story trifft.

Sie und Ihr Suchtrupp haben bei der Diskussion einer solchen Liste nur ein Ziel: Bilder und Geschichten zu sammeln. Um den Verdacht noch stärker zu entkräften, auf linkische Art Ihre Literaturkenntnisse prüfen zu wollen oder die einzelnen Begriffe qualitativ zu werten, führe ich sie in alphabetischer Reihenfolge auf. Wenn Sie bei der praktischen Anwendung merken, dass der eine oder andere Begriff fehlt, ergänzen Sie die Liste nach Belieben:

Abenteuerroman	Fantasy	Lyrik
Absurdes Theater	Familiensaga	Märchen
Anekdote	Frauenroman	Mythos
Anthologie	Gebet	Novelle
Aphorismus	Gedicht	Ode
Arztroman	Gesellschaftsroman	Parabel
Autobiografie	Gruselgeschichte	Parodie
Ballade	Groteske	Protokoll
Belletristik	Heldenlied	Reisebericht
Bericht	Heimatroman	Sachbuch
Bildungsroman	Historischer Roman	Sage
Biografie	Horror	Satire

Chronik	Hörspiel	Schauspiel
Comics	Hymne	Science-Fiction
Detektivgeschichte	Idylle	Sketch
Dialog	Kinderbuch	Skizze
Drama	Komödie	Straßentheater
Dreigroschenroman	Kurzgeschichte	Tagebuch
Entwicklungsroman	Kriminalroman	Thriller
Epos	Kritik	Tragikomödie
Erotische Literatur	Landserroman	Tragödie
Erzählung	Legende	Trivialroman
Essay	Liebesroman	Volkslied
Fabel	Lustspiel	Western

Auf die Frage „Was wäre, wenn das Unternehmen, das Produkt oder die Dienstleistung ein Spielzeug wäre?" bekommen Sie kaum eine direkte Antwort, welche Geschichte passen würde. Aber da unser Gehirn bei jeder Aktivierung Informationen aus den verschiedensten Arealen zusammenruft und zu einem Paket schnürt, tauchen bei „Was-wäre-wenn"-Fragen oft brauchbare Hinweise auf, wo wir weitersuchen müssen. Kommt mir bei der Frage, welches Spielzeug ich mit dem Produkt X verbinde, meine geliebte Kinderpost wieder in den Sinn, erinnere ich mich an die aufklebbaren Briefmarken, von denen es immer zu wenige gab, an die Machtposition hinter dem Schalter, an geordnete Abläufe und den Klang des kleinen Stempels. Möglich, dass all dies mit der gesuchten Geschichte für das Produkt X noch wenig zu tun hat, aber ziemlich sicher bringt mich dieser Zwischenschritt näher zum Ziel.

Mit Ordnungsmustern zu arbeiten, ist also vor allem ein Mittel, um nützliche Mustervorlagen unseres Gehirns zu entdecken. Daher ist auch die folgende Liste möglicher Kategorien keineswegs abschließend.

Oberbegriff	Mögliche Unterkategorien
Alphabet	Buchstabe von A–Z, Zeichen, Symbole
Sprache	Muttersprache, Fremdsprache, Dialekt
Geografie	Länder, Regionen, Berge, Flüsse, Seen, Meere
Spielzeuge	aus der Kindheit, Pubertät, Erwachsenenalter
Werkzeuge	Hilfsmittel, Bilderduden, Theorien
Gebäude	Haustypen, Wahrzeichen, Sehenswürdigkeiten
Formen	geometrische und nicht geometrische

Oberbegriff	Mögliche Unterkategorien
Marktplatz	Stände, Anordnungen, Marktfahrertypen, Produkte
Reisegesellschaften	Soziogramme, setzt Zielgruppen in ein anderes Licht
Piktogramme	alte, moderne und erfundene aus allen Bereichen
Stammbaum	realer und fiktiver
Verkehrsschilder	aus aller Welt und erfundene, Farben, Formen
Wetter	Großlagen und regionale Erscheinungen
Märchenfiguren	deutsche und ausländische, alte und neue
Wochen- und Feiertage	auch Kalendarisches wie Jahreszeiten
Pflanzen	essbare, giftige und exotische, Arten und Gattungen
Essen und Getränke	auch Menüs, Gänge oder Restaurants
Tänze	aus allen Kulturen und Zeiten, Bewegungen, Abläufe
Religionen	inklusive Sekten
Darstellende Kunst	Malerei und Skulpturen, Performances
Musik	Stilrichtungen aus allen Zeiten und Kulturen
Wissenschaft	Oberbegriffe und Studienrichtungen

2   Was prägte die Zielgruppe am meisten?

Weiber und Machos, Hausfrauen und -männer, Softies und Hardliner, Greise und Rentner, Früh- und Spätpubertierende, Strolche, Tussis und Mauerblümchen, Sado- und Masochisten. Hüter voller und leerer Nester, Allein- und Mehrfach-Erziehende, Sicherheitsfanatiker und Selbstmordgefährdete, Fleißige und Faule, Träumer und Realisten, Angepasste und Rebellen, Elitäre und Underdogs undsoweiterundsofort. Die Sache mit der Zielgruppe ist alles andere als einfach, wie uns die praktische Umsetzung schöner Theorien bitter erfahren lässt.

Und dennoch haben wir immer ein Bild von unserem Publikum vor Augen, wenn wir Geschichten schreiben und erzählen. Wie stimmig das ist und wie oft es wechselt, ist allerdings von geringerer Bedeutung, als die Verfasser von Marketinglehrbüchern noch immer glauben. Im Gegenteil, wie die Geschichte von der Suche nach dem Märchenprinzen zeigt, werden eher diejenigen Frauen zu alten Jungfern, die ihren detaillierten Steckbrief nie verlieren. Das Gleiche gilt natürlich für das Rennen um Prinzessinnen. Besser ist es, das von unserer Biografie und der Gesellschaft ohnehin gezeichnete Bild so verschwommen zu belassen, wie es ist. Das vergrößert die Zielscheibe und erhöht die Trefferquote.

Im Kapitel „Mit dem Käfer über die Alpen — Wie Sie für jede Zielgruppe den passenden Hintergrund der Geschichte finden" habe ich Ihnen versprochen, näher auf das Beispiel der Vermarktung eines Alters- und Pflegeheims einzugehen. Indem ich das Versprechen an dieser Stelle einlöse, kann ich Sie mit einigen Instrumenten vertraut machen, die bei der Abstimmung von Geschichten auf Zielgruppen zum Einsatz kommen. Mit anderen Worten: Was müssen wir unternehmen, nachdem wir das Thema gefunden haben, um es stimmig zu machen? Also im Beispiel Alters- und Pflegeheim das Thema „Ankunft und Abschied".

Prägungsstärke

Der Methode Storytelling folgend, suchen wir zur Messung der Prägungsstärke nach Geschichten aus der Kindheit, der Pubertät und vom ersten Mal. Je allgemeiner die Zielgruppe gefasst wird, desto allgemeiner müssen natürlich auch diese Erlebniskategorien definiert werden. Das Forschen nach individuellen und oft sehr seltenen Geschichten ist vor allem für Verkäufer an der Front interessant. Betreuer

Was prägte die Zielgruppe am meisten?

von Kundendatenbanken müssen allerdings darauf achten, beim Sammeln persönlicher Geschichten die Datenschutzbestimmungen nicht zu verletzen.

Ein Set von Urthemen zusammenzustellen, ist wesentlich einfacher als das Auflisten von Handlungen, Ereignisräumen und Vorbildern, die eine bestimmte soziale Gruppe oder ein Individuum stark prägten. Die praktische Arbeit mit Storytelling zeigt aber auch hier, dass vor allem Ausgangspunkte für die Diskussion, für das Finden durch Assoziieren gefunden werden müssen. In diesem Sinne ist das folgende Angebot an Begriffen zu verstehen. Wenn Sie die Teilnehmer eines Workshops nach prägenden Ereignissen fragen, werden Sie wahrscheinlich zu einer ähnlich bunten Liste kommen.

Bühnen:	Helden/Vorbilder/Widersacher/Helfer:
• Geburtsland	• Eltern
• Heimatort	• Freunde und Feinde der Eltern
• Elternhaus	• Geschwister
• Muttersprache	• Großeltern
• Nachbarschaft	• Spielkameraden
• Vereine und Organisationen	• Jugendfreunde und -lieben
• Kinderzimmer	• Erste Kindergartenerzieherin
• Schule	• Grundschullehrerin
• Berufliche Ausbildungsstätten	• Hausmeister
• Theaterbühnen	• Ordnungshüter
• Schwimmbäder	• Medienhelden
• Urlaubsorte	• Kuschel- und Haustiere
• Clubs und Bars	• Badewannengefährten
• Fitnesscenter	• Schutzengel

Spezielle Ersterlebnisse:	Lieblings-:
• Erste Liebe	• Glücksbringer
• Erster längerer Spitalaufenthalt	• Kleider
• Erster Urlaub ohne Eltern	• Accessoires
• Erstes Petting	• Farbe
• Erster Sex	• Schmuckstück
• Erster Vollrausch	• Schuhe
• Erstes selbst verdientes Geld	• Bücher
• Erstmals beim Diebstahl erwischt	• Filme
• Erster Umzug	• Fußballverein

▪ Erster Beruf	▪ Bilder
▪ Erstes Vorstellungsgespräch	▪ Songs
▪ Erste große Niederlage	▪ Schulfach
▪ Erster großer Sieg	▪ Speisen
▪ Erster öffentlicher Auftritt	▪ Getränke
▪ Erste Teilnahme an Massenveranstaltung	▪ Fahrzeug
▪ Erstes Kind (oder erste Geburt)	▪ Düfte
▪ Erstmals Zeuge einer Katastrophe	▪ Orte
▪ Erstes Verlassenwerden	▪ Rückzugsgebiet

Verschiedenes:	
▪ Religiöse Rituale	▪ Verlaufen und Verfahren
▪ Familienfeste	▪ Zur falschen Zeit am falschen Ort
▪ Besondere Auszeichnungen	▪ Widerstand gegen Autoritäten
▪ Reisen mit Eltern, Schule oder Freunden	▪ Peinliche Situationen
▪ Ungerechte Bestrafungen	▪ Verwechslungen
▪ Schicksalsschläge	▪ Klatsch und Tratsch
▪ Wirtschaftliche Notlage	▪ Überraschender Gewinn

Quellen für Ersterlebnisse

Wer im Internet unter dem Stichwort „Ersterlebnisse" nach Brauchbarem sucht, wird fast nur Titel finden, die Geschichten vom ersten Sex erzählen. Wer bei seinen Recherchen auf ein unbeschränktes Zeitkonto zugreifen kann, leiste sich das Vergnügen, Biografien von Prominenten und Helden des Alltags zu lesen. Eine Alternative sind Sammlungen von Zeitzeugnissen:

Reihe Zeitgut

Der Herausgeber Jürgen Kleindienst publiziert im Zeitgut Verlag GmbH Berlin zahlreiche Sammelbände von Geschichten aus dem Alltag. Da der gewählte Zeitraum vor allem das letzte Jahrhundert umfasst, findet der Leser auch viele prägende Erlebnisse während der beiden Weltkriege. Um an Erst- und Kindheitserlebnisse der älteren Generation andocken zu können, ist die Lektüre ausgewählter Titel sehr empfehlenswert. Bei unserem Alters- und Pflegeheimprojekt fand ich auf diese Weise Geschichten, die das Marketing wesentlich beeinflussten.

Was prägte die Zielgruppe am meisten?

Fricke, Gerald/Schäfer, Frank: Für alles gibt's ein erstes Mal. Das Buch der Bahnbrecher, Vordenker und Neutöner. Hoffmann und Campe, Hamburg. 1999.

Eine Fundgrube für Ersterlebnisse aller Art und mehr als nur eine Sammlung der üblichen Entdeckergeschichten. Ein Anhang mit Jahreszahlen macht das Auffinden bestimmter Ereignisse einfach. Wieso nicht an die erste Tupperware-Vorführung, die ersten Wegwerfwindeln oder an das erste Skateboard erinnern? Wie es sich für eine gute Sammlung gehört, enthält auch diese ein Literaturverzeichnis, das auf weitere Quellen verweist.

Richardson, Matthew: Das populäre Lexikon der ersten Male. Piper, München. 2002.

Der australische Jurist und Kunstgeschichtler Matthew Richardson sammelte bedeutende, skurrile und leicht in Vergessenheit geratende Ersterlebnisse aus allen Jahrhunderten, Gegenden und Tätigkeitsgebieten. Ein hervorragender Anhang macht die Suche nach Andockstellen schon beinahe zum Vergnügen und einfacher als im Internet.

Wallechinsky, David/Wallace, Amy: Das große Buch der Listen. Wissenswertes, Kurioses und Überflüssiges. Ullstein Buchverlage, Berlin 2005.

Internet sei Dank — oder auch nicht. Seit das Zusammentragen von Daten so einfach geworden ist, wird der Markt von Listenbüchern überschwemmt. Die Sammlung dieser beiden Autoren ist also nur eine unter vielen. Ich wähle sie als Beispiel, weil die Verfasser zu den Pionieren dieser neuen Gattung gehören und die Leser bei der Konkurrenz mit ähnlichen Schwierigkeiten zu kämpfen haben. Denn ob man fündig wird, ist eher dem Glück als den eigenen Fähigkeiten zuzuschreiben. Aber da Herumstöbern in solchen Sammlungen meist eigene Ideen kreiert, ist die investierte Zeit selten verloren.

Jugendzeitschriften, Blogs, Facebook, Twitter und andere Internetnetzwerke

Ja, es gibt sie noch, die gute alte „Bravo". Aber selbst wenn sie in der Kategorie „Musik und Teenager" gegen ein erstaunlich kleines Konkurrenzfeld kämpfen muss, weht dem alten Briefkastenonkel für Jugendprobleme und -freuden ein rauer Wind ins Gesicht. Sparten- und Lifestyle-Zeitschriften wildern ebenfalls in dieser Zielgruppe. Außer nach der „Bravo" sollte ein Geschichtenerzähler also gelegentlich auch nach exotischen Titeln fragen. Nicht mehr zu den Außenseitern gehörend und sehr empfehlenswert ist „Neon", ein Zeitschriften-Kind von „Stern". Das Redaktionsteam macht monatlich auf interessante Blogs und Websites aufmerksam, stellt oft wirklich spannende Fragen, erzählt „Gibts-doch-gar-nicht"-

Geschichten und hat die Kontaktanzeige neu erfunden. Obwohl ich wegen Mark Zuckerbergs Umgang mit persönlichen Daten nicht mehr zu den aktiven Facebook-Usern gehöre, benutze ich diese Plattform gelegentlich als Quelle zur Erforschung menschlicher Betriebsamkeiten. Allerdings hat es Facebook innerhalb kürzester Zeit geschafft, dem Wort „Freund" eine völlig neue Bedeutung zu geben. Gleiches gilt für den Satz „Gefällt mir", seit diese Beurteilung mit Belohnungen aller Art gekauft wird.

Es hat eine gewisse Logik, dass es zu Ersterlebnissen ebenso viele Quellen wie Menschen gibt. Zählt man noch alle Informanten hinzu, die uns sagen, was andere sagen, gibt es noch mehr. Aber das soll Sie nicht erschrecken, denn Sie werden meine Meinung bald teilen, dass es zu diesem Thema nicht viel Neues zu sagen gibt. Zumindest nicht, was die letzten hundert Jahre betrifft. Die prägenden Ersterlebnisse von heute sind lediglich Varianten von denen, die schon in den Köpfen unserer Großeltern Spuren hinterlassen haben. Ausnahmen bestätigen auch hier die Regel. Denn zum ersten Mal die Schrecken eines Krieges zu erleben, blieb anderen Generationen in unseren Breitengraden zum Glück erspart. Interessant wird detaillierte Quellenforschung erst wieder, wenn wir uns um die Requisiten und die Kulissen einer Inszenierung kümmern werden.

Andockstellen

Selbst wenn Sie Ihre Kerngeschichte aus einer der großen Geschichtensammlungen entnommen haben, lohnt es sich, nach weiteren Andockstellen zu suchen. In der folgenden Übersicht finden Sie einige klassische Quellen für Ihr Storytelling.

Empfehlungen aus der Originalschatztruhe	
Bibel: Altes und Neues Testament	Kinderbibeln sind zwar in einer zeitgemäßen Sprache verfasst und komprimieren die bekanntesten Geschichten auf das Wesentliche, sollten aber nicht die einzige Quelle sein.
Griechische Sagen des Altertums	Noch immer empfehlenswert ist die deutsche Bearbeitung von Gustav Schwab.
Illias und Odyssee von Homer	Entweder eine ungekürzte Version in Prosaform oder die Übertragung in Verse von: Johann Heinrich Voß, Reclam Verlag, Ditzingen. 2010.
Kinder- und Hausmärchen. Gesammelt von den Gebrüdern Grimm.	Zahlreiche Ausgaben erhältlich. Keine überarbeitete Fassung nehmen.

Was prägte die Zielgruppe am meisten?

Empfehlungen aus der Originalschatztruhe	
Tausendundeine Nacht	Keine überarbeiteten Fassungen lesen. Empfehlenswert: Claudia Ott: Tausendundeine Nacht. Beck Verlag, München. 10. Aufl. 2011.
Klassische Mythen	
Gerold Dommermuth-Gudrich: 50 Klassiker Mythen, Gerstenberg Verlag, Hildesheim. 2002	Eine schöne und illustrierte Sammlung bekannter Mythen aus der griechischen Antike, die ich deshalb empfehle, weil es zu jedem Artikel weitere Hinweise auf Andockstellen gibt. Sehens-, lesens- und hörenswert.
Shakespeares Werke	
Das umfangreiche Werk des großen englischen Geschichtenerzählers zur Pflichtlektüre zu erklären, wage ich nicht. Das Gesamtwerk umfasst 39 Bände. Aber wer sich trotzdem für diese Mustervorlagen interessiert, findet auch Ausgaben, die sich auf seine wichtigsten Werke beschränken oder diese sogar zusammenfassen.	

Andocken durch Mem-Manipulation

Im Kapitel „Ein Prinz im Weltraum — Warum Kenntnisse großer Erzählsammlungen wichtig sind" habe ich versucht, Ihnen den Begriff „Mem" schmackhaft zu machen. Aber da mir dies kaum gelungen sein dürfte, werden Sie nicht mehr wissen, was sein Erfinder Richard Dawkins mit dieser Metapher wollte. Obwohl der neue Begriff noch mit seiner Durchsetzung ringt, halte ich ihn deshalb für sinnvoll, weil seine gewollte Nähe zum Wort „Gen" auf den evolutionären Charakter von Geschichten aufmerksam macht. Denn auch Geschichten sind Replikate, weil sie, falls ihnen die Merkmale von Memen eigen sind, folgende drei Kriterien erfüllen:

- Sie sind langlebig, weil ihr Kern sehr lange Zeiträume unverändert übersteht.
- Sie pflanzen sich fort, weil sie immer wieder kopiert werden.
- Sie sind genaue, aber keine perfekten Kopien, weil sie an den Rändern offen sind.

Fassen wir nochmals in aller Kürze zusammen, welche drei Bedingungen gegeben sein müssen, um einen evolutionären Prozess in Gang zu setzen, wird der Begriff „Mem" noch klarer. Für die Evolution braucht es:

- Variabilität. Von Zeit zu Zeit tauchen innerhalb der Art Varianten auf, die durch Fehler beim Reproduktionsprozess entstehen.

- Natürliche Auslese. Da natürliche Ressourcen knapp sind, überleben nur Varianten, die im Wettbewerb um diese Ressourcen erfolgreicher als ihre Konkurrenten sind.
- Vererbung. Varianten werden an einige Nachkommen weitergegeben.

So wie bei den Genen können wir auch bei den Geschichten nicht von vornherein wissen, welche im harten Konkurrenzkampf der Informationspakete überleben werden. Aber es gibt Anhaltspunkte, die uns zumindest bei der Berechnung von Wahrscheinlichkeiten helfen. Endgültige Gewissheit erhalten wir allerdings erst, wenn die Gesetze der Variation und Selektion ihre Urteile längst gesprochen haben.

Da Prognosen kaum möglich sind, welche Auslöser Gene und Meme aktiv werden lassen, müssen wir uns meist mit dem Zufall abfinden. Aber wo Einflussmöglichkeiten bestehen, sollten wir sie nutzen. Für das Storytelling heißt dies: Starke und bereits existierende Geschichten erkennen und als Transporteure für unsere eigenen benutzen. Oder als Kurzformel: Entdecken — Andocken — Manipulieren.

Es gibt übrigens noch eine Parallele zwischen Genen und Memen, an die Sie bei der Auswahl möglicher Andockstellen denken sollten: Es setzt sich nicht immer das durch, was wir gerne hätten. Daher zählt beim Storytelling der Publikumsgeschmack mehr als der künstlerische Wert. Halten Sie sich also besser an die Bestsellerlisten als an Geheimtipps. Solche Listen finden Sie in Publikumszeitschriften, im Internet und in den Büchern, die im Literaturverzeichnis aufgeführt sind.

Wie und wo finden Sie Geschichten Ihrer Zielgruppe?

Los Angeles, 25. Juni 2009, 14.26: Michael Joseph Jackson, „The King of Pop" stirbt im Alter von fünfzig Jahren. Als ich die Nachricht am frühen Morgen des 26. Juni im Radio hörte, war ich gerade mit dem Packen für eine Reise nach Deutschland beschäftigt. Und da Medienunternehmen und -schaffende zu meinen Kunden gehören, interessierte es mich brennend, was die professionellen Geschichtenerzähler aus diesem Thema machen. Also wechselte ich während der achtstündigen Autofahrt immer wieder den Sender, deckte mich mit allen Sonntagszeitungen ein und ließ mir von einem Radiosender, den ich berate, die ausgestrahlten Geschichten von Freitag bis Sonntag auf eine CD pressen. Die Analyse war ernüchternd und gleichzeitig ein guter Anschauungsunterricht, worauf ein Storyteller bei einem solchen Ereignis achten sollte.

Was prägte die Zielgruppe am meisten?

Vorgabe

Ein Radiosender in einer deutschen Großstadt positioniert sich in den Altersgruppen 14–19 und 20–29-Jährige. Musikrichtung: Urban Pop, Pop, Pop Rock und Hip-Hop. Laut Meinungsumfrage ist für seine Hörer die gespielte Musik der wichtigste Einschaltgrund. Von untergeordnetem Interesse sind Informationen und Nachrichten. Ob das Publikum den erzählten Geschichten tatsächlich so wenig Wert beimisst, wird inzwischen von vielen Experten und Studien bezweifelt. Jedenfalls lautet die Strategie noch immer:

- Bekanntheit des Senders durch Werbe- und Promotion-Aktionen steigern.
- Besseres Image durch Positionierung als „Mein Musiksender".
- Stammhöreranteil erhöhen und neue Hörer gewinnen.
- Aktuelle und beliebte Songs spielen, weniger Wiederholungen und weniger Gerede.
- Abgrenzung zur Konkurrenz durch Konzentration auf die vier Musikrichtungen.

Mega-Ereignis als Härtetest für diese Strategie

Wenn am Freitag, dem 26. Juni 2009, die Stammhörer des Senders ihr Radio einschalten, möchten sie unabhängig von ihrem Musikgeschmack über das informiert werden, von dem alle anderen in der Stadt bald erzählen werden. Denn Unwissende fahren in der Kategorie „soziale Anerkennung" unweigerlich Minuspunkte ein. Dazugehören ist eine Belohnung. Ergo, der Sender muss informieren und seinen Hörern das gute Gefühl geben, bei ihrem Musiksender richtig aufgehoben zu sein. Egal, ob der Programmdirektor Michael Jackson mag oder nicht.

Problem 1:

Wie erreiche ich meine Hauptzielgruppe, wenn deren wichtigster Erstkontakt mit Musik in einem Zeitraum erfolgte, in dem Michael Jackson seinen künstlerischen Höhepunkt überschritten hatte und sein Stern bereits wieder am Sinken war? Die Schlagzeilen während der Pubertät der 14—19-Jährigen hießen: Tochter von Elvis Presley geheiratet, Scheidung nach zwanzig Monaten, Heirat mit Krankenschwester Debbie Rowe, Geburt der Kinder Prince, Michael und Paris Michael, Flop des letzten Studioalbums, Geburt von Prince Michael II mit unbekannter Mutter, Award als Künstler des Jahrhunderts, Anklage wegen Kindesmissbrauch, Freispruch, Ankündigung des Comebacks.

Problem 2:

Wie erreiche ich meine zweitwichtigste Zielgruppe, die 20–29-Jährigen, wenn während derer Pubertätsjahre Jacksons legendärer Tanzschritt Moonwalk schon mindestens zwölf Jahre und „Thriller", das meistverkaufte Album aller Zeiten, dreizehn Jahre alt war? Obwohl das zweiterfolgreichste Album „Dangerous" 1991 erschien, war Michael Jackson nicht mehr der unbestrittene Held ihrer Jugendjahre.

Problem 3:

Wie gehe ich mit dem Mega-Ereignis „Tod des King of Pop" um, wenn ich verlorene Hörer zurückzugewinnen habe oder sogar neue dazu gewinnen will und mich als Sender mit der aktuellsten Musik und wenig Geplapper positioniere?

Da es beim zielgruppengerechten Marketing mit Storytelling um größtmögliche Übereinstimmung gemeinsamer Geschichten geht, müssen wir die möglichen Themen zuerst auflisten. Ob wir dabei mit der Zielgruppe oder mit dem Ereignis beginnen, ist sekundär. Allerdings empfiehlt es sich, bei der ersten Suche einstweilen auf eine Gewichtung der Funde zu verzichten.

Mögliche, nicht gewertete Geschichten beim Thema „Michael Jackson" sind:		
Verlorene Kindheit	Identitätssuche	Enttäuschung
Pubertät	Schwarz/Weiß	Missbrauch
Eltern	Geld	Bewunderung
Geschwister	Erbe	Gerüchte
Zwang	Tanz/Disco	Spielzeug für „Große"
Familienclan	Konzerte	Angst vor dem Tod
Kinder	Einsamkeit	Schönheitsoperationen
Fans	Vorbilder	Prominente
Gerechtigkeit	Nachahmen/Kopieren	Ehrgeiz/Perfektionismus
Verkleiden/Mode	Kitsch	Trittbrettfahrer
Medikamente/Drogen	Früher Tod	Neverland Ranch
Die Sehnsucht, geliebt zu werden	Nicht erwachsen werden wollen	„Schwarze" Musik als Emanzipationsmittel

Was prägte die Zielgruppe am meisten?

Nach dem Vorliegen einer solchen Liste können wir sie nach einem übergeordneten Ordnungsmuster sortieren, zum Beispiel nach den achtzehn Urthemen:

Urthema	Geschichten Michael Jackson	Sender	Ziel-gruppen
Suche	Verlorene Kindheit, Identitätssuche, Nachahmen/Kopieren		
Abenteuer	Spielzeug für Große, Konzerte		
Verfolgung	Zwang, Angst vor dem Tod, Perfektionismus		
Rettung	Kinder, Musik, Tanz, Bühne		
Flucht	Neverland Ranch, Kitsch, Kindheit, Musik, Tanz, Drogen		
Rache	„Schwarze" Musik als Emanzipationsmittel, Erbe/Testament		
Rätsel	Prominente, Missbrauch		
Rivalität	Eltern, Geschwister, Ehrgeiz/Perfektionismus		
Verlierer	Tod, Freundschaft, Gerechtigkeit		
Versuchung	Tanz/Disco, Konzerte, Schönheitsoperationen		
Verwandlung	Schwarz/Weiß, Verkleiden/Mode		
Reifung	Pubertät, Einsamkeit, nicht erwachsen werden wollen		
Liebe	Fans, Sehnsucht, geliebt zu werden, Vorbilder, Kitsch, Bewunderung		
Verbotene Liebe	Enttäuschung, Kindsmissbrauch		
Opfer	Familienclan, Missbrauch, Gerechtigkeit		
Entdeckung	Gerüchte, Prominente		
Maßlosigkeit	Medikamente/Drogen		
Aufstieg und Fall	Trittbrettfahrer, Prominente		

Da die Versuchung groß ist, beim Betrachten einer solchen Liste über alles zu sprechen und damit an Wirkungskraft zu verlieren, sollten wir nun Prioritäten setzen, indem wir uns überlegen, welche der aufgeführten Geschichten in der gegenwärtigen Situation am besten zum Sender und zu den Zielgruppen passen. Storytelling in Idealform heißt ja: Geschichten von sich selbst und anderen erzählen sowie Plattformen für Erzähler anbieten.

Ein möglicher Themenblock wäre „Kindheit, Reifung und Sehnsucht nach Liebe". Er umfasst einerseits zentrale Aspekte des Lebens von Michael Jackson, ist nicht auf den Musikgeschmack der beiden Hauptzielgruppen fixiert und öffnet die Tür zur

Zielgruppe ab 30 Jahren. Zudem bietet dieser Themenblock die Möglichkeit, sowohl den Sender als Unternehmen als auch die Moderatoren mit ihren Geschichten einzubinden. Ist eine entsprechende Entscheidung einmal getroffen, kann sich der interne oder externe Drehbuchschreiber an die Arbeit machen und ein Grobkonzept zur Dramaturgie verfassen. Im vorliegenden Fall müssen mindestens zwei Konzepte geschrieben werden, eines für die schnelle Umsetzung und eines für das Sonderprogramm am Wochenende, für dessen Planung mehr Zeit zur Verfügung steht.

In diesem Konzept stehen:

- *Verteilung der Rollen*: Welche Funktionen haben in dieser Inszenierung die Moderatoren, Lebenszeugnisse von Michael Jackson, Jacksons musikalische Vorbilder und die drei Zielgruppen?
- *Auswahl und Gewichtung der Musik*: Verhältnis zwischen Michael Jacksons eigenen Songs, Musik seiner Vorbilder und Bewunderer sowie Themensongs.
- *Kulissen*: Michael Jacksons Umgebung, Jugendzimmereinrichtung der Zielgruppe, Konzertbühnen.
- *Requisiten*: Kleider, Schuhe, Spielzeuge, Bilder, Andenken.

Bei der Teamsitzung erzählt der Regisseur eine Geschichte aus seiner Pubertät, als er mit elf Jahren hoffte, dass es die „Rolling Stones" noch immer geben möge, wenn er endlich so groß sei wie sein sechzehnjähriger Bruder. Und dass er mit seiner Brian-Jones-Frisur von den Mädchen ausgelacht worden sei, seine jüngere Schwester sich auf die Seite der Eltern geschlagen habe, als es um das Verbot ging, Poster an die Zimmertür zu heften. Er erzählt ihnen vom Familienkrach, als die Mutter den Fehlbetrag in ihrer Haushaltskasse merkte, als er keinen anderen Ausweg gesehen hatte, um den „Bravo-Starschnitt" zu vervollständigen.

Noch immer von seinen Jugendsünden und -freuden berichtend und mit glänzenden Augen führt er seine Mitarbeiter stolz in sein Büro, stellt sie vor der Glasvitrine in Reih und Glied auf, um ihnen die Autogrammkarte von Keith Richards zu zeigen, die er später gegen den Schraubenschlüsselsatz seines Vaters getauscht hatte. Und nachdem er seine eigene Redezeit schon um das Doppelte überschritten hatte, will er von allen Anwesenden eine eigene Heldengeschichte in drei Sätzen hören. Dann geht dieser ganz spezielle Programmtag los. An diesem besonderen Tag gewinnt der Sender mit den besten Geschichten. Denn Geschichten erzählen heißt: leben. Die Zuhörer daran zu erinnern, ist heute besonders wichtig. Wenn er sein Drehbuch an den richtigen Stellen nachkorrigiert, steht der Sieger jetzt schon fest.

Von Sport bis Szenesprache

Keine Zielgruppe ist schwieriger zu erfassen und einzukreisen als die der Jugendlichen. Von dieser Einschätzung können mich selbst entsprechende Best-Practice-Bücher nicht abbringen. Denn wer sich das Vergnügen gönnt, ältere Exemplare solcher Ratgeber zu konsultieren, wird schnell feststellen, dass von ehemals erfolgreichen Unternehmen oder Produkten viele nicht mehr existieren, falls sie nicht schon die Macht eines globalen Brands hatten. Warum es Marketingstrategen kaum gelingt, von Jugendlichen ein Treuegelöbnis zu erhalten, ist nicht einfach zu beantworten. Ein wichtiger Grund ist natürlich, dass uns die Referenzgröße der Pubertät nicht vorliegt. Während wir bei jungen Erwachsenen ja bereits wissen, welchen prägenden Geschichten wir besondere Beachtung schenken sollen, müssen wir diese bei Jugendlichen antizipieren.

Ganz ahnungslos sind wir aber glücklicherweise doch nicht. Obwohl sich während der Pubertät noch viele Verhaltensmuster, Vorlieben und Vorbilder ändern, ist die Orientierungslosigkeit weniger groß, als wir auf den ersten Blick meinen könnten. Jugendliche haben eine Kindheit, Spuren hinterlassende Eltern und Lehrer, sind in Peergroups mit spezifischen Merkmalen, gehen ins Kino, hören Musik, lesen Bücher, treiben Sport, sind auf modischer Stilsuche und ziehen im Internet große und lokalisierbare Datenmengen hinter sich her. Und vor allem ist ihr Gehirn, abgesehen von den bekannten pubertären Neuvernetzungen, das gleiche wie das von Erwachsenen. Auch Jugendliche lassen sich mehr von Gefühlen als von der Vernunft leiten, wollen Stabilität, Liebe, Bestätigung, Humor, Fantasie und ein Belohnungszentrum, das sich nicht dauernd beschwert. Selbst ihre Ängste sind mit den unsrigen vergleichbar.

Storytelling für Jugendliche funktioniert also nicht grundlegend anders. Nur sollten wir beachten, dass sie alle Medienkanäle nutzen, um ihre Geschichten zu verbreiten und diejenigen anderer zu vernehmen. Und je näher ein Medium der unmittelbaren Erlebniswelt der Jugendlichen ist, desto größeres Vertrauen genießt es. Daher ist es für mich unverständlich, dass Abiturienten so große Mühe haben, Sponsoren für ihre Abschlusszeitungen zu finden. Ein Storyteller sucht nicht nur nach Urthemen, sondern auch nach Urmedien seines Publikums.

Der Einfachheit halber und im Rahmen eines Buches für Grundrezepte gehe ich bei der folgenden Präsentation weiterer Andockstellen also davon aus, dass diese für alle Zielgruppen gelten:

Weitere Andockstellen für Ihre Zielgruppe

- Sport
- Musik
- Filme und TV-Serien
- Mode
- Politik und Zeitgeschichte
- Wissenschaft und Technik
- Sprache und Szene

Sport

„Was wird in diesem Geschäft verkauft?" Dank moderner Bildbearbeitungsprogramme ist das eine spannende Frage, wenn die Artikel- und Markenschilder entfernt sind und Teilnehmern eines Workshops nur noch die Zeichensprache einer Ladeneinrichtung zur Verfügung steht. Die Antworten belegen, wie austauschbar die erzählten Geschichten vieler Flagship-Stores geworden sind. Statt Fußballschuhe könnten auch Handtaschen, Hüte oder alte Blechspielzeuge in den Vitrinen stehen. Wird aber ein Storyteller am Konzept einer Ladeneinrichtung beteiligt, ist die Geschichte von Design und Schönheit nur eine von vielen und in einem Fachgeschäft für Fußballschuhe bestimmt nicht die wichtigste.

So sehr sich die vielen Sportarten unterscheiden, an der Faszination von Spiel und Wettkampf sind immer die großen Themen beteiligt. Daher gibt es rund um das Bedeutungsfeld unzählige Andockstellen für andere Geschichten. Erhält ein Storyteller den Auftrag, das Drehbuch für die Inszenierung eines Sportfachgeschäfts zu schreiben, könnte er den Beteiligten des Projekts vor Aufnahme der Arbeit den Film „Das Wunder von Bern" von Sönke Wortmann zeigen. Und wenn es wieder hell wird im Raum, sammelt er all die kleinen und großen Geschichten ein, von denen während der 118 Minuten die Rede war. An der Pinnwand stehen dann zum Beispiel noch ungeordnet die Stichworte:

Unerwartetes und Wunder, Fünfzigerjahre, Radio, Liebe, Familie, Wirtschaftswunder, Lieblingstier, Nachkriegsdeutschland, Ruhrgebiet, Gefangenschaft, Heimkehrer, Vatersuche, Führung, Vorbilder, Helden, verlorene Generation, Außenseiter, heile Welt, Schweiz, Trümmerfrauen, Stollenschuhe, Teamgeist, Politik, amerikanische Kultur, Jazz, Hollywood, Leben genießen, vergessen, Ersatzvater, Wetter, Sportjournalismus, Identitätssuche, Motivation, Geheimwaffe, Kitsch, Nostalgie, Symbole .

Was prägte die Zielgruppe am meisten?

Nun kramen die Mitglieder des Projektteams in ihren persönlichen Geschichtensammlungen nach Erlebnissen, an denen ein Sportereignis beteiligt war. So eingestimmt, wird die Suche nach Andockstellen für die Geschichte des Sportfachgeschäftes schon ziemlich einfach. In der Regel kommen sogar so viele Ideen zusammen, dass für deren Sichtung und Bewertung viel Zeit eingeräumt werden muss. Zumal nun in dieser Etappe gezielter auf die Andockstellen bei den Zielgruppen geachtet wird.

Auf keinen Fall darf beim Einsatz von Storytelling vergessen werden, dass bei den Andockstellen Gegenverkehr herrscht. Ich kann mit alten Fußballschuhen und einem Bild von Sepp Herberger die Nachkriegsgeneration an den schönen Brienzersee in der Schweiz locken, weil dort das Wunder von Bern ja begann. Oder ich kann mir beim Verkauf von Tennisrackets zunutze machen, dass Erdbeeren und Wimbledon ebenso zusammengehören wie Bier und Oktoberfest.

Drehbuchschreiber tummeln sich für ihre Recherchen nicht nur im Internet. Sie pilgern zu Sportveranstaltungen und sitzen dort nur selten in der VIP-Lounge, verbinden eine Reise in die Westschweiz mit einem Besuch im „Olympic Museum" von Lausanne, besichtigen in Köln nicht nur den Dom, sondern auch das Deutsche Sport & Olympia Museum und sind in Buchhandlungen sowohl in der Abteilung „Kulturgeschichte" als auch bei den „Sportlerbiografien" zu sehen.

Empfehlenswerte Filme:

- Das Wunder von Bern. 2003. Drehbuch/Regie: Sönke Wortmann
- Freiwurf. 1986. Regie: David Anspaugh. Hauptdarsteller: Gene Hackman
- Rocky. 1976. Drehbuch/Hauptdarsteller: Silvester Stallone
- Olympia. Fest der Völker/Fest der Schönheit. 1938. Drehbuch/Regie: Leni Riefenstahl

Weitere Filme finden Sie in Fachgeschäften oder im Internet. Onlinehändler wie Amazon erleichtern das Recherchieren, da „Tags" die Funktion von Andockstellen übernehmen und Kundenempfehlungen zu interessanten Entdeckungen führen.

Musik

Welche Musikrichtung würden Sie Ihrem Unternehmen zuordnen? Oder konnten Sie sich sogar auf einen Komponisten, Interpreten oder Song festlegen? Bieten Sie Ihren Kunden einen Klingelton an, der die Persönlichkeit Ihrer Firma oder gar des Inhabers ertönen lässt? Falls Sie sich solche Gedanken noch nie gemacht haben, sind Sie in bester Gesellschaft. Oder eben nicht, denn angesichts der Bedeutung von Musik als Identitätsstifter und Gedächtnisanker überrascht es doch, dass ein Satz wie „Kunden stehen bei uns im Mittelpunkt" wichtiger scheint als die Suche nach sinnlichen Merkmalen für das Selbstbild.

Bei Ihren Kunden können Sie jedenfalls davon ausgehen, dass diese Lücke gefüllt ist. Zumindest in den Hirnarealen, die unbewusst arbeiten. Es ist kein Zufall, dass Walt Disney die Bedeutung des Klangs lange vor der Konkurrenz erkannte, war er doch einer der besten und erfolgreichsten Geschichtenerzähler der Neuzeit. Disneyland ist eine Marke, die Sie in tiefster Nacht und von weit her an ihrem Klang erkennen. Und wer sich einen Disney-Film ansieht, hört die gleichen Melodien wie in den Themenparks, womit das Andocken an schöne Zeiten schon beinahe gesichert ist. Musik im Storytelling ist weit mehr als nur Jingles oder Hitparade-Songs.

In der Agentur meiner Lehr- und Wanderjahre beschäftigten wir uns mit der Zeichensymbolik von Tönen, um Qualität hörbar zu machen, zum Beispiel wenn die Wagentür des Flaggschiffs von Citroën zugeschlagen wird. Und Kelloggs hat es geschafft, dass eine Mutter an ihre eigene Kindheit denkt, wenn im Nebenzimmer ein Werbespot mit dem typischen Knuspergeräusch dieser Cornflakes läuft. Ein Unternehmen, das eigene Klangwelten erschafft und diese über Jahre hinweg erschallen lässt, muss sich weniger um die klassischen Kategorien von Zielgruppen kümmern, denn die Musik solcher Firmen ist längst in den Ohren der Kunden.

Wie viel einfacher es ist, die passenden Töne zu einem Unternehmen oder Produkt zu finden, wenn die wesentlichen Geschichten bereits geschrieben worden sind, zeigen Filmvertonungen. Statt Kunden mit langweiligen Theorien zu belästigen, führe ich ihnen kurze Dokumentarfilme über das Vertonen von Geschichten vor. Bei vielen DVDs finden sich solche Making-of-Szenen unter den Extras. Zu Recht beklagen sich Komponisten und Soundproducer über die mangelhaften Briefings, wenn es ein Unternehmen nicht für nötig hält, seine eigene Geschichte in eine vermittelbare Form zu bringen.

Auf der Ebene „Geschichten der Zielgruppen als Andockstellen" muss der Storyteller wiederum nach den prägenden Ereignissen einer bestimmten Zeitperiode, Region oder Situation suchen. Im Beispiel des Alters- und Pflegeheims, das wir beraten, sind das die Fünfziger- und Sechzigerjahre des letzten Jahrhunderts, und zwar vorzugsweise Musik, die auch im deutschsprachigen Raum sehr beliebt war.

Was prägte die Zielgruppe am meisten?

Empfehlenswerte Bücher

Wer nach Bestsellerlisten googelt, stellt schnell fest, dass über Musikhits mehr ge-schrieben wurde als über Filme, was sicher auch an den zahlreichen Musikzeit-schriften liegt. Jedenfalls ist es leicht, sich die gewünschten Informationen zu einer bestimmten Zeitperiode zu beschaffen. Da ich mir lieber gleich DVDs von Hitpara-den-Sendungen ansehe, beschränke ich mich bei Buchtiteln auf Kulturgeschichtli-ches und einige wenige Werke.

- Berndorff, L.; Friedrich, T.: 1000 Ultimative Charthits. Die besten Songs und ihre Geschichte. Moewig. Hamburg. 2008.
- Dombrowski, R.: Basis-Diskothek Jazz. Reclam Verlag. Ditzingen. 2011.
- Jacobs, M.: All that Jazz. Die Geschichte einer Musik. Reclam Verlag. Ditzingen. 3. Aufl. 2007.
- Lydon, M.: 1001 Alben. Musik, die Sie hören sollten, bevor das Leben vorbei ist. Edition Holms. Zürich. 6. Aufl. 2011.
- Moormann, P.: Klassiker der Filmmusik. Reclam Verlag. Ditzingen. 2009.
- Schütte, U.: Basis-Diskothek Rock und Pop. Reclam Verlag. Ditzingen. 2008.
- Wersin, M.: CD-Führer Klassik. Reclam Verlag. Ditzingen. 2007.
- Wicke, P.: Von Mozart zu Madonna. Eine Kulturgeschichte der Popmusik. Suhr-kamp Verlag. Frankfurt am Main. 2001.

Filme und TV-Serien

Erinnern Sie sich an die Titelmelodie der Winnetou-Verfilmungen? Den gut 300 Elek-trikern und Elektroinstallateuren, die im Frühjahr 2009 im IMAX-Kino des Luzerner Verkehrshauses saßen, genügten einige wenige Töne, um sich an ihre Jugendzeit zu erinnern. Danach blendete ich ein Bild von Winnetou und Old Shatterhand ein und begann mit meinem Referat über Helden als Leitfiguren. Mit guten Andock-stellen ist das Wesentliche eines Vortrags in den Köpfen des Publikums, bevor der Redner die ersten Worte sagt. Über die Bedeutung von Filmen für das Storytelling haben Sie inzwischen so viel erfahren, dass ich mich auf einige Tipps für Ihre Re-cherchen nach geeigneten Materialien beschränken kann.

Wer sein Leben vor der Erfindung des Internets dem Film verschrieb, hatte es nicht immer einfach, sich mit Gleichgesinnten auszutauschen oder seine Lieblingsge-schichten einem breiteren Publikum mitzuteilen. Aber seit einigen Jahren ist das zum Glück anders. Bereits durchschnittliche Recherchierfähigkeiten reichen aus, um sich über die beliebtesten Filme einer bestimmten Zeitperiode kundig zu ma-chen.

Mindestens so wichtig wie Kinoerfolge sind für das Storytelling die TV-Serien. Von diesen externen Andockstellen für eigene Geschichten gibt es seit den Anfängen des Fernsehens etwa 15.000. Einige prägten Wahrnehmungen und Verhaltensmuster einer ganzen Generation, andere wurden nach kurzer Zeit abgesetzt oder gerieten schnell wieder in Vergessenheit.

Wenn Sie im Internet nach passenden Mustervorlagen für Geschichten Ihrer Zielgruppe suchen, hat das den großen Vorteil, dass die Titel verlinkt sind. So können Sie auf einfachste Weise Ihre inneren Bilder zu einem Serientitel mit den realen vergleichen. Ein gewisses Passivwissen ist allerdings von Vorteil, da noch keine der vielen Plattformen einen Suchmechanismus nach Themen anbietet. Aber wenn Sie und Ihr Suchtrupp eine Serie nicht kennen, ist die Wahrscheinlichkeit groß, dass diese Episodenfolge bei Ihrem Zielpublikum ebenfalls keine tiefen Spuren hinterlassen hat.

Falls Sie Ihr Umfeld noch immer überzeugen müssen, dass Storytelling in den Köpfen der Kunden gewünschte Geschichten auslösen kann, dann schreiben Sie doch kurz auf, welche Themen Ihnen bei folgenden Serien in den Sinn kommen:

Baywatch	Gute Zeiten — schlechte Zeiten	Pfarrer Braun
Biene Maja	Kommissar Rex	Schwarzwaldklinik
Bonanza	Lassie	Simpsons
Columbo	Lindenstraße	Stargate
Dallas	Marienhof	Sturm der Liebe
Dr. Quinn	Meister Eder und sein Pumuckel	Verbotene Liebe
Eine schrecklich nette Familie	Mit Schirm, Charme und Melone	Wickie und die starken Männer
Großstadtrevier	Monk	Zuhause im Glück

Empfehlenswerte Bücher

Ob es am Geruch des Trivialen liegt, dass mir kein Buch bekannt ist, das Neugierigen die bekanntesten TV-Serien der letzten Jahrzehnte vorstellt? Das Material dazu wäre ja vorhanden, seit es zur Vermarktung solcher Serien gehört, den Zuschauern Begleitbücher anzubieten.

Was prägte die Zielgruppe am meisten?

Fündig werden Sie zum Teil in den sogenannten Jahrgangsbüchern, die verschiedene Verlage im Programm haben. Zum Beispiel:

Drews, Gerald: 1939: Ein ganz besonderer Jahrgang. Pattloch Verlag. München. 2009.

Für runde Geburtstage sind aus dieser Reihe bereits einige Bände erschienen. Ab Dezember 2009 werden auch Jubilare aus der ehemaligen DDR viele ihrer Kindheits- und Jugendgeschichten finden.

Wartberg Verlag: Wir vom Jahrgang … Kindheit und Jugend.

Diese jeweils rund hundert Seiten dicken Geschenkbücher gibt es für alle Jahrgänge von 1922–1994. Und unter dem Titel „Aufgewachsen in der DDR" auch von 1935–1979. Zu den Besonderheiten dieser Reihe zählt, dass die Zeitreise nach den ersten achtzehn Lebensjahren aufhört, der jeweilige Autor seine eigenen Erlebnisse in den Mittelpunkt stellt und das Bildmaterial auch aus privaten Chroniken stammt.

Für spielerische Storytelling-Workshops gibt es auch ein Memory: Ravensburg Verlag. Zeitreise memory 1959-2009. In ähnlicher Aufmachung auch über unser Weltkulturerbe, Kunstgeschichte, Tiere, Autos, Kinderfreunde oder berühmte Porträts.

Mode

Neue Uniformen für ein international tätiges Luftfahrt-Unternehmen zu entwerfen, gehört für eine Modedesignerin zu den schönsten, anspruchsvollsten und spannendsten Aufgaben. Daher freute ich mich, als meine Kollegin vor bald fünfzehn Jahren einen solchen Auftrag erhielt und mich in ihr Projektteam aufnahm. Zumal ich als Flugbegeisterter mit einem abgelaufenen Pilotenpatent einen engen Bezug zum Unternehmen hatte. Meine Aufgabe war es, bei der Zeichensprache der Gradabzeichen für das fliegende Personal mitzuhelfen und den Entwürfen der Uniformen Geschichten zuzuordnen. Das Briefing war in den klassischen Marketingbegriffen abgefasst und im Ton mehr rational als sinnlich gehalten. Umso mehr überraschten wir den Auftraggeber mit der Geschichte „Helden der Luftfahrt". In den folgenden Diskussionen zeigte sich dann immer mehr, dass sich die Verantwortlichen nicht auf eine klar erkennbare Geschichte festlegen wollten. Begründet wurde dieser Verzicht wie so oft damit, man wolle gewisse Zielgruppen nicht verärgern, verunsichern oder vor den Kopf stoßen. Also bevorzugte man Entwürfe, die an alles und nichts erinnern.

Über 7.000 Ergebnisse erhalten Neugierige, die bei Amazon den Suchbegriff „Mode" eingeben. Und das allein in der Kategorie Bücher. Doch das braucht uns nicht weiter zu beunruhigen, hat doch die Mode das Ablaufdatum lange vor der Lebensmittelbranche erfunden. Nicht zuletzt aus kommerziellen Gründen schauen die Modemacher bei der Anwendung ihrer subtilen Zeichensprache genau darauf, dass nichts wiederholbar ist. Kinder mit Eltern, die das nicht glauben wollen, geraten in ihrer Peergroup in Argumentationsnotstand. Für Sie als Storyteller bedeutet dies, dass Sie sich recht schnell orientieren können, welcher Stil in einem gewissen Zeitraum angesagt war. Die Lektüre kulturgeschichtlicher Werke hat demnach vor allem den Zweck, historisch zu belegen, was in der Gegenwart noch immer Sache ist. Den Stil bestimmen Menschen mit Status, Heldinnen und Helden aus allen Bereichen, ob von Ihnen geliebt oder nicht.

In unserem Zehnpunkte-Programm für gute Geschichten gehört die Mode zu den Ausschmückungen, zu denen Drehbuchautoren vor allem die Kulissen und die verwendeten Requisiten zählen. Der Mode selbst gebührt also nur in Ausnahmefällen die Hauptrolle. Zu den Vorbildern modischer Stilkunde, die solche Zuordnungen genau beachten, gehörte Jacqueline Kennedy. So ließ sich die First Lady vor öffentlichen Auftritten ihres Mannes und bei Auslandreisen das Protokoll geben, diskutierte mit den Stabsarbeitern den Ablauf und die örtlichen Gegebenheiten. Die legendäre Ausstellung „Jacqueline Kennedy: The White House Years" im Metropolitan Museum of Art belegte auf eindrückliche Weise, warum dieser Perfektionismus wenig mit egomanischer Selbstdarstellung, aber umso mehr mit der Inszenierung einer guten Geschichte zu tun hat. Wenn die offiziellen Fotografentermine in einer von Grün dominierten Umgebung stattfinden, erzählt ein rotes Kleid eine andere Geschichte als ein grünes. Als die neue First Lady in Ottawa ihr internationales Debüt gab, eroberte sie die Herzen der Kanadier auch deshalb, weil Kleid und Hut perfekt zu den roten Uniformen der Royal Canadian Mounted Police passten. Statt gleiche Augenhöhe und Gleichberechtigung zu predigen, symbolisiert man sie lieber durch starke Zeichen.

Grüne Handschuhe? Kein Problem, seit Michelle Obama damit Kontraste zu Gelb setzt. Korsette über statt unter den Kleidern tragen? Madonna macht's vor und andere folgen ihr. Freiwillig seinen Hals in einen unbequemen Stehkragen stecken? Karl Lagerfeld fand sogar dafür Nachahmer. Der verstorbene Richard Blackwell machte sich mit seinen Geschichten schlecht gekleideter Prominenter zwar selbst zum Helden, konnte aber mit seinem jährlichen Ranking den Modestil nicht beeinflussen. Mode als äußerlich sichtbares Zeichen innerer Selbstdefinitionen ist auf Referenzobjekte angewiesen.

Was prägte die Zielgruppe am meisten?

Storytelling nimmt die Symbole von Anführern einer sozialen Gruppe auf, ordnet sie und verwendet diejenigen mit der größten Andockfläche zur Ausschmückung der definierten Kerngeschichte.

Die Brille von Heinz Erhardt, Konfektionsanzug und ein alter Wohnwagen genügen, um Interessenten für unser Alters- und Pflegeheim an die Geschichte „Abschied und Ankunft" zu erinnern. Und für ein traditionelles Bekleidungsgeschäft für Herren, das auch eine Kollektion für Frauen einführte, inszenieren wir die Geschichte vom „Suchen und Finden" mit dem Accessoire Handtasche. Inspiriert von der unterhaltsamen Studie „Privatsache Handtasche" des französischen Soziologen Jean-Claude Kaufmann, die beste Weiterbildung im Storytelling ist.

Empfohlene Materialien:

Regenbogenpresse, Jugendmagazine, Bildbiografien von Prominenten, Notizen der Besuche auf Schulpausenplätzen und „VIP-Seiten" im Internet.

Bowles, Hamish: Jacqueline Kennedy: The White House Years. Selection from the John F. Kennedy Library and Museum. Bulfinch Press Book. Boston 2001.

Politik und Zeitgeschichte

Als soziales Wesen ist der Mensch in politische Geschichten verwickelt, ob er das nun will oder nicht. Das Unbewusste kümmert sich auch bei diesem Themenfeld nicht um die Anordnungen des Bewusstseins und speichert zumindest das ab, was von der Mehrheit für wichtig befunden wird und die Verhaltensmuster für Anpassung sowie Überleben beeinflusst. Mögen politische Debatten noch so langweilig sein, sobald Entscheidungen zu großen Veränderungen führen, kommen sofort Emotionen ins Spiel.

Gezielt politische Andockstellen für die eigene Geschichte zu schaffen, birgt die Gefahr, seine Zielgruppen ungewollt zu verfehlen oder gar zu verärgern. Denn wie wir von unzähligen Tischgesprächen wissen, lassen sich politische Einstellungen nur schwer ändern. Hinzu kommt, dass wir diese geistigen Mustervorlagen oft gar nicht kennen, weil sozialer Anpassungsdruck ihre öffentliche Bekanntgabe hindert. Kurz: Auf politische Andockstellen sollte man nur innerhalb einer homogenen Zielgruppe setzen, deren Verhaltensmuster einigermaßen vorhersehbar sind. In allen anderen Fällen gehen wir lieber den indirekten Weg über anerkannte Helden und Zeitgeschichtliches.

Wie der Hype um Barack Obama zeigt, läuft man beim Andocken an eine solche Heldengeschichte schnell Gefahr, in der Masse Gleichdenkender unterzugehen. Wenn plötzlich jeder Schraubenhändler oder jedes Gourmetgeschäft „Yes we can!" schreit, ist das keine gute Story mehr. Aber da ein enger Rahmen den kreativ Tätigen Vorteile bringt, sollte man die Vorgänge und das Personal im Weißen Haus beim Drehbuchschreiben nicht einfach vergessen.

Zeitgeschichtliche Andockstellen eignen sich wegen ihrer hohen Symbolkraft gut für die Ausgestaltung von Kulissen. Das dachte sich auch der Drehbuchschreiber eines Unternehmens, das nur mit der Botschaft „Das Original" wirbt. Und obwohl das Produkt mit dem Weißen Haus etwa so viel zu tun hat wie Heidi Klum mit Fettleibigkeit, bildete man für einen Messeauftritt das berühmteste ovale Zimmer nach. Hinter den Schreibtisch setzte man einen Doppelgänger von Bill Clinton, stellte davor eine Kamera auf und bot den Messebesuchern an, sich mit dem amerikanischen Präsidenten zusammen fotografieren zu lassen. Hätte das angeheuerte Double geahnt, wie gut diese Geschichte ankommt, wäre es beim Aushandeln seines Honorars wohl weniger nachgiebig gewesen.

60 Jahre Bundesrepublik Deutschland ist für einen Geschichtenerzähler außer einem politischen Ereignis auch eine willkommene Gelegenheit, seine Materialiensammlung zu ergänzen. Bildbände, Dokumentarsendungen, Zeitschriften inklusive Gratis-DVDs und jede Menge Interviews mit Zeitzeugen. Da sich Ähnliches bei jedem größeren Jubiläum wiederholt, muss er auch bei der Suche nach Andockstellen für die Zielgruppe der Alt-68er nicht in die Stadtbibliothek gehen.

Ein unverzichtbares Buch für Storyteller, die nicht alles googeln wollen ist:

Stein, Werner: Der neue Kulturfahrplan. Die wichtigsten Daten der Weltgeschichte. Herbig Verlag. München. 2004.

Wissenschaft und Technik

Rechnen wir stilles Beobachten ebenfalls den menschlichen Aktivitäten zu, lasse ich mich gerne zur Behauptung hinreißen, einem Geschichtenerzähler werde es nie langweilig. Steht an einem verregneten Sonntag nichts Familiäres an, setzt er sich vielleicht vor seinen Computer und blättert sich einen Nachmittag lang durch die Angebote auf eBay. Das stärkt zudem seine Intuition für die Beurteilung, was gefühlte Preise sind und wie Menschen die dingliche Welt wahrnehmen. In seine Freude über den raschen Erkenntnisschub wird sich aber der Ärger mischen, bei jedem Umzug so viel weggeworfen zu haben. Zum Beispiel den großen Stapel mit

Was prägte die Zielgruppe am meisten?

den ersten Jahrgängen der Zeitschrift „Hobby. Das Magazin der Technik". Wer nun meint, die bezahlten Preise für diese Hefte würden nur den Raritätenwert widerspiegeln, irrt. Wie den Kommentaren auf Sammlerseiten zu entnehmen ist, symbolisieren diese Hefte ein Stück heile Welt, die sich offenbar viele wieder ins Haus holen möchten. Und obwohl seit der Erstausgabe dieses Technikmagazins mehr als ein halbes Jahrhundert vergangen ist und 1991 das letzte Heft erschien, hat sich die Hoffnung auf den Retter Technik nicht gänzlich verflüchtigt. Doch selbst wenn dem so wäre, bleiben noch immer positive Ersterlebnisse mit der Technik und unzählige schöne Kindheitserinnerungen. Man kann es als Ironie des Schicksals bezeichnen, dass die unbestrittene Königin der deutschen Technikzeitschriften mithalf, ihrem künftigen Gegner, dem Computer und damit dem Internet den Weg zu ebnen.

Die Begeisterung für alle technischen Neuigkeiten hat sich zwar in den letzten Jahren gelegt, ist aber bei weitem nicht so zurückgegangen, wie sich das viele Kulturpessimisten erhoffen. Gerade weil Technik und Wissenschaft mit starken Emotionen verbunden sind, können sie beim Storytelling wichtige Rollen übernehmen. Wie wir inzwischen wissen, zeichnet sich ein guter Drehbuchschreiber dadurch aus, dass er die Kunst des Variierens beherrscht. Von wenigen Ausnahmen abgesehen wird der Technik nicht mehr die Liebe entgegengebracht, die sie trotz ihrer Fehler verdient. Vielmehr überlassen wir die Inszenierung von Technik und Wissenschaft denen, die dafür meist schlecht geeignet sind, nämlich deren offiziellen Vertretern. Daher finden wir keine Computerzeitschriften, die unser Bedürfnis nach Ästhetik befriedigen, und verstehen nicht, was uns die Forscher Spannendes zu erzählen hätten. Der von den Werbeagenturen für Fortschritte durch Technik gebotene Ersatz vermag die Lücken nicht zu füllen.

Erfolgreiche Baumeister von Andockstellen für Technisches und Wissenschaftliches tragen zudem verschiedene Brillen, um passende Geschichten zu finden. Daher sehen sie das Kleine ebenso wie das Große, das Verrückte und völlig Gewöhnliche, Objekte von gestern und morgen, Hits und Flops. Schlagen sie mit ihrem selektiven Blick eine Modezeitschrift auf, sehen sie Druckknöpfe, Reißverschlüsse, Nanotechnologie, Softwareprogramme für Stoffzuschneider, chemische Formeln und physikalische Anwendungen.

Jede Zielgruppe hat ihre technischen und wissenschaftlichen Schwachstellen, an der Geschichten vom menschlichen Erfindergeist in die Seelen eindringen können, und fast jede Errungenschaft der Neuzeit hat Wurzeln, die so weit zurückreichen, dass sie die Schichten der Kindheit berühren. Dass es sich lohnt, beim Erzählen einer Geschichte bei diesen Wurzeln zu beginnen, zeigen Rückmeldungen, die ein Sportwagenhersteller von Kunden erhielt, weil sie in einem Geschäftsbrief an das freudige Ereignis erinnert wurden, an ihrem damaligen Spielzeugauto die Motorhaube öffnen zu können.

Empfehlenswertes Material:

Kinderbücher: Bevor Sie zu einem Buch für Erwachsene greifen, das Ihnen und Ihrer Zielgruppe technische oder wissenschaftliche Probleme und Wunder erklären soll, stecken Sie Ihre Nase lieber in ein „Wissen-für-Kinder"-Buch. Das stimmt Sie richtig aufs Thema ein, lässt Sie vieles zum ersten Mal verstehen und führt eventuell bereits zur passenden Geschichte.

So praktisch ich Online-Buchhändler finde, so sehr halte ich an meinen Besuchsnachmittagen in großen Buchhandlungen fest. Denn je mehr Inhalt, Sprache und Gestaltung eines Buches den persönlichen Vorlieben und damit der eigenen Kindheit entspricht, desto eher wird es einem Drehbuchschreiber zum Helfer.

Stöbern Sie auch wieder einmal auf einem Trödelmarkt in den Bücherkisten. Vielleicht entdecken Sie genau das Buch wieder, das Ihnen in jungen Jahren die Welt von A bis Z erklärte.

Erfinderbücher: Es lohnt sich auf jeden Fall, sich aus der riesigen Auswahl von Büchern über nützliche und unnötige Erfindungen einige anzuschaffen. Bei vielen kann Ihnen die Lektüre sogar zusätzliches Beweismaterial liefern, dass die Welt vom Zufall regiert wird.

Magazine und Zeitschriften zum Thema Wissenschaft und Technik: Fixieren Sie sich beim Kauf nicht auf Produkte aus sogenannten seriösen Verlagen. Diese vermitteln zwar Inhalte, die wissenschaftlich besser abgesichert sind, zeigen Ihnen aber schlecht, warum Menschen Einfaches bevorzugen.

Internet-Plattformen für Exoten, Sammler, Nostalgiker und Verschwörungstheoretiker: Sollten Sie nach intensiven Besuchen auf solchen Sites noch immer keine Andockstellen für Ihre Geschichte gefunden haben, müssen Sie die Suche wahrscheinlich delegieren.

Sprache und Szene

Eine Schweizer Großbank und ein ehemaliger Mitarbeiter von mir sind dafür verantwortlich, dass Sprache als Andockstelle ein eigenes Kapitel bekommt. Der frühreife Geschichtenerzähler Fred hatte mit seinen Snowboardfreunden gerade seinen neunzehnten Geburtstag gefeiert, als er am Morgen mit einer Rüschenbluse in Lila, pinkfarbener Krawatte und Schlabberhosen ins Büro kam, um mit mir nochmals die Präsentation durchzugehen, die am Nachmittag anstand. Auftrag war, Kids für die Dienstleistungen des alt eingesessenen Bankinstituts zu begeistern. Da wir von unserer Geschichte total überzeugt waren und der grässliche Look eben zu Freds Identität gehörte, nahm ich ihn so mit.

Ob ein Business-Outfit verhindert hätte, dass unser Konzept abgeschossen wurde, bezweifle ich, denn die Marketingabteilung der Bank konnte sich nicht mit der Sprache abfinden, in der unsere Geschichte einer Peergroup in den Schweizer Bergen verfasst worden war. Ebenso seltsam wie die Abwehr war die Begründung, unsere Dialoge seien mit ihrer Corporate Language nicht vereinbar. Gegen solche Argumente kamen wir auch mit kulturgeschichtlichen Ausflügen zu Indianern und südafrikanischen Stammesverbänden nicht an. Selbst wenn Storytelling damals schon ein Thema gewesen wäre, hätten sich die Fronten kaum aufgelöst. Müßig zu erwähnen, dass unsere vorgeschlagenen Kulissen und Requisiten dem bankinternen Hüter des Corporate Designs aufstießen.

Der Andockstelle Sprache gebührend Aufmerksamkeit zu schenken, hat nicht automatisch zur Folge, bei jeder Inszenierung für Kids und Jugendliche die SMS-Sprache für obligatorisch zur erklären. Im Gegenteil, Stammesangehörige sind sehr allergisch auf plumpe Anbiederungen Außenstehender. Ein Sioux-Häuptling verspielt sein Ansehen, wenn er zu seinem Amtskollegen der Cherokee mit Worten spricht, die zur Sprachfamilie der Irokesen gehören. Aber so wie wir als Touristen Sympathiepunkte sammeln, wenn wir in einem fremden Land den Einheimischen mit einigen ihrer Worte Respekt zollen, können wir auch beim Geschichtenerzählen solche Andockstellen schaffen.

Inszenieren wir ein Thema vor der Kulisse der Fünfzigerjahre, müssen unsere Schauspieler nicht wie Heinz Erhardt oder Konrad Adenauer sprechen. Aber durch Verwendung einiger Schlüsselwörter wird unsere Geschichte stärker verankert. Wenn ein Drehbuch es erfordert, dass die Dialoge und Monologe deckungsgleich mit dem Sprachcode der Zielgruppe sind, dann sichern wir uns die Dienste eines Native Speakers, statt durch Eigenversuche eine peinliche Nummer abzugeben.

Es versteht sich von selbst, dass Sprachcodes nicht nur bei Kids und Jugendlichen Zugehörigkeit symbolisieren. Auch ältere Menschen lieben es nicht besonders, wenn sie falsch angesprochen und damit in eine fremde Umgebung verpflanzt werden. Bei einer guten Werbeagentur gehört die Wahl der richtigen Codes zum Handwerk. Probleme entstehen aber dann, wenn ein Unternehmen Marketing nicht als Gesamtkunstwerk sieht und Drehbuchschreiber oder Regisseur die Oberhoheit für ihre Inszenierungen bei der Andockstelle „Sprache" verlieren. Wenn ein Geschäftsbrief mit „Hochachtungsvoll" aufhört und die Einladung zu einem Event mit „cool" beginnt, ist das weder geil noch stimmig.

3 Social Media und Verkauf – Einsatzorte für Storytelling

Wer alle erreichen will, spricht letztlich niemanden an. Zumindest nicht so, dass er starke Gefühle auslöst. Da es im Showbusiness und Marketing um Verführung geht, ist „alle" ein Unwort. Es zu benutzen ist allerdings legitim, wenn die Frage „Wen spricht Storytelling an?" beantwortet werden soll. Denn weil die Verarbeitung von Informationen in Form von Geschichten ein neurologischer Prozess ist, reagieren tatsächlich alle Menschen auf gute Geschichten. Und was „gut" heißt, soll in diesem Buch ja geklärt werden.

Wenn aber alle Menschen Geschichten mögen, ist auch fürs Erste geklärt, wo sich Storytelling einsetzen lässt. Die Antwort lautet: überall. Oder in der Marketingsprache formuliert: An jedem Touchpoint. Denn damit sind in der Branchensprache die Kontaktpunkte gemeint, an denen jemand mit einem Unternehmen, einem Produkt oder einer Dienstleistung in Berührung kommt. Die sind allerdings so zahlreich, dass allein deren Aufzählung zu viel unverdienten Platz einnehmen würde. Ich werde mich daher im Folgenden auf drei Touchpoints beschränken. Eingehen möchte ich auf Social Media, weil auf diesem Gebiet Nachholbedarf ist und etliche Missverständnisse den Blick auf das Wesentliche vernebeln. Auf den Verkauf komme ich nochmals kurz zu sprechen, weil ich im einleitenden Kapitel „Der Vorspann — Warum Geschichten aus neurowissenschaftlicher Sicht so wichtig sind" lediglich darauf eingegangen bin, was ich unter „verkaufen" verstehe. Und warum ein Leitbild das Unbewusste nur erreichen kann, wenn es unter dem Gesichtspunkt von Storytelling entwickelt wird, möchte ich kurz ausführen, weil es nach dem Erscheinen der ersten Auflage zu einem Projekt kam, in dem die Grundlagen des Storytelling konsequent angewandt wurden.

3.1 Social Media – Bühne für den Austausch von Geschichten

Während sich die Publikationen zu Storytelling noch im überschaubaren Rahmen halten, fühlen sich viele Autoren von Büchern über Social Media meist zur Legitimation eines weiteren Buches gedrängt. Zu solchen Rechtfertigungen gehört, dass irgendjemand ja die Aufgabe übernehmen muss, gesichtete Lücken zu füllen. Doch weil solche vermeintlichen Leerstellen meist irrelevant sind, bleibt am Schluss nur eine verwirrende Ausweitung des Begriffs. Denn Social Media ist letztlich nichts anderes als der Einsatz digitaler Medien und Technologien, die ihren Nutzern die Möglichkeit geben, sich untereinander auszutauschen. Mit anderen Worten: Es geht auch bei Social Media um die zentralen Fragen: Wer bin ich? Wer ist der andere? Wo ist mein Platz in dieser Welt?

Was kann und soll ein Unternehmen tun, um Menschen eine Bühne zu bieten, auf der sie ihre Geschichten erzählen und die von anderen hören wollen? Wenn bei der Antwort oft gezögert wird, liegt dies an einer Fehlinterpretation von Marshall McLuhans bekanntem Satz „The medium is the message". Denn damit meinte er nicht vollständige Identität, sondern lediglich, dass jedes Medium auch eine Botschaft an sich ist. Social Media ersetzt keine Bühne, sondern gibt bereits bestehenden nur eine neue Form mit neuen Zusatzregeln oder Varianten alter. Um den Kern von Social Media zu erfassen, genügt es also, sich in Erinnerung zu rufen, was gewitzte Friseure schon immer wussten. Nur wer seinen Kunden einen Raum gibt, in dem sie ihr Selbstbild spiegeln, prüfen und in einer Atmosphäre des Wohlwollens sogar verändern können, hat die Social-Media-Prüfung bestanden.

Damit sich ein Mensch spiegeln kann, muss er auf der Bühne Menschen und Objekte entdecken, die mit ihm zu tun haben. So einfach dies klingt, so schwierig ist das mit den traditionellen Zielgruppen zu lösen. Es sei denn, man entscheidet sich zur Strategie, jeder anvisierten Zielgruppe eine eigene Bühne zu bieten. Das wird zwar von größeren Unternehmen erfolgreich gemacht, ist jedoch für kleinere und mittlere Betriebe kaum durchführbar. Es sei denn, sie sind wirkliche Nischenplayer und können damit ihr Publikum bei einer gemeinsamen Leidenschaft abholen. Aber das ist selbst Harley-Davidson zu wenig.

Damit wir unser Selbstbild überprüfen können, benötigen wir Vorlagen zum Vergleich. Die lassen sich zwar auch in den fiktionalen Geschichten der Drehbuchautoren und Schriftsteller finden, aber wenn wir die Wahl haben, ziehen wir Vergleiche in der Realität vor. Doch selbst wenn die Vernunft der Meinung ist, es sei für Gegenüberstellungen wie geschaffen, muss sie es letztlich den unbewusst arbeitenden Hirnrealen überlassen, die unzähligen Daten in Informationsmuster umzuwandeln, die sich mit bereits gespeicherten Mustervorlagen vergleichen lassen. Und weil solche Vorlagen die Wahrscheinlichkeit erhöhen sollen, die evolutionären Ziele zu erreichen, sind Handlungen wichtiger als Worte und Zahlen. Oder nochmals: Social Media dient dem Austausch von Geschichten.

So wenig die Anzahl der Pixel etwas über ein gutes Bild aussagt, so wenig ist viel Traffic ein Garant für eine gute Bühne. Denn kurze Besuche und das Registrieren einiger Fakten schaffen keine Bindung. Oberstes Ziel muss sein, ein emotionales

Spannungsfeld zu schaffen, das sogar kleine Korrekturen an unserem Selbstbild ermöglicht. Das ist deshalb erstrebenswert, weil das Unbewusste den Verursachern von Verhaltensänderungen Bedeutung zuschreibt und solche Helfer registriert. Wie lange diese Daten dann gespeichert werden, hängt auch davon ab, ob andere unser korrigiertes Verhalten positiv oder negativ beurteilen. Denn das vernünftige *Ich* hat die Angewohnheit, Erfolge auf das eigene Konto zu buchen und Misserfolge auszulagern. Auch das sollten soziale Plattformen vermehrt berücksichtigen.

Persönlichkeitseigenschaften zu verändern, ist eine schwierige und langwierige Aufgabe, die Verantwortliche für Social-Media-Aktivitäten lieber nicht an sich reißen sollten. Aber wenn eine Kirche jungen Mitgliedern die Möglichkeit gibt, im Netz einen Online-Kurs anzubieten, der älteren Gemeindmitgliedern den Gebrauch eines Mobiltelefons lehrt, dann verändert das den Alltag von Senioren. Zumal sich diese Jugendlichen sogar für eine Hotline und die Beantwortung von E-Mail-Fragen zur Verfügung stellen.

Wie tauscht sich Ihr Unternehmen mit seinen Kunden aus, wenn diese Geburtstag haben? Belästigen Sie diese dann auch mit der Geschichte von Textbausteinen? Oder bieten Sie ihnen etwas Schöneres? Unter den rund 40 gesammelten Grüßen, die mir Unternehmen per E-Mail zu meinem runden Geburtstag geschickt haben, fanden sich genau zwei, die das Prädikat „Social Media geprüft" verdienen. Sieger war ein Viersterne-Hotel in der italienischen Schweiz, das mir im Namen aller Mitarbeiter gratulierte. Allein der kitschige Text und das Bild mit den Gratulanten hob diese Mail von anderen ab. Aber Social Media ist, wenn ich dazu verführt werde, einen Button anzuklicken, um mein Geburtstagsgeschenk abzuholen. Also wurde ich auf eine Seite geführt, auf der mir auch der Koch noch persönlich gratulierte und mich zusehen ließ, wie er meine persönliche Geburtstagstorte schmückt. Und weil virtuelle Süßigkeiten wenig sinnlich sind, war unter dem Bild ein Päckli, das ich öffnen durfte. Darin fand ich das Rezept und den Vorschlag, es doch in aller Ruhe auszuprobieren. Denn damit würde ich mich ebenso beglücken wie meine Freunde. Und wenn ich das Chaos in der Küche wieder in Ordnung gebracht habe, soll ich das Resultat meiner Backkunst doch fotografieren und ihnen ein Bild schicken. Denn dieser Gefallen werde mit einem Gutschein über 30 Euro belohnt, den ich in der besten „Pasticceria" von Lugano einlösen könne. Happy Birthday!

Die Folgen einer Machtverschiebung

Durch das Internet hat sich innerhalb wenigen Jahren eine Machtverschiebung ergeben, die offenbar bei vielen Unternehmen die archaische Angst vor Kontrollverlust weckt. Doch Angst ist bekanntlich ein schlechter Ratgeber. Besser ist es, die

Ursachen dieses Gefühls zu ergründen und mit Hilfe von Storytelling eine Strategie zu entwickeln, die zu einer Beruhigung führt.

Unsere Abenteuerreise beginnt mit der Anerkennung eines realen Verlustes. Durch die Machtverschiebung vom Anbieter zum Nachfrager geraten bewährte Verhaltensmuster in Gefahr, da diese nicht mehr den gewohnten Erfolg bringen. Doch wie wir inzwischen wissen, gehören Aktivitäten mit präventivem Charakter nicht zu den Lieblingsbeschäftigungen des Unbewussten. Es folgt eher der Regel „Ändern, aber nur wenn nötig." Und das ist sicher der Fall, wenn Fortpflanzung und Überleben gefährdet sind. Also wenn wir weniger wachsen und ein höheres Sterberisiko haben als unsere unmittelbaren Konkurrenten. Ist der Leidensdruck groß genug, verlässt der Held die Komfortzone und nimmt den Kampf gegen den Störenfried auf. Eine gewisse Handlungsfähigkeit zu behalten, ist seine Form von Prävention. Um die notwendigen personellen und materiellen Ressourcen zu erhalten, könnte man in der Diskussion Geschichten der Kindheit und Pubertät einbringen, in denen es ebenfalls um Machtverlust ging.

Wenn der Entscheid zum Aufbruch gefallen ist, müssen wir zuerst abschätzen, ob wir die Macht mit den bisher verwendeten Waffen zurückgewinnen können. Und da dies äußerst unwahrscheinlich ist, empfiehlt es sich, genau hinzuschauen, womit unser Kontrahent agiert. Es sind dies hauptsächlich und nicht hierarchisch geordnet:

- Beziehungen
- Masse
- Geschwindigkeit
- nicht lineares System
- Eigenmotivation
- Anonymität
- Dauerpräsenz
- Kontrolle über Inhalte
- Verwandlungsfähigkeit
- Geschichten

Da ein kluger Held genau abwägt, wo und womit er kämpfen will, wird er sich zuerst seine eigenen Stärken in Erinnerung rufen, um danach eine erste Strategie zu entwerfen. Und diese wird selbstverständlich auch von den Ressourcen bestimmt, die ihm zur Verfügung stehen. Die Gewichtung und weitere Bearbeitung der folgenden Gedankengänge fallen also bei jedem Unternehmen anders aus.

Geschichten

Je stärker, einfacher und glaubwürdiger die eigene Geschichte ist, desto schwieriger wird es für Außenstehende, diese zu verwässern oder gar umzudeuten. Es ist möglich, über das englische Kosmetikunternehmen Lush die Geschichte zu verbreiten, die Mitarbeiter seien einem hohen Leistungsdruck ausgesetzt. Aber es ist äußerst schwierig, die starke und glaubwürdige Story anzugreifen, es sei richtig, auf Tierversuche zu verzichten und wirksame Produkte mit frischen Naturprodukten herzustellen. Es ist auch möglich, Harley-Davidson mit Geschichten anzugreifen, die von Technik und Rennerfolgen handeln. Aber dem „Harley-luja" etwas Glaubwürdiges entgegenzusetzen, schaffen selbst fundamentalistische Religionskritiker nicht.

Fazit: Strategisches Social-Media-Marketing beginnt mit der Suche nach der eigenen starken Geschichte.

Verwandlungsfähigkeit

Eigene Möglichkeitswelten ausloten und die kindliche Lust am Verkleiden leben zu können, gehören zu den stärksten Antrieben, sich an einer sozialen Plattform zu beteiligen. Doch das heißt nicht, die Nachfrager hätten das menschliche Grundbedürfnis nach Sicherheit verloren. Im Gegenteil! Je größer der Entscheidungsspielraum der Kunden, desto wichtiger wird die Identität eines Unternehmens. Teil der Milchstraße zu sein ist zwar schön, aber Fixsterne geben Orientierung.

Fazit: Die Social-Media-Aktivitäten eines Unternehmens bedingen eine organisatorische Hierarchie, die dafür sorgt, dass auf der Bühne kein Chaos ausbricht.

Kontrolle über Inhalte

Kein Unternehmen der Welt kann den Nachfragern vorschreiben, wofür sie sich interessieren und worüber sie sprechen möchten. Statt dies offen oder versteckt trotzdem zu versuchen, sollte man die Demokratisierung von Inhalten und die aktive Gestaltung von Wirklichkeit lieber willkommen heißen. Zumal dies nicht bedeutet, mit allem einverstanden zu sein, was jemand erzählt. Daher darf ein Unternehmen auch kundtun, welche Geschichten es für wert hält, weitererzählt zu werden. Es darf sogar klar äußern, was seine Identität gefährdet und deshalb anderswo ein Publikum finden muss.

Fazit: Wer seinen Stil gefunden hat und ihm treu bleiben will, besitzt mehr Legitimität, sich von Inhalten abzugrenzen, die er nicht teilt.

Dauerpräsenz

Es liegt in seiner Natur, dass das Web 2.0 keine Ruhepausen kennt. Die Angst, diesem Dauerrauschen mangels genügender Ressourcen nichts entgegenhalten zu können, ist verständlicherweise bei kleinen und mittleren Unternehmen groß. Dagegen hilft es auch wenig, eigene Mitarbeiter auf verschiedenste Art dazu motivieren zu wollen, Aktivitäten auf den sozialen Medien des Arbeitgebers als spannende Freizeitbeschäftigung anzusehen. Besser ist, sich mit Tools zu beschäftigen, die auf die immer gleichen Geschichten automatisierte Antworten geben. Und für neue Aufführungen dürfen auch klare Zeitfenster benannt werden. Zum Krisenmanagement größerer Unternehmen gehört allerdings ein Warnsystem, um im Notfall reagieren zu können, wenn selbst bei geschlossenem Fenster eine gute Geschichte gefragt ist.

Fazit: Nachfrager, die eine Geschichte erzählen wollen, sollten dies tun dürfen, wann immer sie wollen. Nimmt ein Anbieter für sich das verständliche Recht heraus, die Bühne nur zu bestimmten Zeiten zu betreten, sollte er dies kundtun.

Anonymität

Nicht immer als der Erfinder einer Geschichte erkannt zu werden, entspricht aus verschiedenen Gründen einem menschlichen Bedürfnis. Wie weit ein Unternehmen dem nachgeben will, muss es sich gut überlegen. Dabei sollte allerdings auch der Aufwand in Erwägung gezogen werden, der für die Verhinderung von Anonymität und die Bezahlung eines Moderators notwendig ist. Wie ich aus meiner Erfahrung als langjähriger Amazon-Rezensent weiß, kann der Verzicht auf den Rausschmei-ßer viel Sympathie kosten, wenn eine Plattform zum Schauplatz für Psychopathen wird. Grundsätzlich gilt, dass reale Personen mehr Aufmerksamkeit genießen als Herr und Frau „Unbekannt". Wo dies zur Strategie passt, sind Einschränkungen der Anonymität daher zu empfehlen. Anbieter können sich auch die Einführung einer Kunstfigur überlegen und diese mit stimmigen menschlichen Eigenschaften zum Leben erwecken.

Fazit: Ein identifizierbarer Erzähler erhöht die Glaubwürdigkeit einer Geschichte. Menschen möchten primär mit Menschen und nicht mit Abteilungen oder anony-men Stellvertretern sprechen.

Eigenmotivation

Antworten auf die Frage „Wo ist mein Platz in dieser Welt?" zu finden, gehört zu den stärksten Antrieben, soziale Medien zu nutzen. Allein die konsequente Berücksichtigung dieser Motivation erhöht die Wahrscheinlichkeit, dieses Marketinginstrument besser als die Konkurrenz einzusetzen. Aber da unser neurologisches Belohnungssystem nicht nur auf Anerkennung und Sicherheit reagiert, wird der Applaus für eine Geschichte — als Klick auf den „Gefällt mir"-Button — auch gekauft. Wie weit man sich als Unternehmen auf den Wettbewerb um die attraktivsten Preise einlassen will, muss bei der Entwicklung einer Strategie ebenfalls geklärt werden.

Um der Eigenmotivation der Nachfrager etwas Ebenbürtiges entgegenzusetzen, muss ein Unternehmen eine glaubwürdige Geschichte erzählen, die nicht nur von Gewinnzahlen und Konkurrenzdruck handelt. Das gelingt aber nur, wenn die Kerngeschichte eines Unternehmens Sinnlücken füllt und in irgendeiner Form zu einer besseren Welt beiträgt.

Fazit: Zur Eigenmotivation eines Unternehmens, Social-Media-Marketing zu betreiben, gehört mehr als der Wille, Nachfrager über Produkte und Dienstleistungen zu informieren. Wer Kunden aktiv einbeziehen will, muss ihnen Geschichten erzählen, die einen realen Gegenwert für das Geschenk ihrer Aufmerksamkeit enthalten.

Nicht lineares System

Die Eigenheiten von Social Media bringen es mit sich, dass sich der Verlauf einer Geschichte weder vorhersagen noch genau planen lässt. Aber weil es dieses Phänomen schon vor dem digitalen Zeitalter gab, sind wir nicht ganz ratlos, wie dem Unplanbaren zu begegnen ist. Auch Künstler haben sich gefragt, was in sozialen Systemen resonanzfähig ist, um ihren Geschichten ein tragendes Gerüst zu geben. Und seit wir dem Gehirn beim Arbeiten zusehen können, wissen wir, dass auch das Unbewusste nach Mustervorlagen sucht, die Prognosen erleichtern. Für das Marketinginstrument Social Media bedeutet dies, durch Andocken an die maßgeblichen Geschichten der Zielgruppen Resonanz auszulösen und die eigene Kerngeschichte in passenden Formen immer wieder neu zu erzählen. Und je stärker sich das Unternehmen selber einbringt, desto weniger planlos ruft das Publikum zurück.

Fazit: Zum professionellen Umgang mit sozialen Medien gehört das Beobachten und Entdecken von Regelmäßigkeiten, aus denen sich verhaltensrelevante Muster ableiten lassen. Werden diese als Geschichten formuliert, erleichtert dies Prognosen über Inhalt und Verlauf künftiger Geschichten.

Geschwindigkeit

Der Siegeszug von Social Media macht Bemühungen um Entschleunigung im beruflichen und persönlichen Alltag noch schwieriger. Wer eine Geschichte nicht sofort kommentiert, aufnimmt oder fortsetzt, riskiert den Vorwurf von mangelndem Interesse. Aber wer nicht schneller laufen kann, sollte es auch nicht versuchen. Kurz innehalten und beobachten, wer ihn aus welchen Gründen überholt, ist meist die bessere Strategie. Zumal im sozialen Netz der Einzelne oft mit dem Ganzen verwechselt wird.

Gute Geschichten haben eine längere Wirkungsdauer, weil sie freiwillig verarbeitet werden und deshalb Zeit brauchen. Und selbst im Reklamationsmanagement zeigt sich, dass Verzögerungen in Kauf genommen werden, wenn nach der automatisierten Antwort „Wir haben Ihre Geschichte gehört" eine bessere und längere Geschichte folgt.

Fazit: Auch im Social-Media-Marketing ist Qualität meist besser als Geschwindigkeit. Wer Besuchern die eigenen Tempolimits bekannt gibt und diese verständlich begründet, darf sogar damit rechnen, Sympathiepunkte zu erhalten.

Masse

Einer großen Herde zu folgen, gibt Sicherheit, auch wenn das im dümmsten Fall mit dem gemeinsamen Sturz von der Klippe enden kann. Aber zumindest bis es soweit ist, lassen sich leichter Kontakte knüpfen. Diese Beobachtung verführt viele Unternehmen dazu, möglichst schnell möglichst viele Besucher zu gewinnen. Doch Facebook ist nicht identisch mit Social Media, sondern ein Kanal, ein soziales Netzwerk. Und ein Freund ist noch lange kein Freund, nur weil ihn Mark Zuckerberg so nennt.

Nach Masse zu streben ist auch deshalb verführerisch, weil sich Zahlen so leicht in Excel-Tabellen einfüllen lassen. Aber selbst ausgebuffte Bestseller-Autoren suchen zuerst nach einer Idee, bevor sie nach dem Publikum schreien. Wer sich nicht damit zufrieden gibt, nur die Dummen, Verunsicherten und Gierigen zu erreichen, nimmt Masse zwar dankbar an, setzt die verlockende Zahl aber nicht ins Zentrum seiner Strategie. Er glaubt lieber daran, dass eine gute Geschichte auch ein großes Publikum findet, wenn bei der Vermarktung keine gravierenden Fehler passieren.

Und weil die wirklich guten Wettbewerbe ebenfalls Geschichten abrufen und generieren, gehören sie zu den legitimen Mitteln, Besucher einzuladen. Was „gut" im Zusammenhang mit Wettbewerb heißt, wäre ein eigenes Kapitel wert, sollte aber nach der Lektüre dieses Buches einigermaßen klar sei. Der Story-Check kann jedenfalls auch als Kontrollinstrument für die Qualität von Gewinnspielen gebraucht werden.

Fazit: Die Devise „Qualität vor Quantität" empfiehlt sich auch für Social-Media-Aktivitäten. Wer eine Bühne hat, auf der gute Geschichten ausgetauscht werden, darf damit rechnen, dass sich die Menschen in den Saal drängeln.

Beziehungen

Der erzwungene Abschied vom Homo oeconomicus und die wissenschaftliche Begründungen, warum die soziale Einbettung für den Menschen überlebenswichtig ist, haben das traditionelle Marketing aufgerüttelt und den Blick für Social Media geschärft. Lieber verzichtet er auf den besten aller Haarschnitte als auf Geschichten, die ihm andere erzählen. Oder anders gesagt: Social-Media-Marketing ist Beziehungsmarketing mit digitalen Medien. Je konsequenter dies berücksichtigt wird, desto größer der Erfolg. Erstaunlich ist eigentlich nur, dass Storytelling noch nicht überall zum Pflichtprogramm gehört.

Social-Media-Aktivitäten mit digitalen Technologien müssen mit Menschen rechnen, deren Unbewusstes schon früh gelernt hat, was Werbebotschaften sind. Es ist daher naiv zu glauben, das Publikum könne nicht zwischen Werbung und einer ernst gemeinten Beziehungsaufnahme unterscheiden. Oder mit Goethes Worten: Man merkt die Absicht und ist verstimmt. Und weil verärgerte Nachfrager lieber dorthin gehen, wo ihr Wunsch nach Beziehungen ernster genommen wird, sollte Social Media nicht für plumpe Verkaufsmethoden missbraucht werden.

Fazit: „Märkte sind Gespräche" lautet eine der wichtigsten Thesen des im Jahr 2000 publizierten „Cluetrain Manifest". Social Media ist da, um solche Gespräche zu ermöglichen oder zu erleichtern. Wer das nicht befolgt, wird abgestraft.

Machtverschiebung als Gewinn

Ein Verzicht auf Social Media kann sich auf Dauer kein Unternehmen leisten, sofern die unmittelbaren Konkurrenten diese zusätzliche Chance für Kundenbeziehungen bereits gekonnt nutzen. Allerdings sollte man die Stärken und Schwächen dieses Marketinginstruments kennen und die Prioritäten richtig setzen. Die Technologie ist nicht die Geschichte, sondern lediglich ein Medium, das Geschichten transportiert. Und weil man einen Feind auch besiegen kann, indem man ihn zum Freund macht, sollte man Social Media nicht bekämpfen, sondern als willkommenen Helfer begrüßen, der die Verbreitung einer guten Geschichte erleichtert. Und was eine gute Geschichte auszeichnet, ist inzwischen ja bekannt.

3.2 Verkaufen als Austausch von Geschichten

Als ich meinem neapolitanischen Freund Vittorio sagte, er sei „il più bravo venditore del mondo", wollte ich eigentlich damit sagen, er sei der beste Verkäufer der Welt. Aber eher beleidigt als erfreut entgegnete er, dass er kein „Venditore", sondern ein „Favolatore" sei, ein Fabelerzähler. Gut dreißig Jahre später könnte mir dieses Missgeschick nicht mehr passieren. Denn inzwischen habe ich ebenfalls verinnerlicht, dass es beim Verkaufen um Märchenerzählen geht. Um den Austausch von Geschichten, die nicht an ihrem Wahrheitsgehalt gemessen werden, sondern daran, ob sich Erzähler und Hörer im Erzählten wiederfinden. Daher kann ein guter Verkäufer alles verkaufen, wofür er eine passende Geschichte findet, an die er selber glaubt. Es gibt sie ja tatsächlich, diese geradezu außerirdischen Märchenerzähler, die uns in den Bann ziehen, egal was sie uns verkaufen wollen. Daher wollen wir diese Verkaufshelden auf die Bühne rufen, um von ihnen zu lernen. Also Vorhang auf! Zeigen Sie sich dem Publikum und geben Sie ihm ihre Geheimnisse preis!

Das Äußere

Etwas überrascht stellen wir gleich fest, dass er offenbar wenig von speziellen Kleiderregeln hält. Er scheint zu wissen, dass unser Unbewusstes seinem Verhalten mehr Bedeutung zumisst als der äußeren Erscheinung. Zwar teilt er mit den Hochstaplern die Freude am Verkleiden, tut dies jedoch freiwillig und aus einer anderen Motivation. Veränderungen am Aussehen sollen dem Verkaufen dienen und nicht dem Betrug oder der Absicht, in der Gesellschaft einen höheren Rang einzunehmen. Auf diesen Unterschied legt er zu Recht großen Wert. Und wenn er in den Diensten eines Auftraggebers steht, der ein uniformes Auftreten seiner Verkäufer wünscht, möchte er bei der Kleiderwahl mitreden können. Denn schließlich möchte er sich mit seinem Outfit identifizieren und vertritt die Überzeugung „Qualität ist nie peinlich."

Seine Uniform liebte auch der Kebab-Verkäufer, dessen Deutschkenntnisse nicht ausreichten, um von mir zu erfahren, womit er mir das aufgeschnittene Fladenbrot füllen solle. Denn nach drei gescheiterten Versuchen drehte er mir lachend den Rücken zu und wartete auf meine Antwort. Die bestand ebenfalls aus einem Lachen sowie einem heftigen Nicken, als ich auf seinem roten T-Shirt die beiden Worte „Mit Allem" las. Ich gratulierte ihm zu dieser guten Idee, was zu einem längeren Gespräch und der Bestellung eines zweiten Biers führte, weil er mir stolz erzählte, wie er darauf gekommen ist. Er habe seinem Freund, der Umzüge macht und immer wieder gefragt wurde, ob Altbauten ohne Aufzug ein Problem seien, empfohlen, T-Shirts mit dem Aufdruck „Die kräftigen Männer" herstellen zu lassen. Und dabei habe er sich gefragt, wie er diesen Ratschlag in seine eigene Geschichte einbinden könne.

Aus diesen Beispielen den Schluss zu ziehen, zum Starverkäufer könne nur ein T-Shirt-Fetischist werden, wäre ein Missverständnis. Denn wichtiger als jede Beschriftung ist nach wie vor die Fähigkeit, eine Geschichte ohne Kostüme zum Leben zu erwecken. Ist aber unser Verkaufsheld der Überzeugung, ein Requisit könne seine Geschichte verstärken, wird es in seine Sammlung aufgenommen und bei passender Gelegenheit hervorgeholt. Dazu zählen außer T-Shirts auch Henna-Tattoos, Mützen, Anstecknadel, Armbänder, Uhren und Fanartikel. Zudem weiß der Verkaufsheld natürlich, dass Blickkontakt nicht bedeutet, sein Schuhwerk fände beim Gegenüber keine Beachtung. Nach diesen Erkenntnissen über Eindrücke, die das Äußere hinterlässt, wollen wir einige biografische Gemeinsamkeiten von Verkäufern festhalten, die bewusst oder unbewusst mit Storytelling arbeiten.

Die Biografie

Die Ankündigung, unser Verkaufsheld werde nun über sein Leben berichten, kann merkwürdige Erwartungen wecken. Vor allem bei einem Publikum, das Horoskope und Typologien liebt. Aber Geschichtenerzähler sind Individualisten, deren Biografien zwar gewisse Gemeinsamkeiten aufweisen, die sich jedoch mit feuerroten, sonnengelben, erdgrünen oder eisblauen Etiketten nicht beschreiben lassen. Selbst wenn man solchen Typisierungen mit populärwissenschaftlichen „Beweisen" mehr Gewicht verleiht.

Immerhin ist in einer Typologie, die zwei englische Wissenschaftler im Harvard Business Manager 2/2011 veröffentlichten, auch der Geschichtenerzähler unter den vorgestellten acht Typen. Allerdings kommen diese sieben Prozent nicht allzu gut weg, weil sie zu viel reden würden. Lynette Ryals und Iain Davis stellen nach der Beobachtung von 800 Vertrieblern messerscharf fest, dass nur der „Experte" kaum

Schwächen zeige, den Verkaufsprozess mühelos erscheinen lasse und Kunden glücklich mache. Da solche Studien wenig helfen und nichts über die Biografie eines Verkaufshelden aussagen, sind sie für unsere Zwecke unbrauchbar.

Befragen wir Verkäufer, die erfolgreich Verkaufskurse verkaufen, erfahren wir ebenfalls wenig über biografische Mustervorlagen. Bei diesem speziellen Typus stehen rhetorische Tricks, Superlative, Beispiele anderer und positives Denken amerikanischer Art im Zentrum. Dafür erhalten wir an solchen Aufführungen immerhin eine weitere Bestätigung, dass Storytelling wirkt, wenn der Erzähler an die eigene Geschichte glaubt.

Die Übergröße der amerikanischen Topmanager, Jack Welch, hält Spitzenverkäufer für eine eigene Gattung. Das klingt gut, führt aber zum Missverständnis, ihr Erfolg sei genetisch bedingt. Aber dem ist nicht so. Vielmehr haben ihre Lebensgeschichten zu Prägungen geführt, die beim Verkaufen ein Wettbewerbsvorteil sind. Als Erzähler sind sie mutig, originell, kraftvoll, intelligent, fordernd, neugierig, hartnäckig und verwandlungsfähig. Und sie haben ihre kindliche Lust am Beobachten ins Erwachsenenalter hinübergerettet. Das ist auch ihre beliebteste Form der beruflichen Fortbildung.

Meine eigenen Beobachtungen mit solchen von Studenten zu verbinden und daraus Schlüsse zu ziehen, darf selbstverständlich keinen repräsentativen oder wissenschaftlichen Charakter beanspruchen. Ob meine Annahmen zutreffen, muss also jeder Leser selber entscheiden. Sie finden sich jedenfalls in der Biografie meines Freundes Vittorio und anderer Verkaufshelden und lassen sich folgendermaßen zusammenfassen:

- Wer seinen Platz in der Welt nicht mit Geld, körperlicher Stärke, akademischem Wissen oder gesellschaftlichem Status sichern kann, macht oft die Erfahrung, dass dies auch mit guten Geschichten möglich ist. Daher hält sich die Überraschung in Grenzen, wenn Verkaufshelden kein Curriculum vorweisen können, das bei Personalverantwortlichen großes Entzücken auslöst.
- Der On/Off-Schalter für Geschichtenerzähler ist bei einem Verkaufshelden so schwer zugänglich, dass er ihn meist vergeblich sucht. Damit müssen seine Freunde und Verwandten umgehen können, wenn sie die Beziehung zu ihm nicht unnötig aufs Spiel setzen wollen. „Papi, du musst mir das nicht noch verkaufen" gehört daher zu den Sätzen, die ihn in verschiedenen Varianten daran erinnern sollen, dass man nicht alles verstehen oder in Geschichten verpacken muss.
- Von politischer Korrektheit hält unser Spitzenverkäufer wenig, solange damit auch eine nicht wertende, neutrale Sprache gemeint ist. Ihm deshalb zu unterstellen, er sei gegenüber Minderheiten unsensibel, ist eine völlige Verken-

nung seiner Charaktereigenschaften. Oft ist sogar das Gegenteil der Fall, weil er ja sein Publikum nur erreicht, wenn er ihm das erzählt, was es hören will. So jedenfalls übersetzt er für sich den Allerweltsbegriff „Einfühlungsvermögen".

- Wer einen Verkaufshelden nur bei der Arbeit erlebt, schreibt ihm überdurchschnittliches Selbstvertrauen zu. Er selber sieht dies realistischer, weil er die Erfahrung gespeichert hat, dass dieses besondere Vertrauen ebenfalls eng mit dem Glauben an eine Geschichte verknüpft ist. Erfolgreich zu verkaufen gibt ihm daher ein gutes Gefühl. Bleiben die Gelegenheiten und das Publikum aus, kann auch das Selbstvertrauen unseres Verkaufshelden Risse bekommen.

- Wäre unser Verkaufsheld tatsächlich so fleißig, wie ihm von Typologen zugeschrieben wird, hätte er es wahrscheinlich auch auf dem offiziellen Bildungsweg weiter geschafft. Sein Fleiß rührt vor allem vom Wunsch her, eine Geschichte bis zum Happy End erzählen zu wollen. Die Erfüllung dieses Bedürfnisses ist ihm so wichtig, dass ihm sein Umfeld eine oftmals erstaunliche Hartnäckigkeit attestiert.

- Unter den Dokumenten seiner Kindheit und Pubertät finden sich Programme von Weihnachtsspielen, Schultheatern und Vereinsanlässen, in denen sein Name abgedruckt ist. Ob König, Frosch, Inspektor oder Tagedieb, jede Rolle erleichtert es ihm später, die verschiedenen Personen zu spielen, die in seiner Verkaufsgeschichte auftreten. Denn er ist ja nicht nur Drehbuchschreiber, Regisseur und Erzähler, sondern auch Schauspieler. Daher kann er von einem Produkt locker in der Ich-Form berichten. Seine schauspielerischen Fähigkeiten unterscheiden ihn übrigens von den meisten Geschichtenerzählern, die sich Schriftsteller nennen.

- Verkaufshelden wie Vittorio und seine weiblichen Varianten sind Genussmenschen. Ihn deshalb auf der limbischen Karte von Hans-Georg Häusel nur auf dem Feld der Hedonisten zu suchen, wäre falsch. Zumal Häusel diese Klassifikation vor allem auf Käufer anwendet, die zu den „Early Adoptern" gehören und es als besondere Lust empfinden, neue Produkte als Erste in den Händen zu halten. Die Lust der Spitzenverkäufer ist eher die Freude am Sinnlichen in all seinen Facetten, also auch die Freude am Spiel mit allen Sinneskanälen. Doch es müssen keine lauten Töne, schrille Farben und extravaganten Düfte sein, wenn sich das erwünschte Resultat auch anders erzielen lässt. Zu seiner Vorstellung von Genießen gehört das Verweilen bei Kleinigkeiten, das Erinnerungen an schöne Momente auslöst und so eine Wiederholung erlaubt.

- Messdiener und Ministranten werden später nicht automatisch zu guten Verkäufern. Aber früh mit dem Geschichtenschatz einer Religion in Kontakt zu kommen, ist ein Wettbewerbsvorteil. Denn schließlich gehört es zum Wesen jeder Religion, Antworten auf die Fragen zu geben, die uns während unseres ganzen Lebens beschäftigen. Und wer einer Religionsgemeinschaft angehört, die wie das Judentum oder der Katholizismus auch auf die Kraft von Ritualen setzt, weiß instinktiv, dass Rituale Sicherheit geben. Dieses Gefühl brauchen wir selbst in Übergangszonen, die nicht so dramatisch sind wie der Verlust eines Menschen. Auch wenn ein Objekt seinen Besitzer wechselt, geschieht etwas Wesentliches. Daher ist dieser Akt für einen Spitzenverkäufer eine weitere Gelegenheit, Kunden eine Geschichte zu erzählen. Ob er sie nur mimisch vorträgt oder in verführerische Worte fasst, entscheidet er meist spontan. Für einen Verkaufshelden wäre es nichts Esoterisches, in einem Verkaufsprozess nach religiösen Elementen zu suchen.

Diese Gelegenheit hatte ich, als ich nach einem Storytelling-Workshop von einem Unternehmen den Auftrag erhielt, bestehende Rituale auf dem Weg zum definitiven Verkaufsabschluss zu verbessern und neue zu erfinden. Und schnell stellte sich heraus, dass allzu detaillierte Drehbücher ebenso sinnlos sind wie das Auswendiglernen von klugen Antworten für Vorstellungsgespräche. Es genügte, die Sinnlücken zu finden und grobe Mustervorlagen für das Füllen bereitzustellen. Bei der konkreten Umsetzung mit den Verkäufern bemerkte einer von ihnen, diesen Vorschlag habe er bereits vor drei Jahren gemacht. Es lohnt sich, Verkaufshelden mit der Einführung von Storytelling den Freiraum zu geben, den ihr intuitives Wissen braucht.

Die Vorbereitung

Um mit sauberen Schuhen aus dem Haus zu gehen, brauchen Verkaufshelden keine Checkliste. Vittorio kannte solche Hilfsmittel ebenso wie andere Meister der Verführung. Was wirklich zählt, haben sie längst verinnerlicht. Aber sie setzen noch immer viel Zeit ein, um den Kern einer Geschichte herauszuschälen, die vom Produkt oder der Dienstleistung handelt, die sie verkaufen müssen. Und wenn sie auf wichtige Fakten stoßen, die das Publikum hören will, dann verwandeln sie diese schon bei ihrer Vorbereitung in eine Geschichte. Besteht die Besonderheit einer Handcreme darin, sofort in die Haut einzuziehen, dann denken sie sich eine Geschichte aus, in der diese Eigenschaft der Held ist. Eine solche Story kann auch mit einer Szene beginnen, in der ein Junge sich vor seiner Klasse blamiert, weil er wegen einer verdammten Handcreme als einziger die Kletterstange nicht schaffte, während draußen die Mädchen standen und ihre Jungs anfeuerten.

Obwohl viele Verkaufshelden ein Notizbuch führen, in dem sie ihre Beobachtungen festhalten, vertrauen die meisten ihrem Gedächtnis. Immerhin überprüfen sie vor wichtigen Auftritten dessen Funktionstüchtigkeit, indem sie ihrem Probepublikum ungefragt eine Anteprima, eine Voraufführung, gönnen.

Für bedeutende Auftritte, bei denen nur ein Zuschauer im Publikum sitzt, überlegen sie vorher, womit sie dieser Person eine kleine Zusatzfreude machen können. Damit sind weder Scheine noch Wertgegenstände gemeint, sondern Dinge, die einen Bezug zur erzählten Geschichte haben. Eigentlich erstaunlich, dass dem Zuhörer lediglich eine Broschüre übergeben wird, nachdem er seine Zeit und Aufmerksamkeit einer Geschichte schenkte, in der ein Haus oder ein teures Auto die Hauptrolle spielte. Also wird der Spitzenverkäufer auch bei denen vorstellig, die für die Bereitstellung eines Legobaukastens oder eines Spielzeugautos zuständig wären. Oder er kauft gleich selber ein. Zu diesem Schritt hat sich jedenfalls ein befreundeter Anlageberater entschlossen, dem das Überreichen von Agenden, Schreibwerkzeugen und Taschenmessern inzwischen peinlich war. Auf eigene Kosten ließ er in China rosarote Sparschweinchen herstellen, auf deren fetten Bäuchen „Und was, wenn ich voll bin?" stand. Der Kunde, der sich bei der Geschäftsleitung für das nette Geschenk bedankte, war allerdings auch die letzte Person, die ein solches Sparschwein bekam. Die schriftliche Rüge von oben enthielt außer Textbausteinen zur Corporate Identity des Unternehmens auch seltsame Überlegungen zu den Themen Eigeninitiative und kindlichem Verhalten.

Sind die computertechnischen und grafischen Kenntnisse eines Verkaufshelden bescheiden, wendet er sich an jemanden, der ihm die Situation erspart, eine gute Geschichte durch Excel-Tabellen, Kuchendiagramme und Powerpoint-Präsentationen zu vermasseln. Denn wären solche Visualisierungen beliebt, würden sie schon in Kinderbüchern und Jugendzeitschriften auftauchen oder in Hollywoodfilmen zu den Requisiten des Guten gehören. Es ist deshalb kein Zufall, dass viele Verkäufer gerne zu Farbstiften greifen. Sich mit Strichmännchen behelfen zu müssen, ist eine Geschichte, die dem größten Teil des Publikums bekannt ist. Auch gemeinsames Scheitern verbindet.

Unternehmen wie Lush oder Manufactum erleichtern ihren Verkäufern die Vorbereitung, indem sie Storytelling in ihrer Produktbeschreibung einsetzen. Die Kataloge, Broschüren und Newsletter dieser erfolgreichen Geschichtenerzähler kann ich allen empfehlen, die konkrete Beispiele aus der Praxis suchen. Das klingt bei einem banalen Einlegeblatt für ein belgisches Notizbuchsystem dann so: „Das Strichmännchen gewinnt Tiefe, wenn Sie es, nach etwas Übung, auf dieses Papier kritzeln. Aber nicht nur zum Zeitvertreib während langweiliger Telefongespräche, sondern auch für den gestalterischen und konstruktiven Geistesblitz. Verblüffend, wie schnell selbst perspektivisch unbegabte Menschen mit diesem Hilfsmittel die dritte Dimension zeichnen können." Oder für eine Stabfilterkanne von Manufactum so: „Was in der Nähe machbar ist, soll aus der Nähe kommen. So lautet, kurz zusammengefasst, von Anfang an einer unserer sortimenterischen Leitsätze. Allein, Nähe wird zunehmend relativ — auf der Suche nach einer schlichten Stabfilterkanne sind wir über einen vermeintlich amerikanischen Anbieter bis nach Fernost gelangt, in die chinesische Provinz Guangdong nämlich. Von dort kommt die folgende Kanne. Warum wir Ihnen trotzdem diese und keine andere Kanne anbieten? In erster Linie und hauptsächlich, weil sie in Material und Verarbeitung tadellos ist. Kein Teil ist aus Kunststoff, der doppelwandige Edelstahlkörper nahtlos und sauber poliert. In zweiter Linie, weil uns bei der Suche keine Stabfilterkanne aus deutscher (oder europäischer) Produktion über den Weg kam, die uns nur annähernd so überzeugt hätte." Selbst unbegabten Verkäufern fällt bei einer solchen Vorlage etwas Sinnlicheres ein als „Stabfilterkanne aus Edelstahl".

Das Verkaufspersonal von Lush wird für die wichtigsten Wochen mit einer speziellen Weihnachtszeitung für Storytelling fit gemacht, die natürlich auch Kunden mitnehmen dürfen. Das Shower Gel Twilight wird darin so beschrieben: „Twilight, weil wir alle aus Sternen gemacht sind. Ein wunderbares Lavendelduschgel, das dich beruhigt und entspannt und dir beim Übergang von Tag zur Nacht hilft. Alle, die sich eine gute Nacht wünschen, werden dieses lavendelbepackte Duschgel lieben. Das perfekte LUSH-Weihnachtsgeschenk für alle AbendduscherInnen! Wir machen es mit einer Mischung aus Lavendelblütenaufguss und Ylang Ylang. Dieses entspannende, tief lila glitzernde Duschgel verwendest du am besten, kurz bevor du ins Bett gehen möchtest und wenn du keinen Bock darauf hast, ewig Schäfchen zu zählen."

Die Geschichte eines Produktes kann auch seine Erfinderin erzählen, wie das folgende Beispiel zeigt: „Die Inspiration für diese Dose kommt von den Weihnachtsengeln, die ich als Kind in der Schule gebastelt habe. Ich machte meine aus Folienkarton, Zahnstochern und Dekokuchenpapier, aus dem ich die Flügel gefaltet habe. Ich habe noch dies und das draufgeklebt. Ich wollte die Dose mädchenhaft gestalten, damit der Inhalt zur Dose passt. Gleichzeitig wollte ich ein Design, das so leuchtend, farbig und hübsch ist, damit du die Dose behalten willst." Ob Molly das tatsächlich so gemacht, erlebt und erzählt hat, ist dem Publikum ziemlich egal. Hauptsache, es glaubt ihr.

Die innere Einstellung

„Ich möchte Verkäufer werden." Mit diesem Wunsch konfrontierte mein Patenkind mir zuliebe den Berufsberater, der sich um die Zukunft von Olivers Klasse kümmern musste. Und irritiert antwortete der staatliche Wegbegleiter, selbst wenn Oliver damit „Kaufmann im Einzelhandel" meine, sei das unter der Würde eines Gymnasiasten. Er solle zuerst etwas Anständiges studieren und könne später noch immer in den Verkauf gehen, wenn er als Kind gerne mit dem Krämerladen gespielt habe.

So seltsam diese Beratung war, hatte der Berufberater immerhin erfasst, dass sich vorpubertäre Erfahrungen auf die innere Einstellung seiner Schützlinge auswirken können.

Eine der vielen Definitionen für „innere Einstellung" lautet: „zielgerichtetes Handeln des Menschen zum Zwecke der Existenzsicherung und zugleich wesentliches Moment der Daseinserfüllung." Das trifft natürlich auch für die Tätigkeit eines Spitzenverkäufers zu. Und weil Provisionen die Existenzsicherung erleichtern, akzeptiert er diese Art der Entlohnung. Aber sie sind nicht die Hauptmotivation, um es in der Kunst des Geschichtenerzählers zum Meister zu bringen.

Selbst mit Testbatterien, die etwas taugen, lässt sich kaum erfassen, welche innere Einstellung einen Verkaufshelden auszeichnet. Die folgende Annäherung beruht daher auf Beobachtungen und persönlichen Begegnungen mit guten Verkäufern.

Bereitschaft zum Verlieben

Wer als Verführer Erfolg haben möchte, ist prinzipiell dazu bereit, sich immer wieder neu zu verlieben. Das heißt allerdings nicht, in den Biografien von Spitzenverkäufern würden sich keine goldenen Hochzeitstage finden. Denn wie uns Neurowissenschaftler inzwischen bestätigen, unterscheidet sich die Phase der Verliebtheit in einigen wesentlichen Punkte von dem, was wir gemeinhin „Liebe" nennen.

Wie jeder Verliebte nimmt es unser Verkaufsheld in Kauf, sich von der Außenwelt zu isolieren und die Zuschreibungen „durchgeknallt" und „asozial" zu ertragen. Denn ist er in einer Geschichte drin, kann ihn kaum jemand daran hindern, seine eigenen Worte zu wählen und sich in seiner Welt zu verlieren, bis die Geschichte zu ihrem glücklichen Ende gekommen ist.

Mit Verliebten verbindet ihn zudem der Wunsch, das Glücksgefühl in die Zukunft zu visualisieren. In die Vergangenheit führt er sein Gegenüber, wenn er in ihm die Frage auslöst: „Warum habe ich dieses Produkt nicht schon lange gekauft?" Und in der Gegenwart hält er sein Publikum, wenn es denkt: „Zum Glück haben wir endlich jemanden gefunden, der uns genau diese Geschichte erzählt!"

Als guter Verkäufer verspricht er nicht die ewige Liebe oder dauerndes Glück, sondern Glücksmomente, die sich wiederholen lassen. Der Vorwurf an Verliebte, sie würden alles durch eine rosarote Brille sehen, geht selbstverständlich auch an ihn. Doch was seine Kritiker als Illusionen bezeichnen, sind für ihn Visionen einer wünschenswerten Zukunft. Diese entwickelt er zusammen mit dem Kunden. Statt auf den Knopf für die Sitzheizung zu drücken, erzählt er lieber, wie schön es sein wird, den Pelzmantel beim Einsteigen ins neue Auto mit einem Lächeln auf dem Gesicht und passender Theatralik auszuziehen und liebevoll auf die Rückbank zu legen.

Seine ständige Bereitschaft, sich zu verlieben, erleichtert dem Verkäufer, einen Partner immer wieder neu zu entdecken. Was hasst und liebt er? Welche Träume und Ängste beschäftigen ihn? Wo kann er seine Neigungen und Fähigkeiten am besten ausleben? Worauf ist er besonders stolz? Was übersehen andere allzu leicht? Und über welche Themen spricht er am liebsten?

Mit seinen Geschichten lediglich ein paar Sympathiepunkte zu sammeln, genügt einem Verkaufshelden nicht, weshalb er auch jede Halbherzigkeit ablehnt. Die überlässt er gerne denen, die als Mauerblümchen darauf warten, bis vielleicht irgendwann ein Prinz vorbeireitet, um sie zu erlösen. Wer mir an einem Messestand den Rücken zuwendet oder gelangweilt vor seinem Laptop sitzt, will sich offenbar gar nicht vorstellen können, dass sich jemand für seine Geschichten über Ideen, Produkte oder Dienstleistungen interessiert. Der Verkaufsheld kann auf andere zugehen, weil er in jedem Menschen eine Kleinigkeit entdeckt, in die er sich vielleicht verlieben könnte. Und wenn er einen Prinzen unbedingt befreien will, zögert er nicht, den Frosch an die Wand zu werfen. Man muss das Publikum aus den Grenzen des Vorstellbaren herausholen, um Begeisterung zu wecken.

Kann ein Verkäufer auch Erfolg haben, wenn er sich nicht in sein Produkt verliebt, mit dem er das Publikum verführen will? Die Frage stellt sich wohl jeder, der schon in eine Aufführung geriet, an deren Ende er etwas kaufte, in das er sich selber nie verlieben konnte oder das ihm sogar Schaden zufügte. Und das müssen nicht nur Finanzprodukte sein. Trotzdem glaube ich, dass es zur inneren Einstellung eines erfolgreichen Verkäufers gehört, in einem Produkt Eigenschaften zu sehen, für die er sich begeistern, in die er sich verlieben kann. Und sei es auch nur, es als Möglichkeit zu betrachten, die Geschichte der sieben Todsünden aufzuführen, wozu Hochmut, Geiz, Wolllust, Völlerei, Neid, Zorn und Faulheit gehören. Ist ihm das zuwider und liebt er langfristige Kundenbeziehungen, verzichtet er auf den Verkauf solcher Produkte.

Der freie Wille

Mein persönlicher Verkaufsheld Vittorio interessierte sich sehr für meinen Ansatz, die Kunst des Verkaufens als Variante des Geschichtenerzählens zu sehen. Doch er konnte sich nie damit abfinden, dass viele Neurowissenschaftler ihm und seinem Publikum den freien Willen absprechen. Dieser Widerstand gegen ein Modell, das mit dem gesunden Menschenverstand und der Selbstdarstellung des Bewusstseins kollidiert, konnte unsere Freundschaft nicht gefährden. Und vielleicht hatte er sogar Recht, wenn er meinte, es lohne sich nicht, über den freien Willen zu diskutieren.

Faktum ist, dass alle Spitzenverkäufer, die ich persönlich kenne, an die Existenz des freien Willens glauben. Von diesem Glauben abzukommen, würde ihnen auch die Lust am Verführen nehmen und einen Machtverlust bedeuten. Denn jeder Verkauf ist auch ein Sieg über den freien Willen.

Wer solche Siege erringen will, ist auch nicht der Ansicht, der Ausgang einer Entscheidung sei das Ergebnis bloßer Zufälle. Verkäufer vertrauen ihrer Erfahrung, dass der Mensch selbst dann nach kausalen Erklärungen sucht, wenn es keine gibt. Also betrachten sie es als eine Form von Dienstleistung, Geschichten zu erzählen, aus denen sich passende Erklärungen ableiten lassen.

Für einen guten Autoverkäufer ist der Zufall bei keinem Unfall beteiligt. Der blöde Pfosten steht nur deshalb hinter dem bisherigen Wagen, weil ihn die Überwachungskameras des neuen Modells nicht gesichtet haben. Und wenn sich Unvorhergesehenes nicht wegdiskutieren lässt, baut man es eben schnell und passend in eine Geschichte ein. Auch das ist eine innere Einstellung, die beim Verführen hilft. Vor allem, wenn sich Außenstehende in ein Gespräch einmischen und dadurch den geplanten Ablauf stören.

Weil ein Verkaufsheld kein Gefangener seiner eigenen Geschichte ist, kann er eine neue Information sogar so in seine Geschichte integrieren, dass ihr Überbringer im Publikum Platz nimmt und nicht selten bis zum Ende der Aufführung bleibt. Aus dem gleichen Grund gehört die Lust am Zuhören zu seinen inneren Werten, für deren Aneignung er jedoch keinen Kommunikationskurs besuchen musste. Er hat einfach die Erfahrung gemacht, dass Fragen seine Geschichten vorantreiben können, auf erlebte Geschichten des Publikums hindeuten und neue Fragen aufwerfen, die er im Sinne seiner Erzählung beantworten darf.

Wenn ihn ein Kunde mit der Frage unterbricht, ob er dieses Duschgel auch für die Haare gebrauchen könne, erhält er deshalb vielleicht die Antwort: „Wenn Sie den seidigen Glanz durch einen betörenden Duft verstärken wollen, würde ich Ihnen dieses Produkt sogar empfehlen. Und wollen Sie Ihrer Haarpracht wieder einmal Wellness-Ferien schenken, ergänzen Sie Ihre Wundermittel am besten mit einem Produkt, das genau dafür gemacht ist, alle Ihre Wünsche zu erfüllen." Streicheleinheiten verteilt unser Verkaufsheld aus freiem Willen an alle, die ihre Autonomie gerne aufgeben, wenn sie dafür Teil einer Geschichte werden können, die ihnen gefällt.

Der Idealist

„Ich bin ein Idealist ohne Heimat", meinte Vittorio, als ich ihn fragte, warum er die Anfrage abgelehnt habe, der Partei beizutreten, die an seinem Wohnort das Sagen hatte. Und als er in Bratislava zum Unternehmer wurde, überraschte er auch die Vertreter der politischen Opposition mit passenden Weihnachtsgeschenken. War mein neapolitanischer Freund deshalb ein Opportunist? Ja, wenn damit gemeint ist, eine günstige Gelegenheit zu nutzen, um eine Geschichte erzählen zu können. Nein, wenn er damit seine eigenen Wertvorstellungen verrät.

Die falsche Tanksäule, den falschen Zähler, die falsche Füllmenge und am Schluss noch das falsche Wechselgeld. Aber ohne zu erröten meinte der Tankwart lächelnd: „Ma Lei e più furbo di me!", aber Sie sind ja noch schlauer als ich! Furbezza, also Schlauheit, gilt im Land der Geschichtenerzähler als Kompliment. Meine Version der Episode „Benzin auffüllen und bezahlen" hat gewonnen, weil ich schlauer war.

Schlau ist auch ein Verkäufer, der seine Mission nicht aufs Spiel setzt, um sich präventiv gegen den Vorwurf zu wehren, er habe keine Ideale. Denn das trifft nicht zu, wenn wir uns daran erinnern, dass sich dieser Begriff ursprünglich vom Verb „sehen" ableitet. Also schauen wir genauer hin, was ein Verkäufer sieht, um zum guten Geschichtenerzähler zu werden.

Das Paradies

Niemand geht ins Kino, um missmutige Büroangestellte zu sehen, die sich um ein Kopiergerät drängeln. Dieses hat gefälligst so frei zu sein wie die Straßen auf dem Weg in den Urlaub. Das reale Leben ist schon hart genug. Und wenn wir uns freiwillig mit Problemen anderer konfrontieren lassen, möchten wir wenigstens eine Lösung sehen oder zumindest die Hoffnung haben, es gäbe eine.

Den Mythos von der Vertreibung aus dem Paradies können wir verschieden interpretieren. Evas Biss in die verbotene Frucht ist aber nicht nur Metapher für Ungehorsam und die Abkehr von Gott. Denn schließlich hing der Apfel oder die Feige am Baum der Erkenntnis. Wir dürfen also annehmen, dass in der Genesis auch die Entstehung des Bewusstseins und damit der Verlust der kindlichen Unschuld beschrieben wird. Mit diesem Verlust will sich ein Verkaufsheld offenbar ungern abfinden. Und weil er darauf setzt, dass es den meisten so geht, hat er keine Angst, Geschichten von der Sehnsucht nach dem Paradies zu erzählen. Diese spezielle Furchtlosigkeit verschafft ihm einen großen Wettbewerbsvorteil gegenüber allen Konkurrenten mit einer starken Abneigung gegen Kitsch. Die sind wenig überraschend vor allem in Kreisen zu finden, in denen dem Bewusstsein noch immer eine bedeutende Rolle bei der Entscheidungsfindung zugestanden wird. Denn für viele Intellektuelle und Akademiker geht es bei der Verunglimpfung von Kitsch um die Rettung des Glaubens an die heilige Vernunft.

Der schmalzige und schnulzige Verführer holt sein Publikum im Garten Eden ab, also dort, wo Denken verboten ist und auch der Verstand versinkt, wenn die Sonne blutrot am Horizont untergeht. Kitsch ist ein bunter Luftballon, der sofort zerplatzt, sobald wir über seine Form oder seinen Inhalt sinnieren. Für Aufklärungsarbeit sind Beipackzettel und Gebrauchsanweisungen da, nicht Geschichten von Illusionen und menschlichen Sehnsüchten.

Am Kitsch hängt ein Gutschein für eine Reise in die Zukunft oder in die verlorene Heimat der Kindheit. Und der Verkaufsheld weiß auch, dass Erlebnisse im verlorenen Paradies prägende Spuren hinterlassen, die selbst im Erwachsenenalter noch sichtbar sind. Eine Symbolsprache , die sich an der Zeichenwelt unseres Anfangs orientiert, schafft Nähe und stabilisiert unsere Gefühlswelt.

Die anspruchsvolle Aufgabe, Geschichten über Ersatzparadiese zu erfinden, gelingt nur denen, die Kitsch zu ihrem Freund machen und dessen wichtigsten Eigenschaften kennen. Dazu gehören:

- Unschuld
- Reinheit
- Geborgenheit
- Einfachheit
- Mühelosigkeit
- Selbstlosigkeit
- Verbundenheit
- Heimat
- Natur

Die österreichischen und schweizerischen Marketingverantwortlichen meinten es sicher gut, als sie ihre Länder mit Geschichten moderner Architektur, technischer Spitzenleistungen und zeitgenössischen Helden neu positionieren wollten. Aber das finden Japaner, Chinesen und Amerikaner auch vor der eigenen Haustür. Der Erfolg dieser inszenierten Vertreibung aus dem Paradies war denn auch so katastrophal, dass man die Aufführung abbrach. Der Widerstand gegenüber kitschigeren Varianten blieb jedoch weiterhin bestehen, wie ich bei Einladungen zu Referaten und Workshops mit Erstaunen feststellte. Erst als ich meine Verkaufshelden imaginär auf die Bühne holte und sie Geschichten von Sissy, Mozart, Heidi und dem

Ziegenpeter erzählen ließ, dämmerte es dem Publikum, was Menschen wirklich hören wollen.

Es macht wenig Sinn, neue Kitschnester zu bauen, wenn wir bestehende neu füllen können. Die oft gestellte Frage, ob sich Männer in solchen Nestern ebenfalls wohl fühlen, beantworte ich jeweils folgendermaßen: Ja, wenn sie darin Objekte finden, mit denen sie in den Jahren ihrer Kindheit und Jugend in Berührung gekommen sind. Und das muss nicht zwingend ein physischer Kontakt sein, weil dazu auch all diejenigen Geschichten gehören, die ihnen ihre damaligen Vorbilder erzählten. Nein, wenn solche Geschichten den männlichen Glauben erschüttern, Gefühle zu zeigen, würde ihre Stellung gefährdet. Doch der Verkaufsheld nimmt ohnehin gelegentlich eine Beruhigungspille aus dem Döschen mit der Etikette „Die meisten Entscheidungen werden von Frauen getroffen."

Der vermeintliche Einzelgänger

Was die Leser bereits über erfolgreiche Drehbuchschreiber und Regisseure wissen, gilt für den erfolgreichen Verkäufer ebenfalls. Er ist kein Freund von Mitbestimmung, wenn diese den unantastbaren Kern einer Geschichte gefährdet. Sein Durchsetzungsvermögen bringt er auch ins Spiel, wenn die Dramaturgie einer Abenteuerreise entworfen und der Spannungsbogen aufgebaut wird. Als Leader einer Hardrock-Band besteht er darauf, an geeigneten Stellen kitschige Balladen ins Programm aufzunehmen und auf gewagte Uraufführungen zu verzichten. Im Gegenzug übernimmt er die Verantwortung, wenn seine Idee nicht die beabsichtigte Wirkung zeigte.

Um Krankheiten zu verhindern, die diktatorische Züge auslösen können, sucht er nach geeigneten Rezepten. So hat er wie jeder Held einen Helfer mit anderen Charaktereigenschaften. Mit diesem schaut er sich manchmal den Abspann seines Lieblingsfilmes an, um Schwarz auf Weiß zu sehen, wie viele Spezialisten es braucht, um eine gute Geschichte zum Leben zu erwecken. Sein persönliches Umfeld ermuntert er dazu, ihm schmerzhaft auf die Füße zu treten, wenn er den Bodenkontakt verliert und latent vorhandenen Allmachtgelüsten nachgeben will. Im konkreten Fall mag er Kritik zwar ebenso wenig wie die meisten Menschen, bedankt sich aber nach dem ersten Ärger in irgendeiner Form für notwendige Korrekturen.

Das gute Ansehen der emotionalen Intelligenz betrachtet er mit Skepsis, weil unter diesem Begriff vielfach Anforderungen an den Menschen gestellt werden, die er ebenso wenig erfüllen kann wie seine Kunden. Und schauen wir genauer hin, weist der EQ eines Verkaufshelden sogar oft höhere Werte aus als die seiner Kritiker. Zumindest während seiner Arbeit erkennt und akzeptiert er eigene Gefühle, kann diese der Situation anpassen, allzu impulsive Reaktionen unterdrücken und kurzfristigen Belohnungen widerstehen. Showtime ist Showtime. Das Publikum mit eigenen Problemen zu belasten, gehört nicht dazu. Daher erwartet er auch kein Mitleid, wenn er die Bühne betreten muss, obwohl er in diesem Moment lieber unglückliche private Geschichten zu einem Happy End führen möchte.

Das Etikett „Einzelgänger" beschreibt den Verkaufshelden auch deshalb schlecht, weil er im Innersten ein geselliger Mensch ist, der sich vor und nach der Aufführung gerne unter das Publikum mischt. Das heißt ihn auch deshalb herzlich willkommen, weil er ein charmanter Zuhörer und Erzähler ist, der sich mit Bewertungen zurückhält. Meinungsforschung betreibt der Verkaufsheld nicht mit Fragebögen, sondern mit Beobachten und Zuhören.

Das Tätigkeitsfeld

Storytelling im Verkauf ist ein weites Feld und würde locker ein eigenes Buch füllen. Um zu signalisieren, dass sich Verkaufshelden auch auf anderen Bühnen gut machen, sollen deshalb zum Schluss noch einige mögliche Einsatzgebiete erwähnt werden.

Schaufenster

Aus Marketingsicht spricht nichts dagegen, Storytelling auf einer Bühne zu inszenieren, die schon da ist und ohnehin bezahlt werden muss. Warum im Schaufenster trotzdem so oft Geschichten erzählt werden, die Passanten eher zum Weglaufen als zum Eintreten ins Geschäft motivieren, ist mir ein Rätsel. Natürlich sind von den Unternehmen zur Verfügung gestellte Displays günstiger als der Aufbau eigener Kulissen. Aber wie Beispiele von Familienbetrieben mit kleinen Marketing-Budgets zeigen, lassen sich selbst mit wenig Geld spannende, unterhaltsame und emotionale Geschichten in Schaufenstern aufführen. Voraussetzung ist allerdings eine Idee. Die hatte auch ein Apotheker, der in seinem Schaufenster die Geschichte erzählen wollte, dass nicht nur Pharmariesen, sondern auch die Natur beim Einschlafen helfen kann. Ein altes Fernsehgerät, ein Endlosvideo mit hüpfenden Lämmchen und ein großer Digitalzähler mit roten Ziffern von 1 bis 10.000. Von dieser guten Geschichte profitieren die ausgestellten Produkte ebenso wie ihre Erzähler.

Präsentationen

Wird während der Arbeitszeit das Licht im Saal langsam dunkler, blicken wir später selten in die Gesichter unser Lieblingsschauspieler. Meist werden wir dann Teil einer Aufführung, die ein Drama ist, obwohl sie als Verkaufspräsentation angekündigt wurde. Aus Anstand und wegen anderen Prioritäten verzichtet das Publikum zwar auf offene Rebellion, rächt sich aber oft mit Zustimmungs- oder Kaufverweigerung.

Schätzungen gehen davon aus, dass täglich 30 Millionen Präsentationen nach einer Methode zusammengebastelt werden, die von Storytelling offenbar nichts hält. Statt dem Befehl „Destroy Power Point" aus dem Cluetrain-Manifest zu folgen, kopiert man lieber die Mustervorlagen von Kollegen und Vorsitzenden der Geschäftsleitung. Dabei ginge es auch anders.

Geblieben ist mir die Präsentation eines Vertrieblers, der seine Show mit einem Bild der bekannten Malereien in der französischen Chauvet-Höhle begann und dazu meinte: „Willkommen im Reich der Heldengeschichten, wo Jäger noch Jäger waren und Frauen Frauen." Nach diesem außergewöhnlichen Einstieg führte er sein Publikum in den Garten Eden von Lucas Cranach dem Älteren und zeichnete auf dem Bild ein, wo er seine Baumhütten platzieren würde. Denn sein Ziel war es schließlich, Investoren zu finden, die sich für seine luftigen Baumhäuser begeistern können. Er sprach von seinem Kindheitshelden Tarzan, von Janes Hausarbeiten und von Pionieren, die in den Wilden Westen aufbrachen. Und bevor er seine Präsentation ohne Zahlen, Kuchen- und Säulendiagramme beendete, wies er das verblüffte Publikum darauf hin, die Holzschneidebretter auf den Apérotischchen draußen könne man mitnehmen. Auf der Rückseite sei ein grober Businessplan eingebrannt. Zudem würden Fakten im Internetzeitalter ohnehin auf Webseiten verbannt. Müßig zu sagen, dass dieser Geschichtenerzähler seinen Auftraggeber auch dazu motivieren konnte, bei der Gestaltung dieses digitalen Vertriebskanals auf Storytelling zu setzen.

Mit diesem Beispiel möchte ich niemanden dazu bringen, bei Präsentationen auf den Einsatz moderner Medien zu verzichten. Zumal einem Verkäufer für eine Multimedia-Show inzwischen Software-Programme zur Verfügung stehen, die einfach großartig sind. Allerdings nützen die besten Instrumente nichts, wenn das Drehbuch schlecht ist. Und das entsteht noch immer im Kopf und nicht im Notebook. Oder anders gesagt: Das Analoge kommt vor dem Digitalen.

Auch wenn laut einer Erhebung über achtzig Prozent deutscher Präsentationen als langweilig eingestuft werden, sollten wir daraus nicht voreilig auf nationale Charaktereigenschaften schließen. Aber das kreative Potenzial muss geweckt werden, braucht einen gewissen Freiraum und eine Unternehmenskultur, in der Fehler nicht gleich abgestraft werden. Fehlen Akzeptanz und sanktionsfreie Übungsfelder, schaltet das Unbewusste auf den Sicherheitsmodus um und gibt gewohnten Verhaltensmustern den Vorzug.

In der internen Imageskala eines Unternehmens belegen die Verkäufer selten Spitzenplätze, was im Allgemeinen nicht an ihnen liegt. Solange die Bedeutung von Storytelling nicht erkannt und das Erzählen guter Geschichten im schlimmsten Fall als Kinderkram betrachtet wird, sitzen die besten der Verkaufsabteilung beim Vorbereiten einer Präsentation nicht am Tisch. Auch wenn allen klar ist, dass Hitchcock bei Präsentationen keine Excel-Tabellen einsetzt.

Naming

Widerstand ist zwecklos. Emma, Susi, Hugo und Helmut müssen damit leben, als beliebte Kosenamen für Autos missbraucht zu werden. Und Neugeborene dürfen sich wundern, dass mehr Männer als Frauen ihr Gefährt „Baby" rufen. Ob Schnucki, Passerati oder Dicker, zur Identifizierung mit einem Fahrzeug gehört bei fast vierzig Prozent aller Deutschen die Vergabe eines persönlichen Namens. Dieses Phänomen nur auf den Wunsch nach Individualisierung zurückzuführen, greift zu kurz. Denn hinter diesem Verhalten steckt auch der menschlichen Urtrieb, das Fremde in eigene Geschichten einzubinden und ihm so etwas von seiner Macht zu nehmen. Das ist mit einer von Marketingspezialisten ausgehecktten Buchstaben- und Zahlenfolge um einiges schwieriger.

Die japanische Billig-Alternative zum britischen Sportwagen wurde im Mutterland unter dem Namen „Datsun Fairlady" angeboten, für den Export aber eigentümlicherweise in Datsun 240, 260 oder 280Z umbenannt. Aus Sicht des Storytelling ist das keine gute Idee. Denn besser ist es, wenn der Held einer fremden Geschichte seinen Namen auch in meiner Variante der Story behalten kann.

Werbewirksame Namen für Produkte und Unternehmen zu finden, ist nicht so leicht, wie es der Titel eines Buches über „Naming" verspricht. Und das liegt weniger an mangelnder Fantasie in Marketingabteilungen, sondern weitaus häufiger an der Pflicht, Copyrights zu beachten. Aber die folgenden Ausführungen richten sich auch nicht an Spezialisten für Namensgebung, sondern an Verkäufer, die fern von juristischen Zugriffen, Heldengeschichten erzählen wollen. Diesen Vorreitern für Storytelling möchte ich im Folgenden einige Gründe geben, weiterhin mit Namen zu arbeiten, die das Unbewusste ihres Publikum erreichen.

Ordnung schaffen und Arbeit abnehmen

Innerfamiliär mag die Übersicht noch gewährleistet sein, wenn man seine Kinder von 1 bis 5 nummeriert und auf weitere Namen verzichtet. Aber dieses Ordnungsschema versagt seinen Dienst in der Außenwelt. Das Gleiche gilt selbstverständlich auch für Produkte. Wer seinen Kunden fragt, ob er das dritte der gezeigten Duschgels möchte, belastet ihn mit unnötiger Arbeit. Denn das Fakten- und Zahlengedächtnis ist dummerweise bei den meisten Menschen das schwächste aller Gedächtnissysteme.

Erinnerungen wecken und an Geschichten andocken

Ein Duschgel mit dem Namen „Snow Fairy" deutet seine Exklusivität, nur im Winter erhältlich zu sein, bereits an. Zudem ruft es Erlebnisse aus der Kindheit ab. Die überträgt ein guter Verkäufer in die Gegenwart und nimmt auch die Idee eines Kunden dankbar an, das Ding wegen seiner rosaroten Farbe und seinem Duft „Bazooka" oder „Bubblegumgirl" zu nennen.

Sie können ein Kleidungsstück einfach Jupe nennen oder den gemusterten Stoff als „Skihaserl Jupe" bezeichnen, wie es die 2001 gegründete Blutsgeschwister GmbH macht. Auf der Website ihres Onlineshops zu surfen, macht schon allein deswegen Freude, weil die Namen der angebotenen Artikel an geheime Aufzeichnungen in Tagebücher, vergilbte Familienalben oder Statusmeldungen auf Facebook erinnern.

Korrekturen anbringen und Positives vermitteln

Fehlendes Bewusstsein für Storytelling bringt es mit sich, dass viele Produkte Namen erhalten, die für eine Geschichte mit Happy End denkbar ungeeignet sind. Eine Zahnpasta in Frankreich mit dem Namen „Cue" auf den Markt zu bringen, ist keine gute Idee, wie Colgate feststellen musste. Denn so heißt im Land der 300 Käsesorten auch ein bekanntes Pornomagazin. Für einen guten Verkäufer ist dieser Lapsus der Anfang einer guten Geschichte, an deren Ende diese Zahnpasta ganz anders heißt.

Frage ich einen jungen Kunden, ob ich ihm auch Taschenuhren zeigen dürfe, wecke ich eher Bilder von Seniorenheimen als solche von wagemutigen Pionieren. Sage ich ihm: „Möchten Sie die Uhr sehen, um die sich Enkel schon prügelten, bevor ihr Großvater starb? Sie heißt „Aerowatch" und ist eine Taschenuhr, die den

Gebrüdern Wright ebenfalls gefiel." Manchmal liegt die Zukunft eben in der Vergangenheit.

Schranken abbauen und Exotik erleben

Eiger, Mönch und Jungfrau ziehen so viele japanische Touristen an, dass sogar die Bahnhofsschilder von Interlaken in ihrer Sprache beschrieben sind. Aber sollten sie in eines der wenigen Restaurants ohne übersetzte Speisekarte geraten, müssen sie nicht verhungern. Denn „Müsli" überwindet alle Sprachschranken der Welt. Das können jedoch nicht nur generische Namen, sondern auch sehr bildhafte Worte. Bevor ich dem Besitzer meiner Stammkneipe in Rom die Speisekarte auf Deutsch übersetzte, verkaufte er seine Köstlichkeiten mit Namen, die so gut waren, dass ich sie in meine Version ebenfalls aufnahm. Denn „Engelshaar aus weißem Mehl" macht Spagetti noch leckerer und lässt träumen. Speisekarten sind ohnehin ein ideales Trainingsfeld für Storytelling. Auf ihm lässt sich auch üben, wie wir unser Publikum in ferne Länder entführen können, ohne ihm die Reise bezahlen zu müssen.

Kompliziertes vereinfachen und Abstraktes veranschaulichen

Auf der Harley durch die Welt cruisen, kochen und meinen Senf zu den Büchern anderer abgeben, das sind meine Hobbys. Und da ich für meine Kritikerarbeit außer Leseexemplaren nichts erhalte, ist sie ein Trainingsfeld für Storytelling, auf dem ich experimentieren kann, ohne den Verlust eines Auftraggebers zu riskieren. Den Ratschlag von Spitzenverkäufern, sich solche Übungsanlagen zu suchen, kann ich nur unterstützen.

Als Leser, der seine Eindrücke in Worte fasst, vergleiche ich bei übersetzten Werken auch immer die Originaltitel mit ihrer deutschen Fassung. Und oft stelle ich dann fest, dass diese an Gehalt und Qualität verloren hat. Was vorher einfach war, wird kompliziert. Was vorher Bilder weckte, bringt Erinnerungen an mathematische Formelwelten zurück. Autoren kämpfen daher verständlicherweise darum, bei der Formulierung des Titels zumindest ein Mitspracherecht zu haben.

Das therapeutische Konzept „Emotional Freedom Techniques" mag umstritten sein, doch der Name ist gut. Der amerikanische Begründer dieser Methode, Gary Craig, hat jedenfalls begriffen, dass ein Name keine anatomischen Sachverhalte erläutern soll, sondern ein Produkt verkaufen muss. Andere, die nach einem ähnlichen Prinzip wie Craig arbeiten, suchen ihre Klienten mit Programmüberschriften wie „Gedankenfeldtherapie", „Mentalfeldtherapie", „Methode zur Auflösung negativer Zustände" oder „Meridian-Energie-Technik". Geklopft wird bei allen. Aber nicht alle wecken das Bild vom Friedenschließen. Und hätte Richard Bandler, der Mitbegründer der Neurolinguistischen Programmierung, mehr vom Storytelling verstanden, müssten Interessenten für NLP weniger nachfragen, worum es dabei geht. Namen sind mehr als nur Schall und Rauch.

Der Kunde ist nicht König

Einem Neapolitaner zu verklickern, dass die Schweizer selber bestimmen können, wie viel Steuern sie bezahlen wollen, gelingt nicht einmal den besten Geschichtenerzählern. Also glaubte es auch Vittorio nicht und meinte: „Würde man das den Italienern erlauben, dann käme wohl die Zahl Null heraus." Aber offenbar fördert die direkte Demokratie den gesunden Menschenverstand , wenn man dieses System ein paar hundert Jahre üben kann und die Rahmenbedingungen stimmen.

Verkaufshelden lieben die Menschen, sind aber nicht so naiv, wegen dieser inneren Einstellung jeden Wunsch zu erfüllen. Auch nicht den, rund um die Uhr für die Kunden da zu sein. Daher gehörten sie sicher zu den 70 Prozent schweizerischer Stimmberechtigter, die der Initiative für eine vollständige Liberalisierung der Ladenöffnungszeiten am 16. Juni 2012 eine Kanterniederlage bescherten. Obwohl oder gerade weil die Freisinnig Demokratische Partei ihr Anliegen unter dem Titel „Der Kunde ist König" verkauften.

Der gesunde Menschenverstand ahnt auch, dass der Kunde nur König ist, wenn er sich wie ein König benimmt. Wer trotzdem allen die Krone aufsetzt und ein Zepter überreicht, verfolgt mit dieser Aktion eher das erzieherische Ziel, Verkäufer zu gefügigen Untertanen im Dienste des Unternehmens zu machen. Doch das ist keine gute Basis, um auf der Bühne selbstbewusst aufzutreten und die Herzen des Publikums zu gewinnen.

Der Verkäufer ist König

Der gute König ist kein Vorbild, sondern orientiert sich an den Vorbildern des Unbewussten. An Bildern, in denen die Menschen ihre Sehnsucht nach dem Paradies wiedererkennen und sie dazu verführen, sich auf den Weg zu machen. Und wem das zu pathetisch klingt, darf sich auch einfach mit der Beschreibung zufrieden geben: Ein guter König ist ein guter Geschichtenerzähler.

3.3   Leitbilder als Geschichten für das Unbewusste

„Bei uns steht der Mensch im Mittelpunkt." Diese Aussage mit dem schalen Nachgeschmack einer unbewiesenen Behauptung gehört zu den Top-Ten-Sätzen in Firmenleitbildern. Das wäre nicht weiter aufregend, wenn solche Verlautbarungen keine Ziele anvisieren, die so schwerlich zu erreichen sind. Denn zumindest auf dem Papier sollten sie folgende Aufgaben übernehmen:

- Das Selbstverständnis und die Grundprinzipien einer Organisation festhalten.
- Der Öffentlichkeit und den Kunden mitteilen, wofür ein Unternehmen steht.
- Die Vision und Mission überbringen.
- Die Organisations- und Unternehmenskultur umreißen.
- Den Rahmen für Strategien, Ziele und operatives Handeln abstecken.
- Den Mitarbeitern Orientierung geben und deren Verhaltensmuster beeinflussen.

Diese unvollständige Aufzählung lässt schon erahnen, dass den armen Leitbildern ein Aufgabenkatalog überreicht wird, bei dessen Übernahme das Scheitern schon vorprogrammiert ist. Als Berater, der schon an vielen Übungen mit dem Titel „Wir suchen ein Leitbild" beteiligt war, ist mir selbstverständlich bewusst, dass der Gewinn oft bei den Nebenwirkungen liegt. Auf dem meist langen Weg zu einem Leitbild wird abteilungsübergreifend miteinander gesprochen und auf Fragen eingegangen, die in der Hektik des Alltags untergehen oder mit nichtssagenden Mails beantwortet werden. Aber das ändert nichts daran, dass es selten zu einem Resultat kommt, das menschliche Verhaltensweisen beeinflussen kann. Und das liegt nicht nur an den Worthülsen und Gemeinplätzen der Schlussversion.

Im Folgenden möchte ich kurz skizzieren, wo und wie Storytelling bei der Leitbildentwicklung zum Einsatz kommt.

Da ein Leitbild aus der Firmenrealität heraus entwickelt werden sollte, muss diese Realität zuerst in irgendeiner Weise erfasst werden. Dazu dienen neben den bekannten Informationskanälen und -sammlungen auch die Geschichten in den Köpfen der Mitarbeiter. Doch diese abgespeicherten Erzählungen erfahren wir nicht durch Austeilen und Einziehen von Fragebögen. Wir müssen also Bühnen schaffen, auf denen solche Informationspakete ausgetaucht werden können, ohne die Inhalte zu beschädigen. Und weil die Übergabe von Wissen mit Machtverlust einhergeht, müssen die Orte solcher Bühnen sorgfältig geplant und aufgebaut werden. Einen externen „Bühnenbildner" beizuziehen, der sich auch als Geschichtenerzähler oder Drehbuchautor bewährte, hat den Vorteil, der Verdunkelungsgefahr durch Betriebsblindheit noch besser entgehen zu können.

Auf der Bühne, die gewöhnlich Workshop, Fokusgruppe oder Interview genannt wird, erzählen ausgewählte Mitarbeiter zuerst ihre eigenen Geschichten mit dem Unternehmen. Bei der Wahl sollte man allerdings nicht nur auf das Organigramm schielen und nach Möglichkeit auch Termine mit Ehemaligen vereinbaren.

Wie ergiebig dieses Vorgehen ist und welche Fragen persönliche Geschichten vorantreiben, habe ich bei der Konzeption eines Buches erfahren, in dem das 150-jährige Jubiläum eines Unternehmens gefeiert werden soll. Was hatte Sie damals bewogen, sich zu bewerben? War es wirklich nur Zufall oder waren es auch Erzählungen anderer Menschen? Was erlebten Sie am ersten Tag? Was freute und ärgerte Sie besonders? Was machte Sie stolz oder traurig? Warum haben Sie die Abteilung gewechselt oder andere Angebote abgelehnt? Worauf fanden Sie durch ihre Tätigkeit neue Antworten? Wenn Ihr Unternehmen eine Person wäre, auf die Sie einen Nachruf schreiben müssten, was stünde da drin?

Neben einem festen Fragekatalog für alle Gespräche gibt es natürlich auch unvorhergesehene Erkundigungstouren. Aber die Erfahrung zeigt, dass 60-Minuten-Auftritte und zwei Dutzend Erzähler in der Regel genügen, um die Muster zu erahnen, die einer realen Firmengeschichte das Gerüst geben. Die Wahrscheinlichkeit ist jedenfalls groß, dass sich aus dem Gehörten ein Bild herauskristallisiert, das sich zur Verfeinerung eignet. Zu seinen Puzzlesteinen gehören subjektive Erinnerungen, Anekdoten, Gerüchte, Belohnungen, Ersterlebnisse und letztlich alles, was dem Unbewussten wertvoll genug schien, einen Teil des knappen Speicherplatzes zu beanspruchen.

Da ich im Rahmen eines solchen Kapitels nicht den ganzen Prozess einer Leitbildentwicklung im Detail beschreiben kann, sind meine Ausführungen eher eine Aufmunterung zum Einsatz von Storytelling als eine Gebrauchsanweisung für Praktiker. Aber das ist ja das Faszinierende an diesem Ansatz. Da wir ihn alle seit unseren frühesten Jahren kennen, müssen wir ihn lediglich reaktivieren, mit unseren bisherigen Methoden verbinden, einige wenige Regeln befolgen und deren Anwendung üben. Daher wage ich nun den Sprung in die Phase der Leitbildgestaltung. Denn damit ein Leitbild die Aufgabe übernehmen kann, den Mitarbeitern Orientierung zu geben und deren Verhaltensweisen zu beeinflussen, muss es die wesentlichen Geschichten des Unternehmens, seiner wichtigsten Produkte und seiner bevorzugten Kunden erzählen. Das ist zum Beispiel möglich mit einem Moodboard.

Stimmungsbilder erreichen das Unbewusste

„Wir verbreiten gute Laune." So stand es noch im Leitbild eines Radiosenders, bei dem ich seit fünf Jahren die Moderatoren in der Kunst des Geschichtenerzählens coache. Aber was auf Papier gebracht oder ins Intranet gestellt wird, findet von dort nicht automatisch den Weg in die Köpfe. Diese Erfahrung machen auch jedes Jahr die Teilnehmenden eines Master-Studienlehrgangs in Dienstleistungsmarketing, denen ich einen Einblick in Storytelling verschaffe. Denn bei der Übung, innerhalb von fünf Minuten die drei wichtigsten Leitsätze ihres Arbeitgebers aufzuschreiben, scheitern die meisten. Also wie sollen solche Leitbilder handlungswirksam werden?

In meinem Lieblingsbuchprojekt „Die katholische Kirche als Marketingweltmeister" würde ich der Sixtinischen Kapelle ein eigenes Kapitel widmen. Denn ich kenne kein besseres Beispiel für die geradezu unheimliche Kraft eines Stimmungsbildes. Was die verschiedenen Renaissance-Künstler im Auftrag der Päpste auf das Deckengewölbe und die Mauern malten, blieb zumindest früheren Besuchern so stark in Erinnerung, dass es deren Verhalten stark beeinflusste.

Die Gemälde im Vatikan und Moodboards eines amerikanische Designbüros wurden zu den Mustervorlagen, um eine passende Variante für den Radiosender zu entwickeln. Wie das Briefing lautete, das Papst Julius II. im Jahre 1508 Michelangelo Buonarotti überreichte, weiß ich natürlich nicht. Aber aus dem Resultat schließe ich, dass darin alle Bibelstellen aufgeführt waren, die als narrative Felder später die kirchliche Lehre und das Verhalten der Gläubigen vermitteln sollen. Festgehalten wurden offenbar auch die Vertreter des Guten, die Namen ihrer Widersacher und die wichtigsten Helfer der beiden Parteien. Und um den Interpretationsraum der Gläubigen einzuschränken, standen im Briefing sicher auch Anweisungen zur Platzierung und Größe der abgebildeten Figuren oder Objekte. Wahrscheinlich gab es sogar einzelne Vorschriften zur Farbgebung.

Vom Marketinghandbuch zum Starschnitt

Unter dieser Überschrift begann das Projekt „Moodboard, Moderatoren und Messlatten". Für ideale Startbedingungen sorgten die Vorarbeiten meines Berufskollegen Hans-Georg Häusel. Denn auf seinen limbischen Karten war festgehalten, wo die emotionalen Werte des Senders, seiner Moderatoren und seiner Zielgruppen liegen. Es lagen aussagekräftige Vergleiche mit den Konkurrenten vor und die Markensemantik war ebenso klar erfasst wie die Markensymbolik und das Musikprogramm.

Nach der Sichtung dieser ausgezeichneten Unterlagen wurde ein erster Workshop einberufen, in dem nun keine Kardinäle, sondern Menschen mit Funktionen im Marketing und Vertrieb, Verantwortliche für das Programm und die Moderatoren saßen. Sie wurden mit Beispielen anderer Branchen und ihren eigenen Tätigkeitsgebieten zuerst für das Storytelling sensibilisiert, um danach in verschiedenen Arbeitsgruppen nach Helden, Helfern, Bösewichten und ersten passenden Geschichten zu suchen. Dabei wurden sie nochmals daran erinnert, was die Bravo-Starschnitte in den Köpfen von Pubertierenden auslösten und warum es der katholischen Kirche gelang, auf der ganzen Welt Fuß zu fassen. Um die Glaubwürdigkeit christlicher Verführungskünste nicht zu gefährden, ging ich selbstverständlich auch auf Methoden ein, die sich nur mit Gewalt durchsetzen lassen und nicht auf direkter Belohnung beruhen.

Im Workshop wurde nochmals ausdrücklich auf die Funktion und den Verwendungszweck des Moodboards hingewiesen. Denn im Gegensatz zu Leitbildern, die für Öffentlichkeit und Kunden gedacht sind, geht es in diesem Fall um ein Instrument, das in erster Linie Mitarbeitern die Orientierung erleichtern und Verhalten beeinflussen soll. Das Moodboard wurde später auch nicht ins Netz gestellt oder für die Öffentlichkeitsarbeit verwendet. Aber um es intern an möglichst vielen Orten sichtbar zu machen, musste es verkleinert auch auf Mousepads und Tablets erkennbar sein. Welche Plakatgrößen für den Aushang in den Büros und Studios sinnvoll sind, wollte man erst bei der konkreten Umsetzung entscheiden.

Für den zweiten Workshop wurde wie üblich der Wunsch geäußert, auf einen großen Teilnehmerkreis zu verzichten. Ein Anliegen, das ich jeweils damit begründe, dass sich Durchschnittliches eher durchsetzt, wenn allzu viele Meinungen eingeholt werden. Da diese persönliche Erfahrung inzwischen durch empirische Studien bestätigt wurde, wird mein Wunsch meistens erfüllt. Vor allem von inhabergeführten Unternehmen. Zudem war die Phase der Bestandsaufnahme und des Sammelns verschiedener Ansichten ja abgeschlossen. Anwesend waren also die wichtigsten Entscheidungsträger und die für eine erfolgreiche Umsetzung verantwortlichen Personen. Geprüft wurde nun, ob alle wesentlichen Geschichten erfasst sind und inwieweit sie die Vorgaben erfüllen, die mit dem Story-Check definiert wurden. Dieses neue Arbeitsinstrument findet der Leser in Teil 3, Kapitel 3.

Während es im 16. Jahrhundert wahrscheinlich noch unzählige Sitzungen brauchte, bis die definitive Vorlage für die Sixtinische Kapelle verabschiedet werden konnte, war in unserem Fall kein weiterer Workshop notwendig. Denn für Verbesserungsvorschläge und Nachkorrekturen wurde nur noch der elektronische Weg gewählt. Und nach der sechsten Version waren alle Beteiligten der Überzeugung, das sei eine gültige Schlussfassung, deren Tauglichkeit nun erprobt werden könne. Die Einigung auf ein verbindliches Moodboard wurde durch zwei weiße Wolken auf dem Bild erleichtert, in die Mitarbeiter und Abteilungen Symbole einsetzen können, die sie für ihre eigenen Geschichten als wichtig erachten. Jetzt konnten wir die vorläufig letzte Etappe in Angriff nehmen, zu der ein gutes Umsetzungskonzept und eine Legende zum Moodboard gehören.

Da mit der Einführung von Storytelling ja nicht alle bewährten Vorgehensweisen aufgegeben werden, orientiert sich auch das Umsetzungskonzept an den traditionellen Projektplänen. Wichtig ist nur, dass es gelingt, die Mitarbeiter von der Nützlichkeit eines Moodboards zu überzeugen. Dazu braucht es neben dem Glauben an dieses Instrument auch glaubwürdige Geschichten. Und weil ein solches Leitbild auch zur Mitarbeiterführung und Kontrolle dienen soll, müssen diese Funktionen klar kommuniziert werden.

Die Legende zu dieser Mustervorlage für ein Leitbild mit Storytelling umfasst 38 Punkte. Das klingt nach viel und ist es auch. Aber ein solches Papier dient vor allem dazu, Unsicherheiten bei der Einführung eines Moodboards zu klären und allzu individuelle Interpretationen zu verhindern. Daher finden sich unter den 38 Punkten auch kurze Erläuterungen zu Farben, Platzierungen und scheinbar unbedeutenden Details. Zudem können so noch Verbindungen zum Marketinghandbuch geknüpft werden, das seine Gültigkeit durch das neue Werkzeug ja nicht verliert.

Aus alten Geschichten werden neue

„Lass ihn doch einfach dort stehen!" So könnte die Kurzgeschichte „Der Kunde ist König" weitergehen, wenn sich zwei Kollegen über einen unangenehmen Zeitgenossen ärgern, dem es an Respekt vor der Aufgabe eines Verkäufers fehlt. Aber solche Varianten einer Geschichte sind nur möglich, wenn ihr Kern kaum erkennbar ist oder keine glaubwürdige Aussage enthält. Storytelling geht selbstverständlich davon aus, dass alte Geschichten neue generieren. Darauf beruht ja auch das Empfehlungsmarketing. Aber solange Leitbilder lediglich schale Wunschträume von einigen Wenigen wiedergeben und keine berührenden Geschichten erzählen, liegt ihr Gewinn einzig darin, dass man wieder einmal miteinander gesprochen hat. Ein Moodboard, das wichtige, verhaltenssteuernde Stimmungen verbreitet, ist ein Spielzeug mit pädagogisch wertvollem Charakter.

Teil 3:

Gesunder Menschenverstand, Checklisten und Grafiken

Geschichtenerzähler können am Schreibtisch in ferne Länder reisen wie Karl May oder mit ihrer Kunst auf Wanderschaft gehen wie mein neapolitanischer Freund Vittorio. Denn weil sie die Grundregeln einer guten Geschichte verinnerlicht haben und sich auf passende Varianten konzentrieren können, finden sie ihr Publikum immer und überall. Vielleicht sind sie deshalb etwas mutiger, unternehmungslustiger und zuversichtlicher als Menschen, die allzu sehr auf Vernunft und Planung setzen.

Warum ich Bücher über Selbstverständlichkeiten schreibe, gehörte für Vittorio zu den Rätseln, die er nicht entschlüsseln wollte. Aber weil er verstand, dass diese Geschichten zu mir und zu meinem Publikum passen, waren sie für ihn wichtig genug, um sie weiterzuerzählen und meine Bücher an Leser zu verkaufen, die wie er kein einziges Wort Deutsch konnten. Wie sehr es Vittorio immer um das Setzen der richtigen Zeichen ging, merkte ich, als ich ihn zum ersten Mal in seiner großen „Ich hab es geschafft"-Eigentumswohnung besuchte und einen großen Steinway-Flügel im Eckzimmer sah. Auf meine überraschte Frage, ob er ganz heimlich das Klavierspiel erlernt habe, antwortete er lachend: „Nein, aber ich wollte schon ein Klavier, als ich noch ein kleiner Junge in Neapel war. Diesen Traum habe ich mir nun erfüllt."

Storyteller wecken Sehnsüchte und erfüllen Träume. Sie bauen dabei auf ihren gesunden Menschenverstand und damit auf ihre Erfahrung. Zudem nehmen sie alles, was ihnen dabei hilft, dankbar an. Daher findet der Leser trotz meiner Vorbehalte gegen solche Instrumente zum Schluss noch zwei Checklisten und fünf Grafiken. Sie sollen Ungeübte davor schützen, gleich mit der Kür zu beginnen, bevor sie das Pflichtprogramm absolviert haben. Und für Inszenierungen im Team dienen sie als Gedächtnisstütze bei den Proben.

Checkliste für Geschichtenerzähler, Drehbuchschreiber und Regisseure

1. Urthema
Handelt die Geschichte von:
- Leben und Tod
- Ankunft und Abschied
- Liebe und Hass
- Gut und Böse
- Geborgenheit und Furcht
- Wahrheit und Lüge
- Stärke und Schwäche
- Treue und Betrug
- Weisheit und Dummheit
- Hoffnung und Verzweiflung
- Suchen und Finden
- Festhalten und Loslassen?

Welcher Plot soll die Handlung bestimmen?
- Suche, Abenteuer, Verfolgung, Rettung, Flucht, Rache, Rätsel, Rivalität, Verlierer, Versuchung, Verwandlung, Reifung, Liebe, Verbotene Liebe, Opfer, Entdeckung, Maßlosigkeit, Aufstieg und Fall.

2. Prägungsstärke
- Gibt es ähnliche Geschichten in der Kindheit, Pubertät?
- Handelt die Geschichte von einem Ersterlebnis?
- War diese Geschichte mit starken Emotionen verbunden oder wiederholte sich oft?

3. Andockstellen
- Findet sich die Geschichte in einer der großen Geschichtensammlungen? Griechische Sagen, Bibel, Märchen, Tausend und eine Nacht?
- Ist die Geschichte im Repertoire von Hollywood, im kulturellen oder biografischen Umfeld des Publikums?
- Ist die Handlung offen genug, um persönliche Nebenhandlungen anzuschließen?

4. Held
- Gibt es einen klar erkennbaren Helden?
- Ist die Projektionsfläche des Helden groß genug für das Publikum?
- Sind die Motive zur Aufnahme des Kampfes klar?
- Ist der Held ein Sinnstifter?

5. Widersacher
- Gibt es einen klar erkennbaren Feind?
- Ist das Auftauchen des Gegners nachvollziehbar?
- Erkennt der Zuschauer im Bösen seine eigenen dunklen Seiten?
- Hat jede Störung einen klaren Verursacher?

6. Helfer
▪ Welche Unterstützung bekommt der Held?
▪ Kompensieren die Stärken der Helfer die Schwächen des Helden?
▪ Haben die Helfer ebenfalls Stil und Charakter?
7. Struktur
▪ Gibt es einen erkennbaren Spannungsbogen?
▪ Hat die Geschichte einen Höhepunkt?
▪ Stimmt das Tempo der Entwicklung?
8. Verzögerungen
▪ Wird an den richtigen Stellen gebremst?
▪ Sind die Verzögerungen logisch nachvollziehbar?
▪ Leidet der Zuschauer bei den Verzögerungen mit?
▪ Welche Verzögerungen gehören zum Erfahrungsschatz der Zielgruppe?
9. Ausschmückungen
▪ Gibt es genügend Details, damit Figuren und Geschichte authentisch wirken?
▪ Passt die Kulisse zur Geschichte, zu den Szenen und zur Zielgruppe?
▪ Welche Requisiten verstärken durch ihren Symbolcharakter die Geschichte?
▪ Gehören Nebenfiguren zur Kulisse, zur Handlung oder zu beidem?
▪ Wird zwischen wichtigen und unwichtigen Requisiten unterschieden?
▪ Gibt es Symbole mit einem so starken Eigenleben, dass sie immer einsetzbar sind?
10. Ende
▪ Hat das Ende einen Bezug zum Anfang?
▪ Ist das Ende offen genug, um eigene Geschichte weiterzuspinnen?
▪ Lässt das Ende Fortsetzungsgeschichten zu?

2   Sieben Kontrollfragen für gute Geschichten

Frage 1: Wie lautet der Titel?

Frage 2: Erkennt sich das Publikum
in der Geschichte wieder?

Frage 3: Knüpft sie an Erlebnisse
der Kindheit und Pubertät an?

Frage 4: Enthält sie Elemente von
Lieblingsgeschichten?

Frage 5: Würde ich die Geschichte
weitererzählen?

Frage 6: Sind Fortsetzungen möglich?

Frage 7: Stimmen Anfang und Ende?

Vier bildhafte Erinnerungshilfen

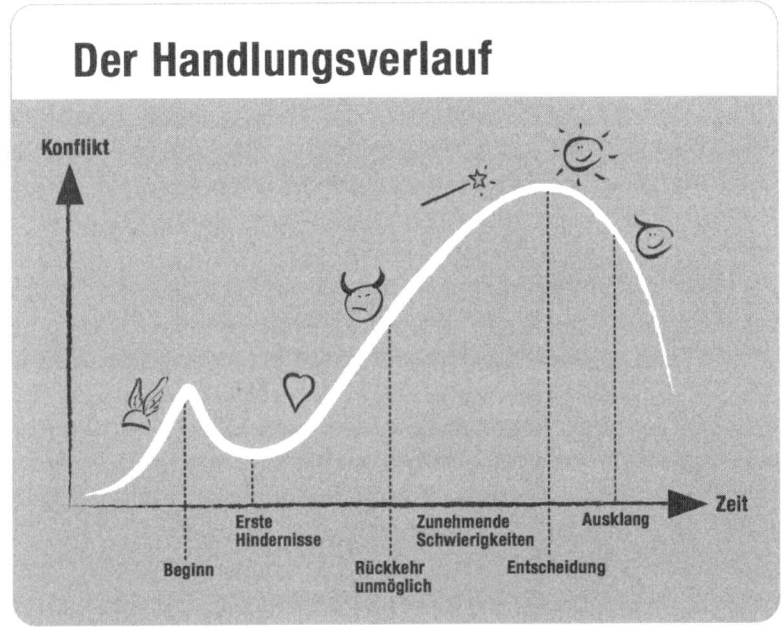

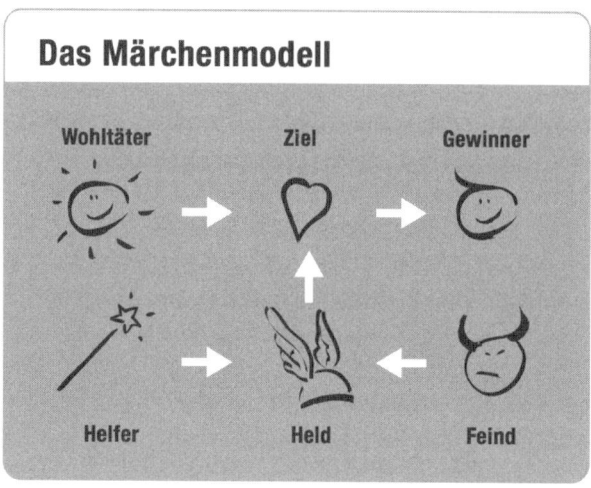

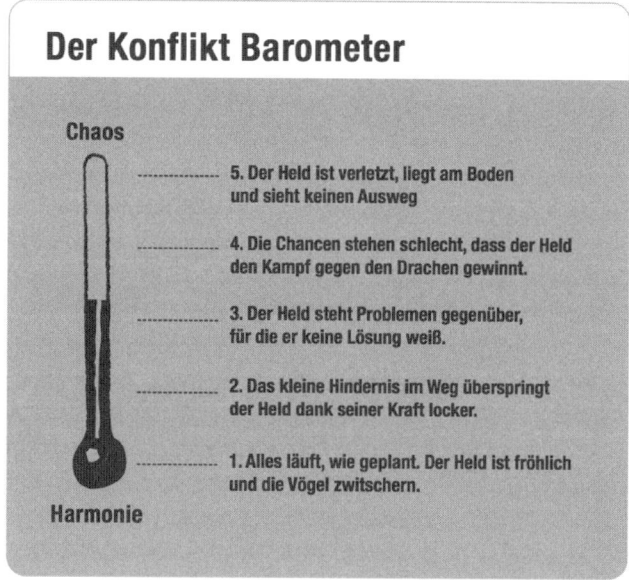

In Anlehnung an Illustrationen der dänischen Branding-Agentur SIGMA: Fog, K.; Budtz, Ch.; Yakaboylu, B. (2005). Storytelling. Branding on Practice. Berlin: Springer-Verlag.

4 Ein Instrument für Analyse und Kontrolle des Storytelling

Seit dem Erscheinen der ersten Auflage hat Storytelling nach dem vorgestellten System den Praxistest in vielen Unternehmen und verschiedensten Anwendungsbereichen mit Bravour bestanden. Oft wurde allerdings der Wunsch nach einem Kontrollinstrument geäußert, mit dem Prozesse begleitet und Resultate analysiert werden können. Das folgende Diagramm macht dies möglich oder gibt zumindest Anhaltspunkte, wie weit eine Geschichte oder ein Storytelling-Projekt die wesentlichen Punkte bzw. Parameter erfüllt.

So gehen Sie vor

Die Gebrauchsanweisung ist einfach. Zeichnen Sie in dem Blanko-Diagramm „Story-Check" Ihre Vorgabe ein, wobei dies realistischerweise eine Zickzackkurve und nicht eine Gerade bei +10 sein sollte. Überlegen Sie dabei, welche Parameter Ihre Story in welchem Ausmaß idealerweise erfüllen soll. Denn abhängig von Ihrer individuellen Story sind manche Parameter — wie Konfliktpotenzial oder Einfachheit — mehr oder weniger stark ausgeprägt. Anschließend zeichnen Sie mit einer anderen Farbe ein, welche Werte auf der Skala zwischen –5 und +10 Ihre Story in den einzelnen Punkten tatsächlich erreicht. Auf diese Weise können Sie überprüfen, wo Ihre Story noch Schwächen hat, und im Team diskutieren, in welchen Punkten sich Ihre Story noch verbessern lässt.

Abb.: Der Story-Check (Blanko-Diagramm)

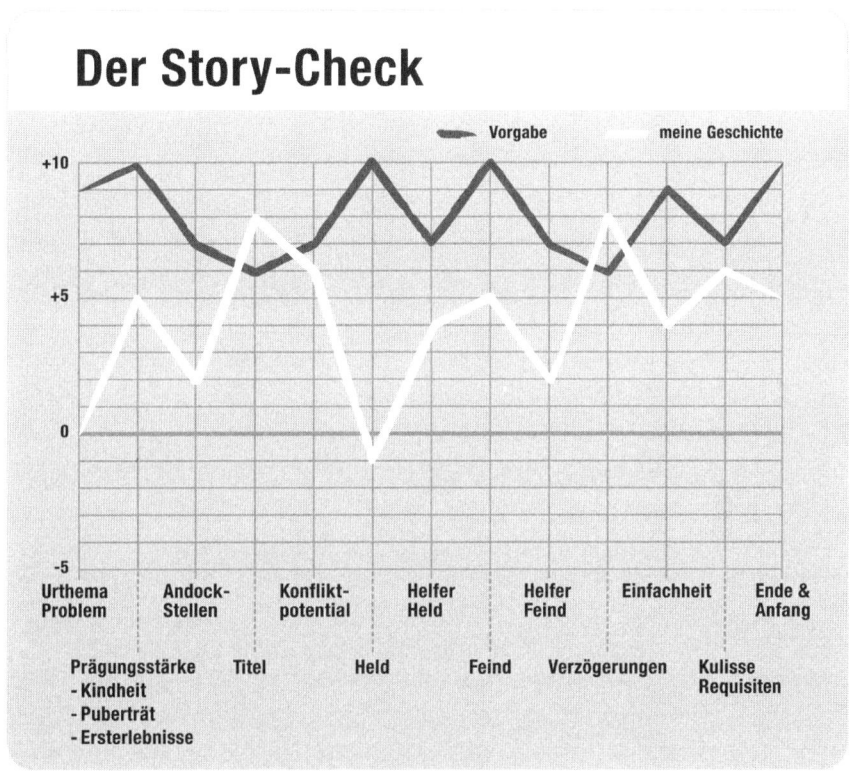

Abb.: Der Story-Check (ausgefülltes Diagramm)

Fünf Schritte zum guten Geschichtenerzähler

„Entscheidungen werden nicht getroffen, sie quellen auf", sagte der bisher einzige deutsche Nobelpreisträger für Wirtschaftswissenschaften, Reinhard Selten. Ein Lehrgang für gute Geschichtenerzähler muss also diese Quellen erschließen und zum Sprudeln bringen. Nach der Lektüre unzähliger Biographien großer Drehbuchschreiber, Performer, Schriftsteller und anderer Meister im Storytelling bin ich auf fünf Schritte gekommen, die offenbar zum Ziel führen.

Erster Schritt: Beobachten

Unser Werkzeug, mit dem wir die ersten prägenden Geschichten einsammeln, sind die Augen. Eine gute Beobachtungsgabe im Zeitalter schneller Urteile und medialer Vorurteile zu bewahren, ist schwierig aber notwendig.

Geschichtenerzähler sitzen in Eingangshallen von Hotels von null bis fünf Sternen, in Kneipen und trendigen Straßencafés, in pompösen und öden Wartehallen, an überfüllten Badestränden, in Kinderzimmern und Museen. Sie verpassen den Bus, nur um den Schluss einer Szene mitzubekommen. Sie kleben an Schaufensterscheiben und schauen fremden Leuten in die Stuben, betreten den Kinosaal als Erste und verlassen ihn als Letzte, sind Berufsvoyeure, verdeckte Ermittler und Agenten. Beobachter wissen, dass gute Geschichten ans Alltägliche andocken und auch dort zu finden sind. Und da sie allen Menschen und Objekten mit Respekt begegnen, ist ihr Blick nie schamlos.

Zweiter Schritt: Kopieren

Gute Geschichtenerzähler orientieren sich an der Arbeitsweise des Gehirns, selbst wenn sie darüber nichts wissen sollten. Denn sie kopieren Mustervorlagen, die sie bei ihren Beobachtungen entdeckt haben. Kopieren ist keine minderwertige Arbeit, sondern Teil ihrer Ausbildung. Da sich Kopierwürdiges selten anmeldet, gehört ein Notizbuch zum ständigen Begleiter, denn das Arbeitsgedächtnis vergisst schnell.

Geschichtenerzähler ignorieren Gruppendruck. Wenn bewährte Mustervorlagen in Gefahr sind, sehen sie sich einen guten Film immer wieder an, übertragen Sätze aus Büchern in ihre Notizhefte oder auf Festplatten, haben Gefallen am Schülerleben, eifern Vorbildern nach, sammeln Gelungenes aus allen Sparten und sind sich nicht zu schade, auch Triviales zu kopieren, wenn es die Leute lieben.

Dritter Schritt: Üben

„It takes ten years of extensive training to excel in anything." Das Forschungsergebnis des Nobelpreisträgers Herbert Simon lässt sich auch anders ausdrücken. Um auf einem Gebiet hervorragende Leistungen zu erzielen, muss man etwa 10.000 Stunden üben. So lange braucht unser Gehirn, bis es neuronale Muster komplexer Fertigkeiten so gespeichert hat, dass sie vom Autopiloten bedient werden können.

Geschichtenerzähler glauben also nur bedingt an Naturtalente, sondern lieber an wiederholte Erfahrungen. Sie erfinden für sich ein Trainingsprogramm, das ihrer Persönlichkeit entspricht, damit sie es einhalten können. Sie üben oft an ungewöhnlichen Orten oder zu merkwürdigen Zeiten, suchen sich bei Bedarf passende Helfer, Sparringspartner und Kritiker. Und um das evolutionäre Programm Faulheit auszubremsen, sind sie bei freien Trainingseinheiten sehr kreativ.

Vierter Schritt: Variieren

Es gibt keine neuen Geschichten, sondern nur Varianten überzeitlicher und universeller Themen. Gelungene Neuinszenierungen bekannter Stücke sind daher wichtiger als misslungene Originalversionen.

Geschichtenerzähler interessieren sich für Kulissen, Kostüme und Requisiten. Sie versuchen alten Geschichten neues Leben einzuhauchen, erkennen selbst in langweiligen Liebesgeschichten spannende Grundmuster, die sie variieren können, und stellen sich ihr Publikum als Geschichtensammlung vor, für die sie eine Fortsetzung schreiben. Sie wissen, dass sie erfolgreiche Versionen eines bekannten Stücks nur schreiben können, wenn sie ihr Handwerk beherrschen.

Fünfter Schritt: Stil finden

Wer den eigenen Stil gefunden hat, entzieht sich der Austauschbarkeit und erhöht den Kopierschutz. Stil ist fordernd, autoritär und duldet wenig Kompromisse. Stil spart Kräfte, weil er Unwesentliches weglässt und sich direkt an das Unbewusste richtet.

Ein Geschichtenerzähler trainiert sein intuitives Wahrnehmungsvermögen, hört auf seinen Bauch, achtet auf starke Symbole und beachtet auch kleine Zeichen. Spürt er die ersten Anzeichen von Stil, gibt er den wichtigsten Eigenschaften mehr Gewicht und eliminiert Fremdkörper. Gerade weil der Stil dauerhaft und harmonisch sein soll, muss er veränderten Umständen und Situationen angepasst werden. Aber nur genau so viel, wie absolut notwendig ist.

Ich bin mein Stil.

Paul Klee

Anhang

Filme für Storytelling

Von den unzähligen, auf DVDs erhältlichen Filmen einige wenige aufzulisten, kann nur eine sehr subjektive Auswahl sein. Titel, die zu Publikumserfolgen wurden, genießen einen Vorzugsbonus. Daher wurden für die Neuauflage auch Werke nach 2009 berücksichtigt, was wiederum zur Streichung älterer Titel führte. Aufgenommen sind zudem Filme, bei denen ich Szenen aus der Rubrik „Making-of" oder Branchenspezifisches verwende. Da jeder Geschichtenerzähler ohnehin seine eigene Sammlung aufbaut, ist diese Liste lediglich als Anregung und Einblick in meine Werkzeugkiste zu verstehen. Darauf sollen auch die Stichworte hinweisen.

R: Regisseur
S: Script/Drehbuch
D: Darsteller

A.I. — Künstliche Intelligenz / Artificial Intelligence: AI. 2001. R: Steven Spielberg. S: Steven Spielberg, Ian Watson. D: Haley Joel Osment, Frances O'Connor u. a.
Geschichtensammlung, Märchen, Wissenschaft, Kindheit, Prägung, Filmmusik.

Alien. 1979. R: Ridley Scott. S: Dan O'Bannon, Ronald Shusett. D: Sigourney Waever, *Tom Skerrit, Ian Holm u. a.Kultfilm, Mustervorlage für Außerirdische und Weltraumschiffe, Kulissen, Requisiten.*

A Prairie Home Companion / Robert Altman's Last Radio Show. 2006. R: Robert Altman. S/D: Garrison Keillor. D: Meryl Streep, Lily Tomlin, Lindsay Lohan u. a.
Storytelling und Radio, Amerika der 60er-Jahre, Bühne und Publikum, Musik.

Avatar. 2009. R/S: James Cameron, D: Sam Worthington, Zoe Saldana, Sigourney Weaver u. a.
Neuinszenierung bekannter Mustervorlagen, Gut und Böse, fremde Kulturen.

Babel. 2006. R: Alejandro González Iñárritu. S: Guillermo Arriaga. D: Brad Pitt, Cate Blanchett u. a.
Verschiedene Geschichten miteinander verbinden, Bibel als Mustervorlage, fremde Kulturen.

Benny & Joon. 1993. R: Jeremiah S. Chechik. S: Barry Berman u. a. D: Johnny Depp, Mary Stuart Masterson, Aidan Quinn.
Pubertät, Ersterlebnisse, an bekannte Geschichten andocken.

Better than Chocolate. 1999. R: Anne Wheeler. S: Peggy Thompson. D: Wendy Crewson, Kary Dwyer u. a.
Pubertät, Ersterlebnisse, Identität, gleichgeschlechtliche Liebe.

Big. 1988. R: Penny Marshall. S: Gary Ross u. a. D: Tom Hanks.
Pubertät, Kindheit, Karriere, Spielzeugwelt, Verkauf.

Big Fish. 2003. R: Tim Burton. S: John August. D: Ewan McGregor, Albert Finney, Billy Crudup, Jessica Lange.
Fabulieren, Macht der Geschichten, Kitsch, Requisiten, Kulissen.

Blade Runner. 1982. R: Ridley Scott. S: Hampton Fencher u. a. D: Harrison Ford, Ruther Hauer, Sean Young u. a.
Kultfilm, Technik, Kulissen, Mustervorlage für Science-Fiction.

Breakfast at Tiffany's / Frühstück bei Tiffany. 1961. R: Blake Edwards. S: Truman Capote, George Axelod. D: Audrey Hepburn, George Peppard u. a.
Kultfilm, Mustervorlage, Symbole, Musik, Märchen.

Bruce Almighty / Bruce Allmächtig. 2003. R: Tom Shadyac. S: Steve Oedekerk. D: Jim Carrey, Morgan Freeman, Jennifer Aniston.
Helden, Übertreibungen in Form von Geschichten, Macht, Entwicklung, Führung.

Cars. 2006. R/S: John Lasseter. D: Einer der wenigen Filme ohne menschliche Darsteller.
Animationsfilm, Mustervorlage für nonverbale Zeichensprache, Vermenschlichung der dinglichen Welt, Kulissen, Requisiten, Making-of als Einführung in Storytelling.

Casablanca. 1943. R: Michael Curtiz. S: Julius J. Epstein, Philip G. Epstein. D: Humphrey Bogart, Ingrid Bergman, Paul Henreid, Claude Reins.
Kultfilm, Mustervorlage, Szenen und Symbole zum Andocken.

Catch Me If You Can. 2002. R: Steven Spielberg. S: Jeff Nathanson. D: Leonardo DiCaprio, Tom Hanks, Christopher Walken, Nathalie Baye.
Geschichten erfinden, Superzeichen, Requisiten, Kulissen, Illusion und Wirklichkeit, 60er-Jahre.

C'era una volta il West / Spiel mir das Lied vom Tod. 1968. R/S: Sergio Leone. S: Sergio Donati. D: Henry Fonda, Claudia Cardinale, Charles Bronson, Jason Robards u. a.
Kultfilm, Mustervorlage für unser Bild vom Wilden Westen, Musik.

Charlie und die Schokoladenfabrik. 2005. R: Tim Burton. S: John August. D: Johnny Depp, Freddie Highmore, David Kelly u. a.
Kindheit, Märchen, Verkauf, Marketing, Einfachheit.

Chocolat. 2000. R: Lasse Hallström. S: Robert Nelson Jacobs. D: Juliette Binoche, Victoire Thivisol, Alfred Molina u. a.
Verführung durch Geschichtenerzählung, Inszenierung, Kitsch, Märchen, Verkauf.

Cinema Paradiso. 1998. R/S: Giuseppe Tornatore. D: Philipp Noiret, Jacques Perrin, Marvo Leonardi, Salvatore Cascio.
Macht der Geschichten, Kindheit, Entwicklung, Nostalgie, Sehnsucht.

Dick Tracy. 1990. R: Warren Beatty. S: Jim Cash, Jack Epps Jr. D: Warren Beatty, Al Pacino, Dustin Hoffman, Madonna.
Comics, Variation einer Mustervorlage, Kulissen, Requisiten, Andocken durch Farben.

Die Brücken am Fluss / The Bridges of Madison County. 1995. R: Clint Eastwood.
S: Richard LaGravenese, Robert James Waller. D: Clint Eastwood, Meryl Streep.
Kultfilm, Kindheitserinnerungen, Generationen, Superzeichen.

Die fabelhafte Welt der Amélie. 2001. R/S: Jean-Pierre Jeunet. S: Guillaume Laurant.
D: Audrey Tautou, Mathieu Kassovitz u. a.
Kultfilm, Macht der Geschichten, Kindheit, Symbole, Zeichen, Suchen und Finden, Märchen.

Die Kinder des Monsieur Mathieu / Les Choristes. 2004. R/S: Christophe Barratier. S: Philippe Lopes-Curval. D: Gérard Jugnot, François Berléand, Jean Babtiste Maunier.
Kindheit, Pubertät, Schule, Ersterlebnisse, Making-of und Storytelling.

Dogville. 2003. R/S: Lars von Trier. D: Nicole Kidman, Harriet Andersson, Lauren Bacall u. a.
Stilisierung, Einfachheit, Kulissen, Requisiten, Superzeichen, Film als Theateraufführung.

Duell. 1971. R: Steven Spielberg; S: Richard Matheson; D: Dennis Waever, Jacqueline Scott, Tim Herbert, Lou Frizzel, Alexander Lockwood, Amy Douglass
Kultfilm, Reduktion von Sprache, Verfolgung, Mustervorlage für Werbespots.

E.T. The Extra-Terrestrial. 1982. R: Steven Spielberg. S: Melissa Mathison. D: Tamara De Treaux, Henry Thomas.
Kultfilm, Märchen, amerikanische Durchschnittsfamilie, Zeichen, Mustervorlagen.

Far from Heaven / Dem Himmel so fern. 2002. R/S: Todd Haynes. D: Julianne Moore, Dennis Quaid, Dennis Haysbert u. a.
Homosexualität, 50er-Jahre, amerikanischer Traum, Kulissen, Requisiten, Farbe als Stilmittel.

Finding Nemo / Findet Nemo. 2003. R: Andrew Stanton, Lee Unkrich. S: Andrew Stanton.
Pflichtfilm, Animation, Mustervorlage, Extras auf DVD als Einführung in Storytelling.

Forrest Gump. 1994. R: Robert Zemeckis. S: Eric Roth. D: Tom Hanks, Robin Wright Penn, Gary Sinise, Sally Feld u. a.
Pflichtfilm, Anfang und Ende, Kulissen, Superzeichen, Zeitkolorit.

Good Bye Lenin!. 2003. R: Wolfgang Becker. S: Bernd Lichtenberg. D: Daniel Brühl, Katrin Sass, Maria Simon u. a.
Kultfilm, Superzeichen, Illusionen, DDR, Geschichten erzählen, Requisiten.

Harry Potter and the Philosophers Stone. 2001. R: Christ Columbus. S: Joanne K. Rowling. D: Daniel Radcliffe, Rupert Grint, Emma Watson u. a.
Mindestens ein Buch oder Film über Harry Potter gehört in jede Bibliothek für Storytelling.

Herr Lehmann. 2003. R: Leander Haussmann. S: Sven Regener. D: Christian Ulmen, Katja Danowski, Detlev Buch, Janek Rieke.
Kultfilm, Berlin der Neunzigerjahre, Szeneeinblicke und -sprache, politische Mythen, Macht starker Symbole.

Ica Age. 2002. R: Chris Wedge, Carlos Saldanha. S: Michael Berg, Michael J. Wilson.
Animationsfilm, Urgeschichten reaktivieren, Verhaltensmuster, offene Enden für Fortsetzungen, Stilisierung von Charakteren, Audiokommentar auf DVD als Einführung in Storytelling (auch Ice Age 2 oder 3 möglich).

Inception. 2010. R/S: Christopher Nolan. D: Leonardo DiCaprio, Ken Watanabe, Joseph Gordon-Levitt, Marion Cotillard, Ellen Page u. a.
Bewusstsein und Unbewusstes, Storytelling als Existenzgrundlage, Oberflächenästhetik, Zukunft.

Jenseits der Stille. 1996. R/S: Caroline Link. S: Beth Serlin. D: Sylvie Testud, Tatjana Trieb, Howie Seago, Emmanuelle Laborit, Sibylle Canonica.
Nonverbale Sprache, Kulissen, Musik als Andockstelle.

High Noon / Zwölf Uhr mittags. 1952. R: Fred Zinnemann; S: Carl Foreman. D: Gary Cooper, Grace Kelly, Thomas Mitchell.
Kultfilm, Mustervorlagen für das kulturelle Gedächtnis, Einfachheit, Zeichen.

Lara Croft: Tomb Raider. 2001. R: Simon West. S: Patrick Massett, John Zinman. D: Angelina Jolie, Jon Voight, Daniel Craig, Iain Glen u. a.
Kultfilm, Mustervorlage für neuen Frauentypus, Computerspielgeneration, Mythen, Märchen.

Le gamin au velo / Der Junge mit dem Fahrrad. 2011. R/S: Jean-Pierre und Luc Dardenne. D: Cécile de France, Thomas Doret, Jéremie Renier
Milieustudie, Jugendliche, Familie, Rache und Versöhnung, Suchen und Finden.

Lola rennt. 1998. R/S: Tom Tyker. D: Franka Potente, Moritz Bleibtreu, Herbert Knaup, Nina Petri, Armin Rohde u. a.
Kultfilm, Variationen einer Geschichte, Mustervorlage für Zufall, Andocken an andere Geschichten.

Lost in Translation. 2003. R/S: Sofia Coppola. D: Bill Murray, Scarlett Johansson, Giovanni Ribisi, Anne Faris.
Kultfilm, Zeichensprache, Requisiten, Kommunikation, Großstadtleben, Making-of.

Madagascar. 2005. R/S: Eric Darnell, Tom McGrath. S: Mark Burton, Billy Frolick.
Animationsfilm, Zeichensprache, Reduktion aufs Wesentliche, Mythen, Märchen, Requisiten, Kulissen, Fortsetzungen, Making-of als Einführung in Storytelling.

Matrix. 1999. R/S: Andy und Larry Wachowski. D: Keanu Reeves, Laurence Fishburn, Carrie-Anne Moss, Hugo Weaving.
Kultfilm, Bewusstsein und Unbewusstes, Storytelling als Existenzgrundlage, Zukunft.

Modern Times. 1936. R/S/D: Charlie Chaplin. D: Paulette Goddard.
Kultfilm, letzter Stummfilm des großen Geschichtenerzählers, Mustervorlagen, Zeichen, Kulissen, Requisiten.

Monsieur Ibrahim et les fleurs du Coran. 2003. R/S: François Dupeyron. S: Eric-Emmanuel Schmitt. D: Omar Sharif, Pierre Boulanger, Gilbert Melki, Isabelle Renauld.
Pubertät, Ersterlebnisse, Paris, Klischees, Kulissen, Requisiten.

North by Northwest / Der unsichtbare Dritte. 1959. R: Alfred Hitchcock. S: Ernest Lehman. D: Cary Grant, Eve Marie Saint, James Mason.
Kultfilm, Mustervorlagen für das kulturelle Gedächtnis.

Notting Hill. 1999. R/S: Roger Michell. D: Julia Roberts, Hugh Grant, Richard McCabe, Rhys Ifans, Sylan Moran, Emma Chambers.
Märchen, Klischees, Mustervorlagen für kulturelles Gedächtnis, Symbole.

Once Upon a Time in America. 1984. R: Sergio Leone. S: Leonardi Benvenuti u. a. D: Robert De Niro, James Woods, Elizabeth Mc Govern u. a.
Zeitgeschichte von 1922 – 1968, Moderne Inszenierung von Mythen, Kulissen, Requisiten.

Operation Petticoat / Unternehmen Petticoat. 1959. R: Black Edwards. S: Stanley Shapiro u. a. D: Cary Grant, Tony Curtis u. a.
Erfinden von Geschichten, Zeichen, Requisiten, Kulissen, Mustervorlage für Komik.

Out of Africa / Jenseits von Afrika. 1985. R: Sydney Pollack. S: Kurt Luedtke. D: Meryl Streep, Robert Redford, Klaus Maria Brandauer.
Kultfilm, Mustervorlage für Afrikabild, Inszenierung von Geschichten, Kindheit, Familie.

Politik kouzina / Zimt und Koriander. 2003. R/S: Tassos Boulmetis. D: Georges Corraface, Ieroklis Michaelidis, Renia Louizidou u. a.
Kindheit, Düfte, Ersterlebnisse, Mustervorlagen für Geschichten vom Kochen und Genießen.

Pretty Woman. 1990. R: Garry Marshall. S: J. F. Lawton. D: Richard Gere, Julia Roberts, Hector Elizando, Ralph Bellamy
Pflichtfilm, Mustervorlage für Storytelling, Märchen, Klischees, Kitsch.

Ratatouille. 2007. R: Brad Bird, Jan Pinkava. S: Jim Capobianco, Emily Cook, Kathy Greenberg, Bob Peterson.
Animationsfilm, Zeichensprache, positive Umdeutungen, Gastro- und Kindheitserlebnisse.

Raiders of the Lost Ark / Jäger des verlorenen Schatzes. 1981. R: Steven Spielberg. S: George Lucas u. a. D: Harrison Ford, Karen Allen, Paul Freeman u. a.
Kultfilm, Fortsetzungen, Märchen, Archetypen, Urthemen, Helden und Helfer.

Roman Holiday / Ein Herz und eine Krone. 1953. R: William Wyler. S: Ian McLellan u. a. D: Gregory Peck, Audrey Hepburn u. a.
Kultfilm, visuelle Mustervorlagen, Kitsch, Märchenadaption.

Scent of a Woman / Der Duft der Frauen. 1992. R: Martin Brest. S: Bo Goldman. D: Al Pacino, Chris O'Donnell, James Rebhorn, Gabriella Anwar, Philip Seymour Hoffman.
Verkauf, Mustervorlage für Kraft der Rhetorik, Schule, Wahrnehmung.

Schindler's List. 1993. R: Steven Spielberg. S: Steven Zaillian. D: Liam Neeson, Ben Kingsley, Ralph Fiennes, Caroline Goodall u. a.
Kultfilm, Schwarz/Weiß, Mustervorlage für Zeichensetzungen, Gut und Böse.

Short Cuts. 1993. R/S: Robert Altman. S: Frank Barhydt. D: Andie MacDowell, Chris Penn, Jennifer Jason, Tim Robbins, Julianne Moore.
Einzelszenen verbinden, Einblicke in amerikanische Durchschnittsbiografien.

Sissi. 1955. R/S: Ernst Marischka. D: Romy Schneider, Karlheinz Böhm, Magda Schneider, Uta Franz, Gustav Knuth u. a.
Kultfilm, Trilogie, Mustervorlagen für kulturelles Gedächtnis, Kitsch, Sehnsucht.

James Bond 007: Skyfall. 2012. R: Sam Mendes. S: John Logan u. a. D: Daniel Craig, Judi Dench, Raoul Silva.
Mustervorlage, Perfekte Variation einer bekannten Geschichte, Helden. Helfer, Gut und Böse, Kulissen, Requisiten.

Some Like it Hot / Manche mögen's heiß. 1959. R/S: Billy Wilder. D: Marilyn Monroe, Tony Curtis, Jack Lemmon.
Kultfilm, Mustervorlagen für das kulturelle Gedächtnis.

Sommersturm. 2004. R/S: Marco Kreuzpainter. S: Thomas Bahmann. D: Robert Stadlober, Kostja Ullmann, Alicja Bachleda-Curuœ.
Pubertät, Ersterlebnisse, Homosexualität, Making-of und Audiokommentar.

Star Wars / Krieg der Sterne. 1977. R/S: George Lucas. D: Harrison Ford, Mark Hamill, Carrie Fisher, Alec Guinness u. a.
Kultfilm, Weltraum-Saga in sechs Folgen, Mustervorlagen, Märchen, Mythen.

The Artist. 2011. R/S: Michel Hazanavicius. D: Jean Dujardin, Berence Bejo, John Goodman u. a.
Moderner Stummfilm mit vielen Verweisen auf Klassiker, Gestik, Mimik, Tiere als Helden.

The Colour of Paradise / Die Farben des Paradieses. 1999. R/S: Majid Majidi. D: Mohsen Ramezani, Hossein Mahjoub, Salameh Feyzi
Wahrnehmung von Blinden, Nonverbale Zeichen, Archetypen, Symbolsprache.

The Godfather / Der Pate. 1972. R/S: Francis Ford Coppola. S: Mario Puzo. D: Marlon Brando, Al Pacino, Diane Keaton, James Caan u. a.
Kultfilm, Mustervorlage für Mafiabild und Amerika der ersten Hälfte des 20. Jahrhunderts.

The Great Dictator / Der große Diktator. 1940. R/S/D: Charlie Chaplin. D: Paulette Goddard, Jack Oakie, Grace Hayle, Reginald Gardiner u. a.
Meisterwerk mit allen Elementen einer perfekten Geschichte, Mustervorlagen.

The Hotel New Hampshire. 1984. R/S: Tony Richardson. D: Rob Lowe, Jodie Forster, Nastassja Kinski, Paul McCrane u. a.
Storytelling im Dienstleistungsmarketing, Erfinden von Geschichten, Familie, Wien.

The Jungle Book / Das Dschungelbuch. 1967/2007. R: Wolfgang Reitherman. S: Larry Clemmons, Ralph Wright, Ken Anderson, Vance Gerry.
Animationsfilm, Mustervorlagen, Kulturgut, Walt Disney's Vermächtnis.

The Lord of the Rings: The Fellowship of the Rings. 2001. R/S: Peter Jackson. S: J. R. R. Tolkien, Fran Walsh u. a. D: Viggo Mortenson, Liv Taylor, Ian Holm, Sean Bean u. a.
Kultfilm, Märchen, Mythen, Variationen, Fortsetzungen, Zeichen, Kulissen.

The Seven Year Itch / Das verflixte 7. Jahr. 1955. R/S: Billy Wilder. S: George Axelrod. D: Marilyn Monroe, Tom Ewell, Evelyn Keyes u. a.
Kultfilm, unzählige Mustervorlagen und -bilder, Kulissen, Kostüme, Requisiten.

The Terminator. 1984. R/S: James Cameron. S: Gale Anne Hurd. D: Arnold Schwarzenegger, Michael Biehn, Linda Hamilton u. a.
Kultfilm, Mustervorlage für Maschinenmenschen, Technik, Fortsetzungsgeschichte.

The Third Man / Der dritte Mann. 1949. R: Carol Reed. S: Graham Green, Alexander Korda. D: Joseph Cotton, Alida Valli, Orson Welles, Trevor Howard.
Kultfilm, Wien nach dem Zweiten Weltkrieg, Mustervorlagen, Licht, Zeichen.

The Truman Show. 1998. R: Peter Weir. S: Andrew Niccol. D: Jim Carrey, Laura Linney, Noah Emmerich, Natascha McElhone u. a.
Erfinden von Geschichten, Macht der Medien, Kulissen, Zeichen, Symbole, 50er Jahre.

Titanic. 1997. R/S: James Cameron. D: Leonardo DiCaprio, Kate Winslet, Billy Zane, Kathy Bates Frances Fisher, Gloria Stuart, Bill Paxton u. a.
Kultfilm, Mustervorlagen für kulturelles Gedächtnis, Requisiten, Kulissen.

To Catch a Thief / Über den Dächern von Nizza. 1955. R: Alfred Hitchcock. S: John Michael Hayes. D: Cary Grant, Grace Kelly u. a.
Kultfilm, Mustervorlagen für kulturelles Gedächtnis, Requisiten, Kulissen, 50er-Jahre.

Wall-E / Der letzte räumt die Erde auf. 2008. R/S: Andrew Stanton. S: Jim Capobianco.
Animationsfilm, Mustervorlagen für Neuinterpretationen, Science-Fiction, Klassiker, Making-of enthält Einführung in Sounddesign und Storytelling.

Winnetou. 1963. R: Harald Reinl. S: Karl May, Harald G. Petersson. D: Pierre Brice, Lex Barker, Marie Versini, Mario Adorf.
Kultfilm, Mustervorlagen für das kulturelle Gedächtnis, Helden, Helfer, Kitsch, Fortsetzungen.

2001: A Space Odyssey / Odyssee im Weltraum. 1968. R/S: Stanley Kubrick. S: Arthur C. Clarke. D: Keir Dullea, Gary Lockwood, William Sylvester.
Kultfilm, Mustervorlage für unser Bild vom Weltraum, Zeichen, Requisiten, Ton.

Literaturverzeichnis

Da in Büchern Geschichten erzählt werden, könnte ein Literaturverzeichnis in einem Buch zum Thema Storytelling unzählige Titel aufführen. Aber falls Sie das wünschen, lesen Sie lieber gleich „Die Unendliche Geschichte" von Michael Ende.

Bei der Auswahl der Titel habe ich mich an folgenden Kriterien orientiert:

- im Buch erwähnt, aber ohne Quellenangabe
- Autoren, die Theorien in Geschichten verpacken
- populärwissenschaftliche Lexika für Kulturgeschichtliches
- Ideengeber für Geschichten
- Aktualität
- Standardwerke
- Lieblingsbücher

Ahmend, Ch.; Stolz, M.: Sind Sie was Besonderes? Die 1000 beliebtesten Meinungen unserer Zeit. Knaur Taschenbuch Verlag. München. 2010.

Andersen, A.: Der Traum vom guten Leben. Alltags- und Konsumgeschichte vom Wirtschaftswunder bis heute. Campus Verlag. Frankfurt am Main. 1997.

Ankowitsch, A. (Hrsg.): Alles Bonanza. Ein Album der 70er Jahre in der BRD — zusammengetragen von Surfern im Internet. Rowohlt Verlag. Hamburg. 2000.

Ariely, D.: Denken hilft zwar, nützt aber nichts. Warum wir immer wieder unvernünftige Entscheidungen treffen. Droemer Verlag. München. 2008.

Ariely, D.: Fühlen nützt nichts, hilft aber. Warum wir uns immer wieder unvernünftig verhalten. Droemer Verlag. München. 2010.

Ariely, D.: Die halbe Wahrheit ist die beste Lüge. Wie wir andere täuschen — und uns selbst am meisten. Droemer Verlag. München. 2012.

Becker, A. (Hrsg.): Gene, Meme und Gehirne. Geist und Gesellschaft als Natur. Suhrkamp Verlag. Frankfurt am Main. 2003.

Beckerhoff, F.: Häfen. Eine literarische Kreuzfahrt. Eichborn Verlag. Frankfurt am Main. 2008.

Literaturverzeichnis

Behring, R.: Schnellkurs Musical. Dumont Buchverlag. Köln. 2006.

Blackmore, S.: Die Macht der Meme. Die Evolution von Kultur und Geist. Spektrum Akademischer Verlag. Berlin. 2000.

Birkigt, K.; Stadler, M.M.: Corporate Identity. Grundlagen, Funktionen, Fallbeispiele. Redline Wirtschaft. München. 2002.

Branson, R.: Geht nicht gibt's nicht. So wurde Richard Branson zum Überflieger. Seine Erfolgstipps für ihr (Berufs-)Leben. Börsenmedien AG. Kulmbach. 2009.

Brater, J.: Generation Käfer. Unsere besten Jahre. Eichborn Verlag. Frankfurt am Main. 2005.

Brogan, Ch.: Social Media für Quereinsteiger. Best Practice für Marketing, Vertrieb und PR. Wiley-VCH Verlag. Weinheim. 2011.

Brown, S.: Die Botschaft des Zauberlehrlings. Die Magie der Marke Harry Potter. Carl Hanser Verlag. München. 2005.

Clemens, J.K.: The Leader's Guide to Storytelling. John Wiley & Sons. San Francisco. 2005.

Dening, S.: Movies to Manage By. Lessons in Leadership from Great Films. New York: McGraw-Hill Books. New York. 2000.

Dibell, A.: Plot. Writer's Digest Books. Cincinnati. 1999.

Dziembar, O.; Wenzel, E.: Marketing 2020. Die elf neuen Zielgruppen — Wie sie leben, was sie kaufen. Campus Verlag. Frankfurt am Main. 2009.

Dommermuth-Gudrich, G.; Von Gerstenberg, R.: 50 Klassiker Mythen. Die bekanntesten Mythen der griechischen Antike. Teil 1. Gerstenberg Verlag. Hildesheim. 2004.

Dommermuth-Gudrich, G.; Von Gerstenberg, R.: 50 Klassiker Mythen. Die bekanntesten Mythen der griechischen Antike. Teil 2. Gerstenberg Verlag. Hildesheim. 2008.

Eco, U.: Die unendliche Liste. Carl Hanser Verlag. München. 2009.

Felken, D. (Hrsg.): Ein Buch, das mein Leben verändert hat. Verlag C.H. Beck. München. 2007.

Fog, K.; Budtz. Ch.; Yakaboylu, B.: Storytelling. Branding on Practice. Springer-Verlag. Berlin. 2005.

Frenzel, K.; Müller, M.; Sottong., H.: Storytelling. Das Harun-al-Raschid-Prinzip. Die Kraft des Erzählens fürs Unternehmen. Carl Hanser Verlag. München. 2004.

Frenzel, K.; Müller, M.; Sottong, H.: Storytelling. Das Praxisbuch. Carl Hanser Verlag. München. 2006.

Freund, W.: Schnellkurs Märchen. Dumont Buchverlag. Köln. 2005.

Fuchs, W.T.: Tausend und eine Macht. Marketing und moderne Hirnforschung, Orell Füssli. Zürich. 2. Auflage 2007.

Fuchs, W.T.: Wie hirngerechte Marketing-Geschichten aussehen. In: Häusel, H.-G.: Neuromarketing. Haufe Verlag. Planegg. 2. Aufl. 2012.

Fuchs, W.T.: Management by Heroes. Warum wir Vorbilder brauchen und ihnen folgen. Cornelsen Verlag Scriptor. Berlin. 2009.

Fuchs, W.T.: Storytelling und Mundpropaganda. In: Schüller A.M.; Schwarz, T.: Leitfaden WOM-Marketing. Online & offline neue Kunden gewinnen durch Social Media Marketing, Viral Marketing, Advocating und Buzz. Marketing-Börse GmbH. Waghäusel. 2010.

Fuchs, W.T.: Wie wir zu guten Geschichtenerzählern werden. In: Herbst, D.: Storytelling. UVK Verlagsgesellschaft. Konstanz. 2. Aufl. 2011.

Fuchs, W.T.: Storytelling. Wer die beste Geschichte erzählt, hat gewonnen. In: Wendt, G. (Hrsg.): Aktuelle Ansätze im Marketing. 11 Trends für die Praxis im Überblick. Cornelsen Verlag. Berlin. 2012.

Fuchs, W.T.: Wie hirngerechte Marketing-Geschichten aussehen. In: Häusel, H-G: Neuromarketing. Haufe Verlag. Planegg. 2. Aufl. 2012.

Fuchs, W.T.: Neurowissenschaften und Storytelling. In: Anlanger, R.; Engel, W.A.: Trojanisches Marketing. Mit unkonventioneller Werbung zum Markterfolg. Haufe Verlag. Planegg. 2. Aufl. 2013.

Geißlinger, H.; Raab, S.: Strategische Inszenierung. Story Dealing für Marketing und Management. Carl-Auer-Systeme Verlag. Heidelberg. 2007.

Literaturverzeichnis

Gerlach, A.; Pop, Ch. (Hrsg.): Filmräume — Leinwandträume. Psychoanalytische Filminterpretationen. Psychosozial-Verlag. Giessen. 2012.

Giannetti, L.: Understanding Movies. Prentice Hall. New Jersey. 2004.

Gigerenzer, G.: Bauchentscheidungen. Die Intelligenz des Unbewussten und die Macht der Intuition. C. Bertelsmann Verlag. München. 2007.

Grauel, R.; Schwochow, J.: Deutschland verstehen. Ein Lese-, Lern und Anschaubuch. Gestalten Verlag. Berlin. 2012.

Großkopf, R.: Unsere 60er Jahre. Wie wir wurden, was wir sind. Eichborn Verlag. Frankfurt am Main. 2007.

Gruteser, M.; Klein, Th.; Rauscher, A. (Hrsg.): Subversion zur Prime-Time. Die Simpsons und die Mythen der Gesellschaft. Schüren Verlag. Marburg. 2002.

Hars, W.: Lurchi, Klementine & Co. Unsere Reklamehelden und ihre Geschichten. Argon Verlag. Berlin. 2000.

Häusel, H.-G.: Think Limbic. Die Macht des Unbewussten verstehen und nutzen für Motivation, Marketing und Management. Haufe Verlag. Planegg. 2005.

Häusel, H.-G.: Emotional Boosting. Die hohe Kunst der Kaufverführung. Haufe Verlag. Planegg. 2. Aufl. 2012.

Häusel, H.-G.: Brain View. Warum Kunden kaufen. Haufe Verlag. Planegg. 3. Aufl. 2012.

Heath, Ch.; Heath, D.: Was bleibt. Wie die richtige Story Ihre Werbung unwiderstehlich macht. Carl Hanser Verlag. München. 2008.

Hellmann, K.-U.: Soziologie der Marke. Suhrkamp Verlag. Frankfurt am Main. 2003.

Hesley J.W.; Hesley J.G. (2001). Rent Two Films and Let's Talk in the Morning. John Wiley & Sons. San Francisco. 2001.

Hoersch, T. (Hrsg): Bravo. 1956-2006: 50 Jahre Jugendkultur. Collection Rolf Heyne. München. 2006.

Jaspers, K.; Unterberger, W. (Hrsg.): Kino im Kopf. Psychologie und Film. Bertz + Fischer. Berlin. 2006.

Jungermann, H.: Die Psychologie der Entscheidung. Eine Einführung. Spektrum Akademischer Verlag. Heidelberg. 3. Aufl. 2010.

Kahneman, D.: Schnelles Denken, langsames Denken. Siedler Verlag. München. 2012.

Karlan, D.; Lazar, A.; Salter, J.: Die 101 einflussreichsten Personen, die es nie gab. Wie Barbie, James Bond und Hamlet uns verändert haben. Verlagsgruppe Lübbe. Bergisch Gladbach. 2008.

Karmasin, H.: Produkte als Botschaften. Redline Wirtschaftsverlag. Frankfurt am Main. 2004.

Klanten, R.; Ehmann, S.: Visual Storytelling. Inspiring a New Visual Language. Gestalten Verlag. Berlin. 2011.

Klein, G.: Natürliche Entscheidungsprozesse. Über die „Quellen der Macht", die unsere Entscheidungen lenken. Junfermann Verlag. Paderborn. 2002.

Klein, S.: Alles Zufall. Die Kraft, die unser Leben bestimmt. Rowohlt Verlag. Hamburg. 2005.

Kluckert, E.: Schnellkurs Mythen und Sagen. Dumont Buchverlag. Köln. 2006.

Knigge, A.: 50 Klassiker Comics. Von Lyonel Feininger bis Art Spiegelman. Gerstenberg Verlag. Hildesheim. 2008.

Koebner, T.: Filmklassiker. Beschreibungen und Kommentare. Reclam Verlag. Ditzingen, 5. Aufl. 2006.

Kottmann, H.: Entweder vielleicht oder doch lieber ja. 90 lebenswichtige Entscheidungsbäume. Knaur Taschenbuch Verlag. München. 2012.

Kröber-Riehl, W.; Weinberg, P.: Konsumentenverhalten. Vahlen Verlag. München. 2008.

Kunde, J.: Corporate Religion. Bindung schaffen durch starke Marken. Gabler Verlag. Wiesbaden, 2000.

Literaturverzeichnis

Künzli, L.: Bahnhöfe. Ein literarischer Führer. Eichborn Verlag. Frankfurt am Main. 2007.

Künzli, L.: Hotels. Ein literarischer Führer. Eichborn Verlag. Frankfurt am Main. 2007.

Lange, H.: Filmklassiker für Eilige. Und am Ende kriegen sie sich doch. Knaur Taschenbuch Verlag. München. 2011.

Lampert, M.; Wespe, R.: Storytelling für Journalisten. UVK Verlagsgesellschaft. Konstanz. 2. Aufl. 2012.

Loebbert, M.: Storymanagement. Der narrative Ansatz für Management und Beratung. Rosenberger Fachverlag. Leonberg. 2009.

Loebbert, M.: Kultur entscheidet. Kulturelle Muster in Unternehmen erkennen und verändern. Rosenberger Fachverlag. Leonberg. 2009.

Lucius-Hoene, G.; Deppermann, A.: Rekonstruktion narrativer Identität. Ein Arbeitsbuch zur Analyse narrativer Interviews. Verlag für Sozialwissenschaften. Wiesbaden. 2004.

Maeda, J.: Simplicity. Die zehn Gesetze der Einfachheit. Spektrum Akademischer Verlag. Heidelberg. 2006.

Macknik, S.; Martinez-Conde, S.: Die Tricks unseres Gehirns. Wie die Hirnforschung von den großen Zauberern lernt. Kreuz Verlag. Freiburg. 2011.

Mikunda, C.: Kino spüren. Strategien der emotionalen Filmgestaltung. Facultas Universitätsverlag. Wien. 2002.

Mikunda, C.: Der verbotene Ort oder Die inszenierte Verführung. Unwiderstehliches Marketing durch strategische Dramaturgie. Redline Wirtschaftsverlag. Frankfurt am Main. 2005.

Mikunda, C.: Marketing spüren. Willkommen am Dritten Ort. Redline Wirtschaftsverlag. Frankfurt am Main. 2007.

Mikunda, C.: Warum wir uns Gefühle kaufen. 7 Hochgefühle und wie man sie weckt. Ullstein Buchverlage. Berlin. 2009.

Moesslang, M.: So würde Hitchcock präsentieren. Überzeugen Sie mit dem Meister der Spannung. Redline Verlag. München. 2011.

Monaco, J.: Film verstehen. Kunst, Technik, Sprache, Geschichte und Theorie des Films und der neuen Medien. Rowohlt Verlag. Hamburg. 2. Aufl. 2009.

Müller, J.: 100 Filmklassiker. Bd.1: 1915-1959, Bd.2: 1960-2000. Taschen Verlag. Köln. 2012.

Müller, J.: Filme der 2000er. Taschen Verlag. Köln. 2012.

Münchhausen von, M; Trageser, W.: Die Metaphern-Kartei. Junfermann Verlag. Paderborn. 2005.

Naisbitt, J.: Mind Set! Wie wir die Zukunft entschlüsseln. Carl Hanser Verlag. München. 2007.

Neckam, J.: 500 Romane in einem Satz. Das schnellste Literaturlexikon der Welt. Dumont Buchverlag. Köln. 2007.

Paulos, J.A.: Es war 1 mal. Die verborgene mathematische Logik des Alltäglichen. Spektrum Akademischer Verlag. Berlin. 2004.

Pearson, C.: The Hero Within. Six Archetypes We Live By. HarperOne. New York. 3rd ed. 1998.

Pearson, C.; Mark, M.: The Hero and the Outlaw. Building Extraordinary Brands Through the Power of Archetypes. McGraw-Hill. New York. 2001.

Peters, T.: Re-imagine! Spitzenleistungen in chaotischen Zeiten. Gabal Verlag. Offenbach. 2012.

Piegler, Th. (Hrsg.): Mit Freud ins Kino. Psychoanalytische Filminterpretationen. Psychosozial-Verlag. Gießen. 2008.

Piegler, Th. (Hrsg.): Ich sehe was, das du nicht siehst. Psychoanalytische Filminterpretationen. Psychosozial-Verlag. Gießen. 2010.

Pink, D.H.: A Whole New Mind. Why Right-Brainers Will Rule the Future. The Berkley Publishing Group. New York. 2006.

Literaturverzeichnis

Roth, G.: Fühlen, Denken, Handeln. Suhrkamp Verlag. Frankfurt am Main. 2003.

Roth, G.: Persönlichkeit, Entscheidung und Verhalten. Suhrkamp Verlag. Frankfurt am Main. 2007.

Sachse, G.: Wer wohnt da? Benteli Verlag. Sulgen. 2012.

Schacter, D.: Wir sind Erinnerung. Gedächtnis und Persönlichkeit. Rowohlt Verlag. Hamburg. 2007.

Scheier, C.; Codes. Die geheime Sprache der Produkte. Haufe Verlag. Planegg. 2. Aufl. 2012.

Scheier, C.; Held, D.: Was Marken erfolgreich macht. Neuropsychologie in der Markenführung. Haufe Verlag. Planegg. 3. Aufl. 2012.

Schikorsky, I.: Schnellkurs Kinder- und Jugendliteratur. Dumont Buchverlag. Köln. 2008.

Schmidt, V.L.: 45 Master Characters. Mythic Models for Creating Original Characters. Writer's Digest Books. Cincinnati. 2001.

Schneider, S.J.: 1001 Filme: die Sie sehen sollten, bevor das Leben vorbei ist. Editions Olms. Zürich. 9. Aufl. 2012.

Schröder, N.: 50 Klassiker Filme. Die wichtigsten Werke der Filmgeschichte. Gerstenberg Verlag. Hildesheim. 2007.

Schreyögg, G.; Koch, J. (Hrsg.): Knowledge Management and Narratives. Organizational Effectiveness Through Storytelling. Erich Schmid Verlag. Berlin. 2005.

Seger, L.: Von der Figur zum Charakter. Überzeugende Filmcharaktere erschaffen. Alexander Verlag. Berlin. 2001.

Seger, L.: Das Geheimnis guter Drehbücher. Alexander Verlag. Berlin. 2001.

Simmons, A.: Story-Faktor. Mit guten Geschichten Menschen gewinnen. Deutsche Verlags-Anstalt. Stuttgart. 2002.

Simoudis, G.: Storytising. Geschichten als Instrument der Markenführung. Sehnert Verlag. Groß-Umstadt. 2004.

Spies, M.: Branded Interactions. Digitale Markenerlebnisse planen & gestalten. Verlag Hermann Schmidt. Mainz. 2012.

Spitzer, M.: Lernen. Gehirnforschung und die Schule des Lebens. Spektrum Akademischer Verlag. Berlin. 2006.

Stein, W.: Der neue Kulturfahrplan. Die wichtigsten Daten der Weltgeschichte. Herbig Verlag. München. 2004.

Stolz, M.: Deutschlandkarte. 101 unbekannte Wahrheiten. Knaur Taschenbuch Verlag. München. 2009.

Tobias, R.: 20 Master Plots and How to Build Them. Writer's Digest Books. Cincinnati. 1993.

Vale, E.: Die Technik des Drehbuchschreibens für Film und Fernsehen. TR Verlagsunion. München. 2007.

Vogler, Ch.: Die Odyssee des Drehbuchschreibers. Zweitausendeins. Frankfurt am Main. 6. Aufl. 2010.

Wedding, D.: Psyche im Kino. Wie Filme uns helfen, psychische Störungen zu verstehen. Verlag Hans Huber. Bern. 2011.

Weiguny, B.: Bionade. Eine Limo verändert die Welt. Eichborn Verlag. Frankfurt am Main. 2009.

Weinberg, T.: Social Media Marketing. Strategien für Twitter, Facebook & Co. O'Reilley Verlag. Köln. 2010.

Zernisch, P.: Markenglauben managen. Eine Markenstrategie für Unternehmer. Wiley-VCH. Weinheim. 2003.

Zaltman, G.: How Customers Think. Essential Insights into the Mind of Market. Harvard Business Press. Boston. 2003.

Zaltman, G.: Marketing Metaphoria. What Deep Metaphors Reveal about the Minds of Consumers. Harvard Business Press. Boston. 2008.

Stichwortverzeichnis

Über den Autor

Dr. Werner T. Fuchs, Marketing- und Werbeexperte,
ist Inhaber einer Marketingagentur. Zu seinen Kunden gehören Unternehmen aus den verschiedensten Branchen, die dem Storytelling gegenüber offen eingestellt sind. Er beschäftigt sich seit mehr als zwei Jahrzehnten intensiv mit Hirnforschung. Stark beeinflusst von den Ideen des Franzosen Jacques Séguéla stieß er schon früh auf den Ansatz des „Storytelling". Er ist außerdem als Dozent und Referent tätig. Vier verschiedene Lebensläufe finden sich auf seiner Webseite www.propeller.ch.